基礎履修 応用数学

向谷博明・下村 哲・相澤宏旭
共著

培風館

まえがき

　本書は，大学の初年次に開講される微分方程式およびフーリエ解析に関する科目の教科書として使用することを目的として執筆されたものです．大学によっては，微分方程式とフーリエ解析はそれぞれ別の講義科目となっており，広島大学情報科学部でも以前はこれらは別科目としていましたが，現在では，限られた講義時間のなかで微分方程式とフーリエ解析の必要最小限の内容を関連づけて学ぶことができるよう，両科目をあわせて「数理解析」という講義科目で履修設定されており，本書はこの講義に対応したものになっています．

　さて，微分方程式やフーリエ解析に関する教科書は，現在に至るまでさまざまな著名なものが多く出版されています．実際，インターネットで検索を行えば数十件もの教科書がヒットします．数多くの教科書が存在するなか，本書の特徴は，なるべく平易な内容を取り上げ，さまざまな解法や例題を数多く取り入れているところです．大学初年度における1変数の微分積分を学んでおけば十分理解できるように書かれていますが，その他，線形代数の知識，特にベクトル・行列・行列式・固有値について知っていればスムーズに学習できるでしょう．各内容において，「例題」を用い具体的な計算をとおして説明することで自学自習できるように配慮し，さらに関連する問題を「問」の形式で与えています．これらはほとんどが基本的な問題となっており，また，一部の問題は，難易度を大学院の入試レベルに想定して作成しています (*印を付けました)．これらの問いを独力で解くことによって，より理解を深めることが期待されます．簡易な解答も巻末に掲載しているので大いに役立てて下さい．

　本書を執筆するに際しては，関連図書で紹介した文献を参考にさせていただきました．著者の方々には心から御礼申し上げます．また，培風館の岩田誠司氏には本書の作成にあたり多大なるご協力を賜り，厚く感謝申し上げます．

　2024 年 初春

著 者 一 同

目　　次

第I部　微分方程式

4.　連立型微分方程式　　　　　　　　　　　　73

5.　べき級数解法　　　　　　　　　　　　　82

6.　安定論　　　　　　　　　　　　　　　94

7.　微分方程式を解くための数値解法　　　102

第Ⅱ部　フーリエ解析

8.　ラプラス変換　　　　　　　　　　　112

9. フーリエ級数とフーリエ変換　　　　　　　　131

第 I 部

微分方程式

1
微分方程式の基礎

　　微分方程式は，理学・工学・情報科学・生物学・経済学など多様な分野で利用されており，微分方程式を用いて自然界・現実世界における現象を記述し，それを解くことは，将来の予測や過去の推測，およびシミュレーションなどに大きく貢献する．例えば，ウイルスによる感染拡大の予測，放射性炭素の性質を利用した年代測定，死亡時刻の推定，実物を利用しない車の空力シミュレーション，新幹線車両向け上下制振制御システムの検証などがある．本章ではまず，微分方程式とはどういったものか，具体的な例を紹介しながら解説していく．

1.1　微分方程式とは

微分方程式とは，

$$y' = f(x, y), \quad \text{または} \quad \frac{dy}{dx} = f(x, y)$$

などのように，x を独立変数，$y = y(x)$ を x の未知関数として，その導関数 $y' = \dfrac{dy}{dx}$ の関係式として書かれている方程式のことをいう．通常，微分の記号は y' または $\dfrac{dy}{dx}$ が利用される．独立変数をはっきり示すときには後者が利用されるが，特に断らない限り，x が独立変数の場合，本書では y' を主に利用する．なお，物理学・工学分野の場合，慣例に従い独立変数には時刻 t を用いて，以下の表記を利用する：

$$\frac{dx}{dt} = \frac{d}{dt}x(t) = \dot{x}(t), \quad \frac{d^2x}{dt^2} = \frac{d^2}{dt^2}x(t) = \ddot{x}(t).$$

▷ **例 1.1**　最も有名な微分方程式の一つは，「ニュートンの運動方程式」であろう．これは，アイザック・ニュートン (I. Newton, イギリス，1642~1727 年) が発見したもので，物体の運動を記述する微分方程式の代表格である．ニュートンの運動方程式は，力と質

量に関連して物体の運動を記述するために用いられる．具体的には，

$$F = ma \iff F = m\frac{d^2}{dt^2}x(t) = m\ddot{x}(t)$$

という微分方程式で表され，F は力，m は質量，$a = \dfrac{d^2}{dt^2}x(t) = \ddot{x}(t)$ は加速度を表す．この運動方程式は物理学の基本的な原則の一つであり，力学の基礎を成しているとともに，天体力学から電気・機械工学まで，幅広い分野の問題解決に利用されている．   □

微分方程式には，大きく分けて**線形微分方程式**と**非線形微分方程式**がある．線形微分方程式とは，例えば，定数 $k\,(\neq 0)$ を用いて，

$$y' = ky + x$$

のような形をもつ．正確には，

$$F(x, y, y') = 0$$

と定義したとき，実数の定数 α, β に対して，

$$F(x, \alpha y_1 + \beta y_2, \alpha y_1' + \beta y_2') = \alpha F(x, y_1, y_1') + \beta F(x, y_2, y_2')$$

が成立すれば，線形微分方程式とよばれる．逆に，この関係式が成立しない場合，非線形微分方程式とよばれる．実際，自然界・現実世界を記述する微分方程式のほとんどは，非線形微分方程式であることが知られている．

〇**問 1.1** 以下の微分方程式は線形か非線形か判断せよ．

  (1) $y' - y = x$ (2) $\dfrac{d^2x}{dt^2} = -x - x^2$

1.2   常微分方程式の定義

微分方程式は，主に**常微分方程式**と**偏微分方程式**の 2 つに大別される．常微分方程式は，通常 x を独立変数，y を x の未知関数とするとき，

$$F\left(x, y, y', \ldots, y^{(n)}\right) = F\left(x, y, \frac{dy}{dx}, \ldots, \frac{d^n y}{dx^n}\right) = 0,$$

あるいは，y' に関して解ける場合には

$$y' = \frac{dy}{dx} = f(x, y)$$

で与えられる．常微分方程式に対して，複数の独立変数をともなう場合には，偏微分方程式とよばれる．例えば，x, y を独立変数，$z = z(x, y)$ を x, y の未知

関数として,

$$\frac{\partial^2 z}{\partial x^2} + \frac{\partial^2 z}{\partial y^2} = 0$$

は, 2 階偏微分方程式とよばれる. 本書では, 常微分方程式を中心に扱う. また, 以降, 特に断らない限り, 常微分方程式のことを単に微分方程式とよぶことにする.

微分方程式に含まれる導関数の最高次数 n を常微分方程式の**階数**という. 例えば,

$$y'' + 3y' + 2y = 0 \tag{1.1}$$

の場合, 導関数の最高次数が 2 なので, 2 階微分方程式とよばれる.

また, 関数 $y = f(x)$ が微分方程式を満たすとき, 関数 $y = f(x)$ をこの微分方程式の**解**という. ここで, 例えば, $y = 0$ は明らかに微分方程式 (1.1) を満たす. このように, 非常に単純な形の解として表されるが, 省略することはできない解を**自明な解**という. さらに, 階数と同じ数の任意の定数を含む解を微分方程式の**一般解**という. 先の例 (1.1) では, 一般解 y は, 2 つの任意の定数 C_1, C_2 を用いて,

$$y = C_1 e^{-x} + C_2 e^{-2x}$$

と表される. 解の関数 $y = f(x)$ を求めることを「積分する」という場合がある.

さらに, 与えられた初期値 (初期条件) を満たす解を求める問題を**初期値問題**という. この**初期条件**とよばれる拘束条件がないとき, 関数 $y = f(x)$ は n 個の任意の定数を用いて表される. なお, 初期条件から決定される唯一の解を**特殊解**という. 例えば,

$$y'' + 3y' + 2y = 0, \quad y(0) = 1, \, y'(0) = 0$$

において, $y(0) = 1, y'(0) = 0$ は初期条件であり, この初期条件を満たす特殊解は,

$$y = 2e^{-x} - e^{-2x}$$

である.

最後に, 一般解から, 任意の定数の値を定めるだけでは得られない解を**特異解**という. 例えば以下の微分方程式において, 一般解は, 任意の定数 C を用いて,

$$y = xy' - \frac{1}{2}(y')^2 \implies y = Cx - \frac{1}{2}C^2$$

と求めることができるが，特異解として $y = \dfrac{1}{2}x^2$ が知られている．これは，どのように C を選んでも一般解から得ることはできない．

　通常，微分方程式が与えられたとき，それを解く必要がある．本書では，微分方程式を解くことに主眼をおいている．本書で扱う微分方程式は，不定積分を求めることにより解くことができる．この解は**解析解**とよばれている．しかし，多くの場合に不定積分を求めることは一般に困難である．そこで，**差分方程式**を導入し，近似解を得ることが実際には行われる．この解を一般に**数値解**とよんでいる．

1.3　さまざまな微分方程式

　一般に，微分方程式とよばれる数理モデルは多く存在し，従来から，理解を容易にするために理想化されたものが紹介されている．そこでまず，物理学，特に力学でよく取り上げられる放物運動および単振り子について紹介する．また，先に示したいくつかの重要語句について，実際の使用例を示す．その後，工学・情報科学で利用されているいくつかの微分方程式を紹介する．

1.3.1　放物運動

▷ **例 1.2**　図 1.1 で与えられる放物運動に関する以下の問題を考える．質量 m [kg] のボールを，初速度

$$\left(\dot{x}(0), \dot{y}(0)\right) = \left(v_0\cos\theta, v_0\sin\theta\right) \quad \left(0 < \theta < \frac{\pi}{2}\right)$$

で投げるとき，直線方向に距離 L [m] 離れたところに落ちた．このとき，L を最大にする投げ上げの角度 θ を求める．

　図のように座標をとれば，$x(t)$，$y(t)$ に関するニュートンの運動方程式は，以下のように与えられる．

$$\begin{cases} m\ddot{x}(t) = 0 \\ m\ddot{y}(t) = -mg \end{cases}$$

ただし，g [m/s²] は重力加速度である．また，$t = 0$ [s] で原点を出発し，初速度の条件より，以下を満たす必要がある．

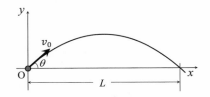

図 1.1　放物運動

$$\left(x(0), y(0)\right) = (0, 0), \quad \left(\dot{x}(0), \dot{y}(0)\right) = \left(v_0\cos\theta, v_0\sin\theta\right)$$

これが**初期条件**である．したがって，この問題は**初期値問題**となる．なお，物理学では，微分の記号を

$$\frac{d}{dt}x(t) = \dot{x}(t), \quad \frac{d^2}{dt^2}x(t) = \ddot{x}(t)$$

のように $\dot{\square}$，$\ddot{\square}$ などを用いて表記することに注意されたい．

　$m > 0$ に注意して積分を 2 回行えば，C_1, C_2, D_1, D_2 を任意の定数として以下のように**解析解**を求めることができる．

$$\begin{cases} \ddot{x}(t) = 0 \\ \ddot{y}(t) = -g \end{cases} \implies \begin{cases} \dot{x}(t) = C_1 \\ \dot{y}(t) = D_1 - gt \end{cases} \implies \begin{cases} x(t) = C_1 t + C_2 \\ y(t) = D_1 t + D_2 - \frac{1}{2}gt^2 \end{cases}$$

ここで，初期条件から，

$$\begin{cases} x(0) = C_2 = 0 \\ y(0) = D_2 = 0 \end{cases}, \quad \begin{cases} \dot{x}(0) = C_1 = v_0\cos\theta \\ \dot{y}(0) = D_1 = v_0\sin\theta \end{cases}$$

となる．以上から，初期値問題の解は以下となる．

$$\begin{cases} x(t) = (v_0\cos\theta)t \\ y(t) = (v_0\sin\theta)t - \frac{1}{2}gt^2 \end{cases}$$

ここで，距離 L は，$y(t) = 0$ を満たすときの時刻 $t = t_1$ における距離である．したがって，$t > 0$ に注意して，

$$t = t_1 = \frac{2v_0\sin\theta}{g}.$$

　以上より，L は

$$L = x(t_1) = (v_0\cos\theta)t_1 = \frac{2v_0^2}{g}\cos\theta\sin\theta = \frac{v_0^2}{g}\sin 2\theta$$

となる．最後に，L の最大値は $\theta = \frac{\pi}{4}$ (45°) のときに達成される．　　　　　□

　このように，微分方程式を利用すれば，解析的に問題を解くことが可能となる．しかし，実際には空気抵抗が存在するため，抵抗係数 $\gamma\,(> 0)$ を用いて，

$$\begin{cases} m\ddot{x}(t) = -\gamma\dot{x}(t) \\ m\ddot{y}(t) = -\gamma\dot{y}(t) - mg \end{cases}$$

のように，微分方程式を状況によって変更する必要がある．

1.3.2　単振り子

▷ **例 1.3**　図 1.2 で与えられる単振り子に関する問題を考える．質量 m [kg] の鉄球が，長さ ℓ [m] の糸で天井につながれている．静止した状態から鉛直軸を基準として，$\theta = \theta_0$ 傾けた状態から放したときの振り子の周期を求め，周期が鉄球の質量 m に依存しない

ことを示す.

　図のように座標をとれば, $\theta = \theta(t)$ に関するニュートンの運動方程式は, 以下のように与えられる.

$$m\ell \frac{d^2}{dt^2}\theta(t) = mg\sin\theta(t)$$

ただし, g [m/s^2] は重力加速度である. また, $t = 0$ [s] で $\theta(0) = \theta_0, \dot{\theta}(0) = 0$ である. このとき, $\theta(t) = x(t)$, $\omega = \sqrt{\dfrac{g}{\ell}}$ (> 0) とおけば, **2 階非線形微分方程式**

$$\ddot{x}(t) + \omega^2\sin x(t) = 0 \qquad (1.2)$$

が得られる. 結局, 初期条件 $x(0) = \theta_0, \dot{x}(0) = 0$ のもと,

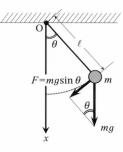

図 1.2　単振り子

この微分方程式を解くことになる. しかし, この微分方程式には $\sin\theta(t) = \sin x(t)$ の項があるため解析解が得られない. そこで, $\theta = \theta(t)$ が十分小さいと仮定して, $\sin\theta$ のマクローリン展開を利用する.

$$\sin\theta = \theta - \frac{\theta^3}{3!} + \frac{\theta^5}{5!} - \cdots = \theta + O(\theta^3) \fallingdotseq \theta$$

ここで, O を**ランダウ (Landau) の記号**という [注1]. このとき, **2 階定数係数線形微分方程式**

$$\ddot{x}(t) + \omega^2 x(t) = 0$$

として考える. まず, 両辺に $\dot{x}(t)$ をかける [注2].

$$\ddot{x}(t)\dot{x}(t) + \omega^2\dot{x}(t)x(t) = 0$$

このとき,

$$\frac{1}{2}\frac{d}{dt}\big(\dot{x}(t)\big)^2 = \frac{1}{2}\left(\frac{d}{d\dot{x}(t)}\big(\dot{x}(t)\big)^2\right)\cdot\frac{d\dot{x}(t)}{dt} = \dot{x}(t)\ddot{x}(t), \qquad \frac{1}{2}\frac{d}{dt}\big(x(t)\big)^2 = x(t)\dot{x}(t)$$

に注意されたい. したがって,

$$\frac{1}{2}\frac{d}{dt}\left(\big(\dot{x}(t)\big)^2 + \omega^2\big(x(t)\big)^2\right) = \dot{x}(t)\ddot{x}(t) + \omega^2 x(t)\dot{x}(t) = 0$$

となるので, 積分をすれば, 任意の定数 C_0 を用いて, 以下を得る.

$$\frac{1}{2}\big(\dot{x}(t)\big)^2 + \frac{1}{2}\omega^2\big(x(t)\big)^2 = C_0$$

（注1）　関数 $f(x)$, $g(x)$, $h(x)$ について, $\delta > 0$, $M > 0$ が存在して, $0 < |x - a| < \delta$ において $\left|\dfrac{f(x) - g(x)}{h(x)}\right| \le M$ が成り立つとき, $f(x) = g(x) + O(h(x))$ ($x \to a$) と書く.

（注2）　これを**エネルギー積分**とよぶ. ちなみに, もとの運動方程式 $\ddot{x}(t) + \omega^2\sin x(t) = 0$ において同様に変形すれば, $\ddot{x}(t)\dot{x}(t) + \omega^2\dot{x}(t)\sin x(t) = 0$ となる. さらに, 積分を計算すれば, 任意の定数を D として, $\frac{1}{2}m\big(\ell\dot{x}(t)\big)^2 - mg\ell\cos x(t) = D$ を得る. ここで, 速さを $v(t) = \ell\dot{x}(t)$ と定義して, 両辺に $mg\ell$ (定数) を加えることにより, $\frac{1}{2}m\big(v(t)\big)^2 + mg\ell\big(1 - \cos x(t)\big) =$ (一定) となる. これは, **エネルギー保存則**を意味する.

これを $\dot{x}(t)$ について解けば，$C_0 \, (> 0)$ に注意して

$$\dot{x}(t) = \pm\sqrt{2C_0 - \omega^2\left(x(t)\right)^2} = \pm\omega\sqrt{C_1^2 - \left(x(t)\right)^2}, \quad \text{ただし} \quad \frac{2C_0}{\omega^2} = C_1^2.$$

次に，積分を行うために，$x = x(t)$ と簡略化し以下のように変形する．この変形を**変数分離**という (次の 2 章で詳細を説明する)．

$$\frac{dx}{\sqrt{C_1^2 - x^2}} = \pm\omega \, dt \implies \int \frac{dx}{\sqrt{C_1^2 - x^2}} = \pm\omega \int dt$$

したがって，積分を行えば以下を得る．

$$\sin^{-1}\frac{x}{C_1} = \pm\omega t + C_2 \implies \frac{x}{C_1} = \sin\left(\pm\omega t + C_2\right)$$
$$\implies x(t) = C_1 \sin\left(\pm\omega t + C_2\right) = \alpha \sin\omega t + \beta\cos\omega t$$

ただし，C_2 は任意の定数であり，$\alpha = \pm C_1 \cos C_2, \beta = C_1 \sin C_2$ である．

最後に，初期条件 $x(0) = \theta_0, \dot{x}(0) = 0$ より $\alpha = 0, \beta = \theta_0$ となるので，

$$x(t) = \theta_0 \cos\omega t = \theta_0 \cos\sqrt{\frac{g}{\ell}}\,t$$

を得る．よって周期 T は，$\omega = \dfrac{2\pi}{T}$ の関係式より，

$$T = 2\pi\sqrt{\frac{\ell}{g}}.$$

したがって，質量 m に依存しないことがわかる．   □

その他の方法として，**数値解**による方法が一般に知られている．詳細は 7 章で説明する．

1.3.3　垂直離着陸機モデル

次に，実際に工学で利用されている具体的なモデルの例として，VTOL (Vertical Take-Off and Landing: 垂直離着陸) ヘリコプターモデルを紹介する．

▷ **例 1.4**　以下の**連立型微分方程式**を考える [注 3]．

$$\dot{\boldsymbol{x}}(t) = A\boldsymbol{x}(t) + B\boldsymbol{u}(t)$$

$$\Longleftrightarrow \begin{pmatrix} \dot{x}_1(t) \\ \dot{x}_2(t) \\ \dot{x}_3(t) \\ \dot{x}_4(t) \end{pmatrix} = \begin{pmatrix} -0.0366 & 0.0271 & 0.0188 & -0.4555 \\ 0.0482 & -1.01 & 0.0024 & -4.0208 \\ 0.1002 & 0.0664 & -0.707 & 0.1198 \\ 0 & 0 & 1 & 0 \end{pmatrix} \begin{pmatrix} x_1(t) \\ x_2(t) \\ x_3(t) \\ x_4(t) \end{pmatrix}$$

(注 3)　D. P. de Farias, J. C. Geromel, J. B. R. do Val, and O. L. V. Costa, "Output feedback control of Markov jump linear systems in continuous-time," IEEE Trans. Automatic Control, vol.45, no.5, pp.944–949, 2000.

$$+\begin{pmatrix} 0.4422 & 0.1761 \\ 0.9775 & -7.5922 \\ -5.5200 & 4.4900 \\ 0 & 0 \end{pmatrix}\begin{pmatrix} u_1(t) \\ u_2(t) \end{pmatrix} \tag{1.3}$$

ただし，$x_1(t)$ は水平速度，$x_2(t)$ は垂直速度，$x_3(t)$ はピッチレート，$x_4(t)$ はピッチ角をそれぞれ表す．

このモデルは，対気速度が 60 [knots] のときのモデルを表している．VTOL は，離陸時にはヘリコプターのモード，高速時には航空機として動作する．したがって，例えば，行列 $A = (a_{ij})$ の (3,2) 要素 a_{32} は，対気速度が 60 [knots] から 135 [knots], 170 [knots] へと変化する場合，0.0664 から 0.3681, 0.5047 へと変化することが知られている．

このように，システムに対してパラメータが変化する微分方程式もある．　　　□

1.3.4 感染症 (SIR) モデル

感染症数理モデルは，ある集団における感染症の拡がりを，非線形微分方程式を用いて記述したものである．感染症疫学は 18 世紀に遡る歴史の長い研究分野であるが，近年の計算機の処理能力の向上によって，飛躍的にシミュレーションを実行する環境が整ってきた[注4]．

▷ **例 1.5**　以下に，SIR モデルとして知られている連立型微分方程式を示す．

$$\begin{cases} \dot{S}(t) = (1 - v(t))\,b - \mu S(t) - \beta S(t)I(t) \\ \dot{I}(t) = \beta S(t)I(t) - (\gamma + \mu)I(t) \\ \dot{R}(t) = bv(t) - \mu R(t) + \gamma I(t) \end{cases} \tag{1.4}$$

ただし，$S(t)$ は感受性者数 (感染症が発生するときウイルスなどの病原体の侵入を受ける人) の割合，$I(t)$ は感染者数の割合，$R(t)$ は回復者数，もしくは隔離者数の割合をそれぞれ表す．また，β は単位時間当たりの感染率を表す係数であり，$\beta I(t)$ は時刻 t における感染力を意味する．$v(t)$ はワクチン接種率，μ は死亡率，γ は回復率，b は新生児人口の比率をそれぞれ表す．

ここでの考慮すべき問題は，感染を早く収束させるような $v(t)$, すなわちワクチン接種戦略を決定することである．あるいは，$v(t)$ をあらかじめ与え，その後の感染収束状況を推定，あるいはシミュレーションすることである．この SIR モデルは典型的な非線形微分方程式であり，解析解を求めることは特殊な場合を除き不可能であり，数値解による解析に頼らざるをえない．　　　□

(注 4)　W. O. Kermack and A. G. McKendrick, "A contribution to the mathematical theory of epidemics," Proceedings of the Royal Society A: Mathematical, Physical and Engineering Sciences, Vol.115, Issue 772, pp.700–721, 1927.

鈴木絢子・西浦 博, "感染症の数理モデルと対策," 日本内科学会雑誌, vol.109, no.11, pp.2276–2280, 2020.

1.3.5 TCP/IP ネットワークモデル

▷ **例 1.6** 現代のインターネットの基盤である TCP/IP によるパケットモデルは，以下のように表される[注5]．

$$
\begin{cases}
\dot{W}(t) = \dfrac{1}{R(t)} - \dfrac{W(t)W(t-\tau)}{2R(t-\tau)} p(t-\tau) \\[2mm]
\dot{q}(t) = \dfrac{N(t)}{R(t)} W(t) - C, \quad q(t) > 0 \\[2mm]
R(t) = \dfrac{q(t)}{C} + T_p
\end{cases}
\tag{1.5}
$$

ただし，$W(t)$ は平均 TCP ウィンドウサイズ (単位 [パケット])，$q(t)$ はルーターでの平均キュー長 [パケット]，$R(t)$ はラウンドトリップ時間 [sec]，C はリンク容量 [パケット /s]，T_p, τ はともに伝送遅延 [s]，$N(t)$ は負荷率 [TCP セッションの数]，$p(t)$ は $0 \le p(t) \le 1$ を満たすパケット破棄確率をそれぞれ表す．

$p(t)$ を調節することによって，輻輳を回避している．例えば，実際にはネットワークが混雑しているとき，破棄確率 $p(t)$ を十分 1 に近くすることで流入する平均 TCP ウィンドウサイズ $W(t)$ を減らし，インターネットの遅延を減らしている．したがって，輻輳を起こさないように破棄確率 $p(t)$ を適切に決める必要がある．なお，式 (1.5) で表されるこのモデルは，$W(t-\tau)$ のように独立変数に定数 τ が考慮されており，専門的には**むだ時間システム**とよばれ，安定性の解析において非常に注目を集めている．当然，この微分方程式も非線形微分方程式である．さらに，微分方程式以外に $R(t) = q(t)/C + T_p$ で表される代数方程式を含んでいることから，**ディスクリプタシステム**とよばれている．

□

〇**問 1.2** 理学・工学・情報科学・生物学・経済学などで利用されている微分方程式を調べよ．

1.4　常微分方程式をつくる

一般解が与えられているとき，その解に対応する微分方程式は，任意の定数の個数に等しい階数の導関数を求めて，すべての任意の定数を消去することによって得ることができる．

(注5) V. Misra, W. Gong and D. Towsley, "Fluid-based analysis of a network of AQM routers supporting TCP flows with an application to RED," ACM SIGCOMM Comp. Commun. Review, vol.30, no.4, pp.151–160, 2000.

例題 1.1 C_1, C_2 を任意の定数とする．以下の関数を一般解にもつ微分方程式をそれぞれ導け．

(1) $y = C_1 e^{2x}$

(2) $y = \dfrac{C_1}{x}$

(3) $y = C_1 x + C_2 x^3$

(4) $(x - C_1)^2 + (y - C_2)^2 = 1$

《**解答**》 定数の数だけ微分できる．(1), (2) では 1 階微分，(3), (4) では 2 階微分できる．

(1) $y' = 2C_1 e^{2x} = 2y$ なので，$\underline{y' = 2y}$．

(2) $y' = -\dfrac{C_1}{x^2} = -\dfrac{y}{x}$ なので，$\underline{xy' + y = 0}$．

(3) まず，微分を計算する．

$$y' = C_1 + 3C_2 x^2, \quad y'' = 6C_2 x.$$

ここで，$C_2 = \dfrac{y''}{6x}$ $(x \neq 0)$, $C_1 = y' - 3C_2 x^2 = y' - \dfrac{1}{2}xy''$ をもとの微分方程式 $y = C_1 x + C_2 x^3$ に代入して整理すれば，

$$y = xy' - \frac{1}{2}x^2 y'' + \frac{1}{6}x^2 y'' \iff \underline{x^2 y'' - 3xy' + 3y = 0}.$$

(4) 陰関数の微分

$$\frac{d}{dx}f(y) = \left(\frac{d}{dy}f(y)\right)\frac{dy}{dx}$$

に注意すると，

$$\frac{d}{dx}(y - C_2)^2 = \left(\frac{d}{dy}(y - C_2)^2\right)\frac{dy}{dx} = 2(y - C_2)\frac{dy}{dx} = 2(y - C_2)y'$$

のように計算できる．したがって，

$$\frac{d}{dx}\left((x - C_1)^2 + (y - C_2)^2\right) = \frac{d}{dx}1 = 0 \implies 2(x - C_1) + 2(y - C_2)y' = 0,$$

$$1 + \left(\frac{dy}{dx}\right)^2 + (y - C_2)\frac{d^2 y}{dx^2} = 0 \implies (y - C_2)y'' = -\left(1 + (y')^2\right).$$

ここで，$x - C_1 = -(y - C_2)y'$ に注意して，

$$(x - C_1)^2 = (y - C_2)^2 (y')^2 = \left(\frac{1 + (y')^2}{y''}\right)^2 (y')^2$$

$$\implies 1 = (x - C_1)^2 + (y - C_2)^2 = \left(\frac{1 + (y')^2}{y''}\right)^2 \left\{(y')^2 + 1\right\} = \frac{\{1 + (y')^2\}^3}{(y'')^2}.$$

以上より，

$$\frac{\left\{1+\left(y'\right)^2\right\}^{\frac{3}{2}}}{|y''|} = 1. \qquad\qquad \square$$

〇**問 1.3** 指定された定数を消去して，微分方程式を導け.

(1) $x^2 = 4Cy$ （C を消去せよ.）

(2) $y = C_1 \cos x + C_2 \sin x$ （C_1, C_2 を消去せよ.）

＊＊＊ **演 習 問 題** ＊＊＊

1.1 (1) 以下の微分方程式を**ファン・デル・ポール** (van der Pol) **方程式**という.

$$m\ddot{x}(t) - \varepsilon\left(1 - (x(t))^2\right)\dot{x}(t) + kx(t) = 0$$

ただし，m は質量，k はばね定数，ε は減衰定数である. このとき，ファン・デル・ポール方程式が線形であるための条件を求めよ.

(2) 以下の微分方程式を**ダフィング** (Duffing) **方程式**という.

$$m\ddot{x}(t) + \varepsilon\dot{x}(t) + kx(t) + b(x(t))^3 = 0$$

ただし，b はばねの復元力に含まれる非線形性の程度を表すパラメータである. このとき，ダフィング方程式が線形であるための条件を求めよ.

1.2 2 つの任意の定数 C_1, C_2 を含む曲線群に対する微分方程式を導け.

(1) $\dfrac{y}{x} = C_1 + C_2 \log x$ \qquad\qquad (2) $(y - C_1)^2 = 4(x - C_2)$

2

1 階微分方程式

本章では，解析解が得られる 1 階微分方程式に対して，型の分類と，典型的な解法を中心に解説を行う．

2.1 変数分離形

微分方程式が，以下で表されるものを**変数分離形**の微分方程式という．

$$\frac{dy}{dx} = f(x)g(y)$$

このとき，$g(y) \neq 0$ を仮定して，両辺 $g(y)$ で割る．

$$\frac{dy}{g(y)} = f(x)dx$$

ここで，dx, dy などは微小変化量を表し，dx, dy は単独の記号として考える[注1]．また，左辺は変数 y のみであり，右辺は x のみで表されていることにも注意する．両辺積分し，積分定数 (あるいは任意の定数) を C とすれば，**一般解**

$$\int \frac{dy}{g(y)} = \int f(x)dx + C$$

を得る[注2]．したがって，不定積分 $\int \dfrac{dy}{g(y)}, \int f(x)dx$ が求まりさえすれば，解を $y = \cdots$ のように陽的に表せる．すなわち，解析解を得ることができる．

●注意 2.1 よく知られているように，不定積分を求めることができる問題は限られるため，解析解を得ることができるほうがむしろ稀であるといえる．

[注1] dx は，十分 0 に近い微小変化するときの x を表す．全微分可能な関数 $z = f(x, y)$ に対して，全微分の公式 $dz = f_x(x, y)dx + f_y(x, y)dy$ が成り立つなど，さまざまな形式で表すことができる．

[注2] 本来であれば，$\int \dfrac{dy}{g(y)} + C_1 = \int f(x)dx + C_2$ であるが，$C = -C_1 + C_2$ と考える．

> **例題 2.1** 以下の微分方程式を考える.
> $$\frac{dy}{dx} = ky$$
> ここで, $k\,(\neq 0)$ は定数である. このとき, この微分方程式の解は, 以下のように表されることを示せ.
> $$y = Ce^{kx}$$
> ただし, C は任意の定数である.

《証明》 $y \neq 0$ と仮定して変数分離形として解くと, 以下を得る.

$$\int \frac{dy}{y} = k \int dx \implies \log|y| = kx + D$$

$$\implies |y| = e^{kx+D} \implies y = \pm e^{kx+D} = \pm e^D \times e^{kx} = C_0 e^{kx}$$

ただし, D は任意の定数であり, $C_0 = \pm e^D$ は 0 でない任意の定数である. さらに, $y = 0$ は解であるから, 解は両方をあわせて $y = Ce^{kx}$ (C は任意の定数) であることが示された. □

●注意 2.2 $y = 0$ のときと $y \neq 0$ のときで場合分けして考えることだけでは不十分である. y は単なる数でなく関数であり, y が恒等的に 0 にならないことを仮定している. 実際, 以下の微分方程式

$$\frac{dy}{dx} = \sqrt{y}$$

を考えた場合, $y \neq 0$ と仮定して, 変数分離形として解くと,

$$\int \frac{dy}{\sqrt{y}} = \int dx \implies 2\sqrt{y} = x + C \implies y = \frac{1}{4}(x+C)^2$$

を得る. これが微分方程式の解であるかを確認すると,

$$\frac{dy}{dx} - \sqrt{y} = \frac{1}{2}(x+C) - \frac{1}{2}|x+C|$$

なので, $-C \leq x$ の範囲でしか成立しない. そこで, $x < -C$ の範囲で $y = 0$ とすれば, 実際上は, すべての x で関数

$$y = f(x) = \begin{cases} \dfrac{1}{4}(x+C)^2 & (-C \leq x) \\[2mm] 0 & (x < -C) \end{cases}$$

が定義でき, これは微分方程式の解となる. さらにこの解は, すべての x に対して連続微分可能な関数である. 最終的に, $y = 0$ のときと $y \neq 0$ のときで場合分けして考えることが十分ではないことがわかる.

　ここで，具体的な積分計算でよく現れる関数の不定積分の公式をまとめておく[注3]．また，特に混乱が生じない限り，自然対数を表す場合は$\log_e = \log$と表記する．なお，積分定数は省略する．

定理 2.1

$$\int x^\alpha \, dx = \frac{1}{\alpha + 1} x^{\alpha+1} \quad (\alpha \neq -1) \qquad \int a^x \, dx = \frac{a^x}{\log a} \quad (a > 0, \, a \neq 1)$$

$$\int \frac{dx}{x} = \log|x| \qquad\qquad\qquad \int e^x \, dx = e^x$$

$$\int \cos x \, dx = \sin x \qquad\qquad\qquad \int \sin x \, dx = -\cos x$$

$$\int \tan x \, dx = -\log|\cos x| \qquad\qquad \int \frac{dx}{\sin x} = \log\left|\tan \frac{x}{2}\right|$$

$$\int \frac{dx}{\cos^2 x} = \tan x \qquad\qquad\qquad \int \frac{dx}{\sin^2 x} = -\cot x$$

$$\int \frac{dx}{(x-a)(x-b)} = \frac{1}{b-a} \log\left|\frac{x-b}{x-a}\right| \qquad (a \neq b)$$

$$\int \frac{dx}{\sqrt{a^2 - x^2}} = \arcsin \frac{x}{a} = \sin^{-1} \frac{x}{a} \qquad (a > 0)$$

$$-\int \frac{dx}{\sqrt{a^2 - x^2}} = \arccos \frac{x}{a} = \cos^{-1} \frac{x}{a} \qquad (a > 0)$$

$$\int \frac{dx}{x^2 + a^2} = \frac{1}{a} \arctan \frac{x}{a} = \frac{1}{a} \tan^{-1} \frac{x}{a} \qquad (a > 0)$$

$$\int \sqrt{a^2 - x^2} \, dx = \frac{1}{2}\left(x\sqrt{a^2 - x^2} + a^2 \arcsin \frac{x}{a}\right) \quad (a > 0)$$

$$\int \frac{dx}{\sqrt{x^2 + A}} = \log\left|x + \sqrt{x^2 + A}\right| \qquad (A \neq 0)$$

$$\int \sqrt{x^2 + A} \, dx = \frac{1}{2}\left(x\sqrt{x^2 + A} + A\log\left|x + \sqrt{x^2 + A}\right|\right) \quad (A \neq 0)$$

$$\int \frac{f'(x)}{f(x)} \, dx = \log|f(x)|$$

$$\int \left(f(x)\right)^\alpha f'(x) \, dx = \frac{1}{\alpha + 1}\left(f(x)\right)^{\alpha+1} \qquad (\alpha \neq -1)$$

[注3] 一般に次の表記法を用いる場合がある．$e^x = \exp x$, $\log_e x = \log x = \ln x$, $\dfrac{1}{\sin x} = \csc x$, $\dfrac{1}{\cos x} = \sec x$, $\dfrac{1}{\tan x} = \cot x$, $\cosh x = \dfrac{e^x + e^{-x}}{2}$, $\sinh x = \dfrac{e^x - e^{-x}}{2}$, $\tanh x = \dfrac{\sinh x}{\cosh x} = \dfrac{e^x - e^{-x}}{e^x + e^{-x}}$.

以上の準備のもと，次の例題を考える．

例題 2.2 以下の微分方程式を解け．

(1) $\dfrac{dy}{dx} + y = 1$　　　　　　　　　　(2) $\dfrac{dy}{dx} = y^2 + 1$

《**解答**》 (1) $y \neq 1$ と仮定する．このとき，以下のように変数分離形として解くことができる．

$$\frac{dy}{dx} = 1 - y \implies \frac{dy}{1-y} = dx \implies \int \frac{dy}{y-1} = -\int dx$$

$$\implies \log|y-1| = -x + D \implies y - 1 = \pm e^{-x+D} = \pm e^D e^{-x} = C_0 e^{-x}$$

ただし，D は任意の定数であり，$C_0 = \pm e^D$ は 0 でない任意の定数である．$y = 1$ は解であるから，両方をあわせて一般解 $\underline{y = 1 + Ce^{-x}}$ (C は任意の定数) を得る．

(2) $y^2 + 1 \neq 0$ なので，

$$\frac{dy}{y^2+1} = dx \implies \int \frac{dy}{y^2+1} = \int dx \implies \tan^{-1} y = x + C \implies \underline{y = \tan(x + C)}.$$

ただし，C は任意の定数である．　　　　　　　　　　　　　　　　　□

○**問 2.1** 以下の微分方程式を解け．

(1) $xy' = y$　　　　　　　　　　　　(2) $y' = e^y$

(3) $(x^2 + 1)\dfrac{dy}{dx} = y^2 + 1$　　　　(4) $\dfrac{dy}{dx} = 1 - y^2$

▷ **例 2.1 (人口モデル)** 時刻 t における総人口を $N(t)$ とする．いま，A 国において，女性人口の再生産 (女性が小児を生む過程) が時間的に一定の出生率 α $(0 < \alpha < 1)$ と死亡率 β $(0 < \beta < 1)$ のもとで行われると仮定する．さらに，人口移動も考慮しないと仮定する．このとき，$m = \alpha - \beta$ として，**人口モデル**は以下の微分方程式で表される．

$$\frac{dN(t)}{dt} = mN(t)$$

これは，例題 2.1 で $y = y(x) \dashrightarrow N(t)$ に，$k \dashrightarrow m$, $x \dashrightarrow t$ に置き換えた場合に相当し，例題 2.1 の結果より，

$$N(t) = N(0)e^{mt}$$

を得る．ただし，$N(0)$ は初期人口，$dN(t)/dt$ は個体数の増加率をそれぞれ表す．また，m は**マルサス (Malthus) 係数**とよばれている．以上の結果から，$m < 0$，つまり出生率が死亡率を下回ると，指数関数的に人口が減少し，やがて滅びることを示している [注 4]．

　このように，微分方程式を利用すれば未来の結果を予測することが可能となる．　□

(注 4) 実際，$m < 0$ であれば $\displaystyle \lim_{t \to \infty} N(t) = 0$ が成り立つ．

▷ **例 2.2 (シグモイド関数)**　近年の人工知能・機械学習の発達において，ニューラルネットワークは重要な役割を果たしている．そのニューラルネットワークにおいて，あらゆる入力値を区間 $[0.0, 1.0]$ の範囲の数値に変換して出力する関数として，**シグモイド関数**が知られている．この関数は**ロジスティック関数**ともよばれ，生物の個体数の変化の様子を表す**数理モデル**でも利用される．

　シグモイド関数は，

$$y = \frac{1}{1 + e^{-x}}$$

の形で表される．なお，実際の機械学習では最急降下法による最適化が必要なため $y = f(x)$ の導関数が必要であるが，これは，簡単な計算によって，以下のように表される．

$$y' = \frac{dy}{dx} = y(1 - y) \tag{2.1}$$

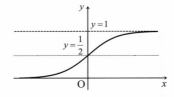

図 2.1　シグモイド関数

実際，微分の値 y' を，x の値でなく y の値を利用し，$y(1 - y)$ として計算を行う．　　　　　□

> **例題 2.3**　微分方程式 (2.1) を初期条件 $y(0) = 1/2$ のもとで解け．

《解答》　まず，$y = 0, y = 1$ は自明な解である．$y \neq 0, 1$ のとき，変数分離形として解く．

$$\frac{dy}{y(1 - y)} = \left(\frac{1}{y} + \frac{1}{1 - y}\right) dy = dx \implies \int \left(\frac{1}{y} + \frac{1}{1 - y}\right) dy = \int dx$$

$$\implies \log|y| - \log|1 - y| = \log\left|\frac{y}{1 - y}\right| = x + C$$

$$\implies \frac{y}{1 - y} = \pm e^{x+C} = \pm e^C e^x = D e^x \implies y = \frac{D e^x}{D e^x + 1} = \frac{1}{1 + E e^{-x}}$$

ただし，任意の定数 C に対して，$\pm e^C = D \, (\neq 0), D^{-1} = E$ とおいた．続いて，初期条件 $y(0) = 1/2$ を考慮すれば，$E = 1$ となる．以上より，

$$y = \frac{1}{1 + e^{-x}}.$$

　　　　　□

○**問 2.2**　曲線 $y = x^2 \, (0 \leq x \leq 1)$ を y 軸のまわりに回転してできる形の容器に水を満たす．この容器の底には排水口があり，時刻 $t = 0$ に排水口を開けて排水を開始する．時刻 t において容器に残っている水の深さを $h \, (= y)$，体積を V とするとき，V の変化率 $\dfrac{dV}{dt}$ は

$$\frac{dV}{dt} = -k\sqrt{h}$$

で与えられる. ただし, $dV = \pi x^2\, dy = \pi h\, dh$ を満たす. また, $k\,(>0)$ は定数である. このとき, h を t の関数として表せ.

2.2 同次形

まず, **同次式**を定義する.

> **定義 2.1** λ をパラメータとする. 0 以上の整数 n, および関数 $z(x,y)$ に対して,
>
> $$z(\lambda x, \lambda y) = \lambda^n z(x,y)$$
>
> が成り立つとき, 関数 $z(x,y)$ は n 次の**同次式** (斉次式) という.

例えば, $z(x,y) = x^2 + 2xy$ は 2 次の同次式, $z(x,y) = x^3 + y^3 - 3x^2 y$ は 3 次の同次式である. また, $z(x,y) = \dfrac{x+2y}{x}$ は 0 次の同次式である. 一方, $z(x,y) = x - 2xy$ は同次式ではない.

このとき, 以下で表される微分方程式を**同次形**の微分方程式という.

$$\frac{dy}{dx} = f\left(\frac{y}{x}\right) \tag{2.2}$$

これは, 右辺が $f\left(\dfrac{\lambda y}{\lambda x}\right) = f\left(\dfrac{y}{x}\right)$ となることから, このようによばれる.

この微分方程式は,

$$u = u(x) = \frac{y}{x}$$

とおくことによって,

$$y = xu \implies \frac{dy}{dx} = u + x\frac{du}{dx}$$

と計算される. したがって, 恒等的に $f(u) - u \neq 0,\ x \neq 0$ である限り, 以下の変数分離形の微分方程式に変換できる.

$$\frac{dy}{dx} = u + x\frac{du}{dx} = f\left(\frac{y}{x}\right) = f(u) \implies \frac{du}{f(u) - u} = \frac{dx}{x}$$

> **例題 2.4** 以下の微分方程式の初期値問題を解け.
>
> $$2x^2 \frac{dy}{dx} = x^2 + y^2, \quad (x,y) = (1,0).$$

《解答》 両辺を x^2 で割る[注5].

$$2\frac{dy}{dx} = 1 + \left(\frac{y}{x}\right)^2$$

これは，同次形である．したがって，$u(x) = \dfrac{y}{x}$ とおくことによって，以下の微分方程式に変形できる．

$$2\left(u + x\frac{du}{dx}\right) = 1 + u^2 \implies 2x\frac{du}{dx} = (u-1)^2$$

これは，変数分離形の微分方程式である．したがって，

$$\frac{du}{(u-1)^2} = \frac{dx}{2x} \implies \int \frac{du}{(u-1)^2} = \frac{1}{2}\int \frac{dx}{x} \implies -\frac{1}{u-1} = \frac{1}{2}\log|x| + C.$$

ただし，C は任意の定数である．したがって，$u = \dfrac{y}{x}$ を代入し，

$$-\frac{x}{y-x} = \frac{1}{2}\log|x| + C$$

を得る[注6]．さらに，$(x, y) = (1, 0)$ を代入すれば，$C = 1$ となる．以上より，$-\dfrac{x}{y-x} = \dfrac{1}{2}\log|x| + 1$. あるいは，$y$ について解き，

$$\underline{y = x - \frac{2x}{\log|x| + 2}}.$$ $\square$

○問 2.3 以下の同次形の微分方程式を解け．

(1) $\dfrac{dy}{dx} = \left(\dfrac{y}{x}\right)^2$ (2) $\dfrac{dy}{dx} = \dfrac{y}{x-y}$

(3) $xy\dfrac{dy}{dx} = x^2 + y^2$ (4) $(x^2 + y^2)\dfrac{dy}{dx} + 2xy + x^2 = 0$

次に，以下で与えられる微分方程式を考える．

$$\frac{dy}{dx} = f\left(\frac{a_0 x + b_0 y + p}{c_0 x + d_0 y + q}\right)$$

これは，$p = 0$ かつ $q = 0$ であれば

$$\frac{dy}{dx} = f\left(\frac{a_0 \dfrac{x}{y} + b_0}{c_0 \dfrac{x}{y} + d_0}\right)$$

(注5) 以後，特に断らない限り，自由に割る操作を行う．
(注6) 特に解の指定がされない限り，このままの形で問題ない．

となり，同次形の微分方程式である．したがって，$p \neq 0$ または $q \neq 0$ であるとき，p, q を消去するために，変換

$$\begin{cases} x = s + \alpha \\ y = t + \beta \end{cases}$$

を考える．これらを $\begin{cases} a_0 x + b_0 y + p = 0 \\ c_0 x + d_0 y + q = 0 \end{cases}$ に代入すれば，

$$\begin{cases} a_0 s + b_0 t + a_0 \alpha + b_0 \beta + p = 0 \\ c_0 s + d_0 t + c_0 \alpha + d_0 \beta + q = 0 \end{cases}$$

を得る．したがって，

$$\begin{cases} a_0 \alpha + b_0 \beta + p = 0 \\ c_0 \alpha + d_0 \beta + q = 0 \end{cases} \iff \begin{pmatrix} a_0 & b_0 \\ c_0 & d_0 \end{pmatrix} \begin{pmatrix} \alpha \\ \beta \end{pmatrix} = - \begin{pmatrix} p \\ q \end{pmatrix}$$

となるような α, β を選べば，同次形の微分方程式にして解くことができる．

(i) $a_0 d_0 - b_0 c_0 \neq 0$ のとき，唯一の解 α, β をもつ．このとき，微分方程式は，$dx = ds, dy = dt$ を用いて最終的に同次形の微分方程式に帰着させることができ，変数分離形の微分方程式として解くことができる．

$$\frac{dt}{ds} = f \left(\frac{a_0 s + b_0 t}{c_0 s + d_0 t} \right) \implies \frac{dt}{ds} = s \frac{du}{ds} + u = f \left(\frac{a_0 + b_0 u}{c_0 + d_0 u} \right)$$

ただし，$u = \dfrac{t}{s}$ である．

(ii) $a_0 d_0 - b_0 c_0 = 0, a \neq 0, b_0 \neq 0$ のとき，$a_0 : b_0 = c_0 : d_0$ なので，$k \neq 0$ である定数を用いて $c_0 = k a_0, d_0 = k b_0$ と書ける．したがって，$u = a_0 x + b_0 y$，$c_0 x + d_0 y = k(a_0 x + b_0 y) = ku$ とおいて，最終的に変数分離形の微分方程式に帰着させることができる．

$$\frac{dy}{dx} = f \left(\frac{a_0 x + b_0 y + p}{c_0 x + d_0 y + q} \right) \implies \frac{1}{b_0} \left(\frac{du}{dx} - a_0 \right) = f \left(\frac{u + p}{ku + q} \right)$$

ただし，$\dfrac{du}{dx} = a_0 + b_0 \dfrac{dy}{dx}$ である．

例題 2.5 以下の同次形の微分方程式を解け．

(1) $\dfrac{dy}{dx} = \dfrac{x - 2y + 1}{2x - y - 1}$ 　　　　　　(2) $\dfrac{dy}{dx} = \dfrac{1 - x - y}{x + y + 1}$

《**解答**》 (1) 前述の説明に従えば，$a_0d_0 - b_0c_0 = 3 \neq 0$ なので，$x = s + \alpha$，$y = t + \beta$ とおく．

$$\begin{pmatrix} 1 & -2 \\ 2 & -1 \end{pmatrix}\begin{pmatrix} \alpha \\ \beta \end{pmatrix} = \begin{pmatrix} -1 \\ 1 \end{pmatrix} \iff \begin{pmatrix} \alpha \\ \beta \end{pmatrix} = \begin{pmatrix} 1 \\ 1 \end{pmatrix}$$

このとき，$u = \dfrac{t}{s}$ として，

$$\frac{dy}{dx} = \frac{dt}{ds} = \frac{s - 2t}{2s - t} \implies \frac{dt}{ds} = s\frac{du}{ds} + u = \frac{1 - 2u}{2 - u}$$

$$\implies \int \frac{2 - u}{u^2 - 4u + 1}du = \int \frac{ds}{s} \implies -\frac{1}{2}\log(u^2 - 4u + 1) = \log|s| + \log C$$

$$\implies \left(\frac{t}{s}\right)^2 - 4\left(\frac{t}{s}\right) + 1 = \frac{1}{C^2 s^2} = \frac{D}{s^2} \implies t^2 - 4st + s^2 = D$$

$$\implies \underline{(x - 1)^2 - 4(x - 1)(y - 1) + (y - 1)^2 = D}.$$

ただし，C, D は任意の定数である．

●**注意 2.3** 任意の定数を $\log C$ としているが，これは，後の変形を簡単にするためである．C のままでも問題ない．また，展開を行い $x^2 + y^2 + 2x + 2y - 4xy = D + 2 = F$ (ただし F は任意の定数) のように解答してもかまわないが，展開を行わずそのまま一般解にしても問題ない．

(2) これは (ii) の場合であるので，$u = x + y$ とおく．このとき，$\dfrac{du}{dx} = 1 + \dfrac{dy}{dx}$ が成り立つ．したがって，以下のように変形できる．

$$\frac{dy}{dx} = \frac{du}{dx} - 1 = \frac{1 - u}{u + 1} \implies \frac{du}{dx} = \frac{2}{u + 1} \implies \int (u + 1)du = \int 2\,dx$$

$$\implies \frac{1}{2}(u + 1)^2 = 2x + C \implies \underline{(x + y + 1)^2 = 4x + D}$$

ただし，C, D は任意の定数である．   □

●**注意 2.4** (ii) は別の観点から，**線形変換**の解き方ともよばれている．例えば，微分方程式 $\dfrac{dy}{dx} = (x + y)^2$ を考える．ここで，同様に $u = x + y$ とおく．このとき，両辺 x について微分して $\dfrac{du}{dx} = 1 + \dfrac{dy}{dx}$ となる．したがって，

$$\frac{dy}{dx} = -1 + \frac{du}{dx} = u^2 \implies \frac{du}{dx} = u^2 + 1 \implies \int \frac{du}{u^2 + 1} = \int dx$$

$$\implies \tan^{-1} u = x + C \implies \tan^{-1}(x + y) = x + C \implies \underline{x + y = \tan(x + C)}$$

と解を求めることができる．

〇問 **2.4** 以下の微分方程式を解け.

(1) $(x-2y)\dfrac{dy}{dx} = 2x - y - 3$ (2) $\dfrac{dy}{dx} = \dfrac{x+y}{-x-y-2}$

2.3 1 階線形微分方程式

以下で表される微分方程式を **1 階線形微分方程式**という.

$$\frac{dy}{dx} + P(x)y = Q(x) \tag{2.3}$$

ただし, $P(x), Q(x)$ は C^n 級関数であり [注7], $Q(x)$ は恒等的に 0 でないと仮定する [注8].

> **定理 2.2** 微分方程式 (2.3) を考える. このとき,
>
> $$y = e^{-\int^x P(x)dx}\left(\int^x Q(x)e^{\int^x P(x)dx}dx + C\right). \tag{2.4}$$
>
> ただし, C は任意の定数, また $\int^x$ は積分定数を省略することを意味する.

《**証明**》 まず, 微分方程式 (2.3) の両辺に $e^{\int^x P(x)dx}$ をかける.

$$\frac{dy}{dx}e^{\int^x P(x)dx} + yP(x)e^{\int^x P(x)dx} = Q(x)e^{\int^x P(x)dx} \tag{2.5}$$

このとき,

$$\frac{d}{dx}\left(ye^{\int^x P(x)dx}\right) = \frac{dy}{dx}e^{\int^x P(x)dx} + yP(x)e^{\int^x P(x)dx}$$

となり, これは (2.5) の左辺にほかならない. したがって, 両辺を積分すれば,

$$ye^{\int^x P(x)dx} = \int^x Q(x)e^{\int^x P(x)dx}dx + C.$$

ただし, C は積分定数 (あるいは任意の定数) である. 以上より, $e^{-\int^x P(x)dx}$ を両辺にかけて (2.4) が導かれる. ∎

●**注意 2.5** $e^{\int^x P(x)dx}$ を**積分因子**という. 積分因子を計算するときには, この時点では, 先の説明のとおり積分定数を付けない. また, 公式 $e^{\log f(x)} = \exp(\log f(x)) = f(x)$ はよく利用するので覚えておくと便利である.

(注7) n 階微分可能な関数を C^n **級**, 何回でも微分可能な関数を C^∞ 級あるいは**無限階微分可能**などという.

(注8) $Q(x)$ が恒等的に $Q(x) = 0$ の場合は $\dfrac{dy}{dx} + P(x)y = 0$ となり変数分離形となる. したがって, 容易に $y = C\exp\left(-\int^x P(x)dx\right)$ のように解を得ることができる. ただし, C は任意の定数である.

> **例題 2.6** 微分方程式 $x\dfrac{dy}{dx} - y = 1$ を解け.

《解答》 まず,

$$\frac{dy}{dx} - \frac{y}{x} = \frac{1}{x}$$

のように変形すれば, $P(x) = -\dfrac{1}{x}$ である. したがって,

$$e^{\int^x P(x)dx} = \exp\left(-\int^x \frac{dx}{x}\right) = \exp(-\log|x|) = \frac{1}{|x|}$$

となる. 以上より, 微分方程式 $\dfrac{dy}{dx} - \dfrac{y}{x} = \dfrac{1}{x}$ のすべてに $\dfrac{1}{x}$ をかけて (注意 2.6 参照),

$$\frac{1}{x}\frac{dy}{dx} - \frac{y}{x^2} = \frac{1}{x^2} \implies \frac{d}{dx}\left(\frac{y}{x}\right) = \frac{1}{x^2} \implies \frac{y}{x} = -\frac{1}{x} + C \implies \underline{y = -1 + Cx}.$$

ただし, C は任意の定数である.   □

● **注意 2.6** 補足すれば,

$$e^{\int^x P(x)dx} = \exp\left(-\int^x \frac{dx}{x}\right) = \exp(-\log|x|) = \frac{1}{|x|}$$

なので, $e^{\int^x P(x)dx} = -\dfrac{1}{x}$ のとき,

$$-\frac{1}{x}\frac{dy}{dx} + \frac{y}{x^2} = -\frac{1}{x^2} \implies \frac{d}{dx}\left(\frac{y}{x}\right) = \frac{1}{x^2} \implies \frac{y}{x} = -\frac{1}{x} + C \implies \underline{y = -1 + Cx}$$

となり, 同一の結果となる. すなわち, 積分因子は唯一に決まるのではなく, 符号も含め, 任意の定数をかけても同一の結果となる. これを, 積分因子には "定数倍の任意性がある" という. したがって, $\dfrac{1}{x}$ のみ考えれば十分である.

別解として, 以下のように, 変数分離形の微分方程式として解くこともできる.

$$x\frac{dy}{dx} - y = 1 \implies \int \frac{dy}{y+1} = \int \frac{dx}{x} \implies \log|y+1| = \log|x| + D \implies \underline{y = -1 + Cx}$$

ただし, C, D は任意の定数である.

○ **問 2.5** 以下の微分方程式を解け.

(1) $x\dfrac{dy}{dx} + y = 1$ (2) $\dfrac{dy}{dx} + y = e^{-2x}$

(3) $\dfrac{dy}{dx} + (\tan x)y = \dfrac{1}{\cos x}$ (4) $x\dfrac{dy}{dx} - y = x\log x$

2.4　ベルヌーイ型の微分方程式

以下で表される微分方程式を**ベルヌーイ (Bernoulli) 型**の微分方程式という.

$$\frac{dy}{dx} + P(x)y = Q(x)y^n \quad (n \neq 0, 1)$$

ただし, $n = 0$ のときは

$$\frac{dy}{dx} + P(x)y = Q(x)$$

となり, 1 階線形微分方程式である. さらに, $n = 1$ のときは

$$\frac{dy}{dx} + P(x)y = Q(x)y \iff \frac{dy}{dx} = -\bigl(P(x) - Q(x)\bigr)y$$

となり, 変数分離形の微分方程式である.

ベルヌーイ型の微分方程式は,

$$z = \frac{1}{y^{n-1}} \implies \frac{dz}{dx} = (1-n)\frac{1}{y^n} \cdot \frac{dy}{dx}$$

とおくことにより, 1 階線形微分方程式に帰着して解くことができる.

例題 2.7　微分方程式 $x\dfrac{dy}{dx} - y = y^2$ を解け.

《**解答**》　与えられた微分方程式を変形する. ただし, $y \neq 0$ とする.

$$\frac{x}{y^2} \cdot \frac{dy}{dx} - \frac{1}{y} = 1$$

このとき, $z = \dfrac{1}{y}$ とおけば $\dfrac{dz}{dx} = -\dfrac{1}{y^2}\dfrac{dy}{dx}$ であるので, これを上式に代入して,

$$-x\frac{dz}{dx} - z = 1 \implies x\frac{dz}{dx} = -(z+1) \implies \int \frac{dz}{z+1} = -\int \frac{dx}{x}.$$

$$\therefore \ \log|z+1| = -\log|x| + C \implies z = \frac{D_0 - x}{x}$$

ただし, C は任意の定数であり, $D_0 (= \pm e^C)$ は 0 でない任意の定数である. $y = \dfrac{1}{z} = -1$ も解であり, さらに $y = \dfrac{1}{z}$ に代入し, 両方をあわせて

$$\underline{y = \frac{x}{D - x}} \ (D は任意の定数).　\qquad \square$$

●**注意 2.7**　別解として, 以下のように変数分離形として解くこともできる. $y(y+1) \neq 0$ とする.

$$x\frac{dy}{dx} - y = y^2 \implies \int \frac{dy}{y(y+1)} = \int \frac{dx}{x}$$

$$\implies \log\left|\frac{y}{y+1}\right| = \log|x| + E \implies y = \frac{Fx}{1-Fx} = \frac{x}{G-x}$$

ただし，$F = \pm e^E$ は 0 でない任意の定数，$G = F^{-1}$ である．

○**問 2.6** ベルヌーイ型の微分方程式 $x\dfrac{dy}{dx} = y + y^3$ を解け．

2.5 完全微分方程式

x, y の関数である $P(x, y), Q(x, y)$ に対して，以下で表される微分方程式を**全微分方程式**という．

$$P(x, y)dx + Q(x, y)dy = 0 \tag{2.6}$$

このとき，$z = f(x, y)$ の全微分

$$dz = f_x(x, y)dx + f_y(x, y)dy = \frac{\partial z}{\partial x}dx + \frac{\partial z}{\partial y}dy$$

に対して $f_x = P(x, y), f_y = Q(x, y)$ となっているとき，**完全微分方程式**という．もし，恒等的に $z = C$ (定数) が成り立つならば，$dz = 0$ なので，

$$z = f(x, y) = C$$

が一般解となる．

定理 2.3 全微分方程式

$$P(x, y)dx + Q(x, y)dy = 0$$

が完全微分方程式となるための必要十分条件は，

$$\frac{\partial P(x, y)}{\partial y} = \frac{\partial Q(x, y)}{\partial x}$$

である．このとき，完全微分形の微分方程式の一般解は，

$$z = \int^x P(x, y)dx + \phi(y) = C$$

で求められる．ただし，$\phi(y)$ は

$$z_y = \frac{\partial}{\partial y}\left(\int^x P(x, y)dx\right) + \frac{d}{dy}\phi(y) = Q(x, y) \tag{2.7}$$

を満たす. あるいは, 一般解は

$$z = \int^y Q(x, y)\,dy + \psi(x) = C$$

で求められる. ただし, $\psi(x)$ は

$$z_x = \frac{\partial}{\partial x}\left(\int^y Q(x, y)\,dy\right) + \frac{d}{dx}\psi(x) = P(x, y) \tag{2.8}$$

を満たす. ここで, C は任意の定数である.

●注意 2.8 $\int^x P(x, y)\,dx$ は, 被積分関数である $P(x, y)$ において, y を定数とみて x で積分することを意味する. さらに, 積分定数 (任意の定数) を省略することを意味する. 一般解 z を求める場合, $\int^x P(x, y)\,dx$, $\int^y Q(x, y)\,dy$ のどちらか都合がよいほうで計算すればよい. 式 (2.7) において, 必ず $\phi(y)$ に関する y についての (x を含まない) 微分方程式になることに注意する. もし y が残っている場合には, 計算間違いの可能性がある. 同様に, 式 (2.8) において必ず $\psi(x)$ に関する x についての (y を含まない) 微分方程式になる.

次の例題で, 具体的な計算を確認する.

例題 2.8 全微分方程式 $3x(2y - x)\,dx + (3x^2 + 2y)\,dy = 0$ を解け.

《解答》 $P(x, y) = 3x(2y - x), Q(x, y) = 3x^2 + 2y$ とする.

$$\frac{\partial P(x, y)}{\partial y} = 6x, \quad \frac{\partial Q(x, y)}{\partial x} = 6x$$

したがって完全微分方程式である. $P(x, y) = 3x(2y - x) = 6xy - 3x^2$ を x について積分すれば,

$$z = \int^x 3x(2y - x)\,dx = 3x^2 y - x^3 + \phi(y)$$

となる. 続いて,

$$z_y = 3x^2 + \frac{d}{dy}\phi(y) = 3x^2 + \phi'(y) = 3x^2 + 2y$$

となるので,

$$\phi'(y) = 2y.$$

これは $\phi(y)$ に関する y についての微分方程式であり, 両辺積分を行って [注9],

$$\phi(y) = y^2.$$

(注 9) この時点では任意の定数を付けない.

以上より，任意の定数 C を用いて，$z = C$ を考慮すれば，

$$3x^2 y - x^3 + y^2 = C. \qquad \qquad \square$$

〇**問 2.7** 以下の全微分方程式を解け.

(1) $(x+y)dx + (x+y+2)dy = 0$ (2) $(x^2+y^2)dx + 2xy\,dy = 0$

2.6 積分因子

前節では完全微分方程式を扱ったが，いつも完全形になるとは限らない．本節では，特殊な場合，**積分因子**によって完全微分方程式に変形できる手法について説明する.

(2.6) で与えられる全微分微分方程式 $P(x,y)dx + Q(x,y)dy = 0$ に対して，

$$M(x,y)P(x,y)dx + M(x,y)Q(x,y)dy = 0 \iff \overline{P}(x,y)dx + \overline{Q}(x,y)dy = 0$$

が完全微分方程式になるとき，すなわち，

$$\frac{\partial}{\partial y}\big(M(x,y)P(x,y)\big) = \frac{\partial}{\partial x}\big(M(x,y)Q(x,y)\big) \iff \overline{P}_x(x,y) = \overline{Q}_y(x,y)$$

が成り立つとき，$M(x,y)$ を**積分因子**という．このとき，

$$\frac{\partial}{\partial y}\Big(M(x,y)P(x,y)\Big) = \frac{\partial}{\partial x}\Big(M(x,y)Q(x,y)\Big)$$

$$\implies \frac{\partial M(x,y)}{\partial y}P(x,y) - \frac{\partial M(x,y)}{\partial x}Q(x,y) = -M(x,y)\left(\frac{\partial P(x,y)}{\partial y} - \frac{\partial Q(x,y)}{\partial x}\right)$$

を得る．ここで，

(i) $M(x,y) = M(x)$，すなわち $M(x,y)$ が x のみの関数であれば $\dfrac{\partial M(x,y)}{\partial y} = 0$ なので，

$$\frac{\partial M(x)}{\partial x}Q(x,y) = M(x)\left(\frac{\partial P(x,y)}{\partial y} - \frac{\partial Q(x,y)}{\partial x}\right)$$

$$\implies \int \frac{1}{M(x)} \cdot \frac{\partial M(x)}{\partial x}dx = \log|M(x)| = \int^x \frac{1}{Q(x,y)}\left(\frac{\partial P(x,y)}{\partial y} - \frac{\partial Q(x,y)}{\partial x}\right)dx.$$

(ii) $M(x,y) = M(y)$，すなわち $M(x,y)$ が y のみの関数であれば $\dfrac{\partial M(x,y)}{\partial x} = 0$ なので，

$$\frac{\partial M(y)}{\partial y}P(x,y) = -M(y)\left(\frac{\partial P(x,y)}{\partial y} - \frac{\partial Q(x,y)}{\partial x}\right)$$

$$\Longrightarrow \int \frac{1}{M(y)} \cdot \frac{\partial M(y)}{\partial y} dy = \log|M(y)| = -\int^y \frac{1}{P(x,y)}\left(\frac{\partial P(x,y)}{\partial y} - \frac{\partial Q(x,y)}{\partial x}\right) dy.$$

以上をまとめれば, 以下の結果を得る.

定理 2.4 全微分方程式

$$P(x,y)dx + Q(x,y)dy = 0$$

に対して, $P(x,y) = P, Q(x,y) = Q$ と略記する. このとき,

$$\frac{P_y - Q_x}{Q}$$

が x のみの関数であれば積分因子 $M(x)$ は

$$M(x) = \exp\left(\int^x \frac{P_y - Q_x}{Q} dx\right)$$

で与えられる. あるいは,

$$-\frac{P_y - Q_x}{P}$$

が y のみの関数であれば積分因子 $M(y)$ は

$$M(y) = \exp\left(-\int^y \frac{P_y - Q_x}{P} dy\right)$$

で与えられる.

●**注意 2.9** 注意 2.6 と同様に, 正確には, 任意の定数を C として,

$$\int \frac{1}{M(x)} \cdot \frac{\partial M(x)}{\partial x} dx = \log|M(x)| + C = \int^x \frac{P_y - Q_x}{Q} dx$$

から, $D = \pm\exp(-C)$ として,

$$M(x) = \pm\exp(-C) \cdot \exp\left(\int^x \frac{P_y - Q_x}{Q} dx\right) = D\exp\left(\int^x \frac{P_y - Q_x}{Q} dx\right)$$

を得るが, 積分因子は定数倍の任意性があるので,

$$M(x) = \exp\left(\int^x \frac{P_y - Q_x}{Q} dx\right)$$

だけを考えれば十分である.

例題 2.9 全微分方程式 $y\,dx - (x + y^2 + 1)dy = 0$ を解け.

《**解答**》 $P(x,y) = y, Q(x,y) = -(x + y^2 + 1)$ とする.

$$\frac{\partial P(x,y)}{\partial y} = P_y = 1, \quad \frac{\partial Q(x,y)}{\partial x} = Q_x = -1.$$

したがって完全微分方程式でない. しかし,

$$-\frac{P_y - Q_x}{P} = -\frac{2}{y}$$

が y のみの関数なので, 積分因子 $M(y)$ は

$$M(y) = \exp\left(-\int^y \frac{P_y - Q_x}{P}\,dy\right) = \exp\left(-\int^y \frac{2}{y}\,dy\right) = \exp(-2\log|y|) = y^{-2}$$

で与えられる. このとき,

$$\overline{P}(x, y) = M(y)P(x, y) = \frac{1}{y}, \quad \overline{Q}(x, y) = M(y)Q(x, y) = -\frac{x + y^2 + 1}{y^2}$$

であり,

$$\overline{P}_y(x, y) = \frac{\partial[M(y)P(x, y)]}{\partial y} = -\frac{1}{y^2}, \quad \overline{Q}_x(x, y) = \frac{\partial[M(y)Q(x, y)]}{\partial x} = -\frac{1}{y^2}.$$

したがって完全微分方程式である. 以上より, 任意の定数 C を用いて

$$z = \int^x \frac{1}{y}\,dx = \frac{x}{y} + \phi(y) \implies z_y = -\frac{x}{y^2} + \phi'(y) = -\frac{x + y^2 + 1}{y^2}$$

$$\implies \phi'(y) = -1 - \frac{1}{y^2} \implies \phi(y) = -y + \frac{1}{y} \implies \underline{x - y^2 + 1 = Cy}. \qquad \square$$

積分因子をみつける方法として, 実践的には, 積分因子を $x^m y^n$ と仮定することが有効である.

$$\frac{\partial}{\partial y}\left(x^m y^n y\right) = \frac{\partial}{\partial y}\left(x^m y^{n+1}\right) = (n+1)x^m y^n,$$

$$\frac{\partial}{\partial x}\left(-x^m y^n(x + y^2 + 1)\right) = \frac{\partial}{\partial x}\left(-x^{m+1}y^n - x^m y^{n+2} - x^m y^n\right)$$

$$= -(m+1)x^m y^n - mx^{m-1}y^{n+2} - mx^{m-1}y^n.$$

したがって, $n + 1 = -(m + 1)$, $m = 0$ が候補となる. これを解いて, $n = -2$, $m = 0$. このとき, 積分因子は y^{-2} となる. 以下同様に計算できる. このように簡易に解くことができる.

○**問 2.8** 以下の全微分方程式を解け.

(1) $(3xy - 2y^2)\,dx + (x^2 - 2xy)\,dy = 0$ \qquad (2) $(-y^3 - y)\,dx + x\,dy = 0$

(3) $(-2xy + x^2 + 3)\,dx + x^2\,dy = 0$ \qquad (4) $y\,dx - (x + y^2 + 1)\,dy = 0$

最後に, 知っていれば簡単に解くことのできる全微分の公式を表 2.1 にあげておく.

表 2.1 全微分の公式

(1)	$d\left(\dfrac{x^2+y^2}{2}\right) = x\,dx + y\,dy$	(5)	$d\left(\log\left|\dfrac{y}{x}\right|\right) = \dfrac{-y\,dx + x\,dy}{xy}$
(2)	$d(xy) = y\,dx + x\,dy$	(6)	$d\left(\log\left|\dfrac{x}{y}\right|\right) = \dfrac{y\,dx - x\,dy}{xy}$
(3)	$d\left(\dfrac{y}{x}\right) = \dfrac{-y\,dx + x\,dy}{x^2}$	(7)	$d\left(\arctan\dfrac{y}{x}\right) = \dfrac{-y\,dx + x\,dy}{x^2+y^2}$
(4)	$d\left(\dfrac{x}{y}\right) = \dfrac{y\,dx - x\,dy}{y^2}$	(8)	$d\left(\arctan\dfrac{x}{y}\right) = \dfrac{y\,dx - x\,dy}{x^2+y^2}$

具体的な問題を以下にあげる.

例題 2.10　以下の全微分微分方程式を解け.

$$\left(y - \frac{y}{x^2+y^2}\right)dx + \left(x + \frac{x}{x^2+y^2}\right)dy = 0$$

《**解答**》　表 2.1 の (2), (7) から,

$$0 = y\,dx + x\,dy - \frac{y}{x^2+y^2}dx + \frac{x}{x^2+y^2}dy$$

$$\implies 0 = d(xy) + d\left(\arctan\frac{y}{x}\right) \implies \underline{xy + \arctan\frac{y}{x} = C.} \qquad \square$$

●**注意 2.10**　別解を考える.　$P(x,y) = y - \dfrac{y}{x^2+y^2}$, $Q(x,y) = x + \dfrac{x}{x^2+y^2}$ とする.

$$\frac{\partial P(x,y)}{\partial y} = 1 + \frac{-x^2+y^2}{(x^2+y^2)^2}, \quad \frac{\partial Q(x,y)}{\partial x} = 1 + \frac{-x^2+y^2}{(x^2+y^2)^2}$$

なので, 完全微分方程式である.　したがって,

$$z = \int^x \left(y - \frac{y}{x^2+y^2}\right)dx = xy - \arctan\frac{x}{y} + \phi(y)$$

$$\implies z_y = x + \frac{x}{x^2+y^2} + \phi'(y) = x + \frac{x}{x^2+y^2} \implies \phi(y) = D$$

となるので,

$$\underline{xy - \arctan\frac{x}{y} + D = 0.}$$

ちなみに, 公式 $\arctan\theta + \arctan\dfrac{1}{\theta} = \dfrac{\pi}{2}$ $(\theta > 0)$ を利用すれば,

$$\underline{xy + \arctan\frac{y}{x} = C} \quad \left(C = \frac{\pi}{2} - D\right)$$

で一致する.

2.7 クレロー型の微分方程式

以下で表される微分方程式を**クレロー** (Clairaut) **型**の微分方程式という.

$$y = px + f(p) \tag{2.9}$$

ただし,$p = \dfrac{dy}{dx}$ である.この (2.9) の両辺を微分する.

$$p = \frac{dp}{dx}x + p + f'(p)\frac{dp}{dx} \iff 0 = \frac{dp}{dx}\left(x + f'(p)\right)$$

このとき,次の 2 つの場合が考えられる.

$$\begin{cases} \text{(i)} \;\; \dfrac{dp}{dx} = \dfrac{d^2 y}{dx^2} = 0 \iff p = \dfrac{dy}{dx} = C \\[2mm] \text{(ii)} \;\; x + f'(p) = 0 \end{cases}$$

ただし,C は任意の定数である.

(i) の場合,$p = C$ なので,微分方程式に代入して一般解は $y = Cx + f(C)$ となる.

(ii) の場合,

$$f(p) + px - y = 0, \quad f'(p) + x = 0$$

をともに満たす.これは**包絡線**を表す.したがって,もう一つの解の候補として,包絡線が特異解となる.

例題 2.11 $p = \dfrac{dy}{dx}$ とする.微分方程式 $y = px - \dfrac{1}{2}p^2$ を解け.

《**解答**》 これは,$f(p) = -\dfrac{1}{2}p^2$ であるクレロー型である.したがって,任意の定数 C を用いて,一般解は

$$y = Cx - \frac{1}{2}C^2$$

である.なお,特異解は $y = Cx - \dfrac{1}{2}C^2$ の包絡線となる.したがって,

$$\frac{\partial}{\partial C}\left(y - Cx + \frac{1}{2}C^2\right) = -x + C = 0$$

なので,$C(x) = x$ として,パラメータである C を消去して

$$y = \frac{1}{2}x^2$$

が特異解となる. □

〇問 **2.9**　$p = \dfrac{dy}{dx}$ とする. 以下の微分方程式を解け.

(1)　$y = px + p + 1$　　　　　　　　　　(2)　$y = px + p^2 + 1$

2.8　定数変化法

2.3 節では, 式 (2.3) で与えられる微分方程式

$$\frac{dy}{dx} + P(x)y = Q(x)$$

の解が, (2.4) で与えられる公式

$$y = e^{-\int P(x)dx}\left(\int Q(x)e^{\int P(x)dx}dx + C\right)$$

で計算されることを示したが, これは, 以下で示す**定数変化法**によっても導くことができる. 微分方程式 (2.3) において, 右辺を恒等的に 0 とした以下の微分方程式

$$\frac{dy}{dx} + P(x)y = 0$$

を考える. この微分方程式は変数分離形の微分方程式なので, 解は, 任意の定数 C を用いて容易に以下のように表される.

$$y = Ce^{-\int P(x)dx}$$

ここで, 任意の定数 C を新たに関数 $C(x)$ として考え, $C(x)$ に関する微分方程式を導いて, それを解こうというのが定数変化法である. 実際,

$$y = C(x)e^{-\int P(x)dx}$$

として, 両辺 x について微分すれば, 以下を得る.

$$\frac{dy}{dx} = \{C'(x) - C(x)P(x)\}e^{-\int P(x)dx}$$

したがって, これを微分方程式 (2.3) に代入すれば,

$$\{C'(x) - C(x)P(x)\}e^{-\int P(x)dx}dx + P(x)C(x)e^{-\int P(x)dx}$$

$$= C'(x)e^{-\int P(x)dx}dx = Q(x)$$

$$\implies C'(x) = Q(x)e^{\int P(x)dx} \implies C(x) = \int Q(x)e^{\int P(x)dx}dx + D.$$

以上より，

$$y = e^{-\int P(x)dx} \left(\int Q(x)e^{\int P(x)dx} dx + D \right)$$

となり，$D \dashrightarrow C$ と置き直せば，公式 (2.4) を得る．

例題 2.12 微分方程式 $\dfrac{dy}{dx} + y = x^2$ を定数変化法によって解け．

《**解答**》 まず，$\dfrac{dy}{dx} + y = 0$ を解く．これは例題 2.1 にある公式を用いて，$y = Ce^{-x}$ となる．次に，$C = C(x)$ として微分方程式に代入すれば，

$$y' + y = [C'(x) - C(x)]e^{-x} + C(x)e^{-x} = C'(x)e^{-x} = x^2$$

$$\implies C(x) = \int x^2 e^x dx = (x^2 - 2x + 2)e^x + D.$$

ただし，D は任意の定数である．したがって，

$$y = \left[(x^2 - 2x + 2)e^x + D \right] e^{-x} = \underline{x^2 - 2x + 2 + De^{-x}}. \qquad \square$$

例題 2.13 以下の初期値問題の解を定数変化法によって求めよ．

$$\frac{dy}{dx} + y = \sin x + \cos x, \quad (x, y) = (0, 1).$$

《**解答**》 $\dfrac{dy}{dx} + y = 0$ を解けば $y = Ce^{-x}$ となる．次に，$C = C(x)$ として微分方程式に代入すれば，

$$y' + y = [C'(x) - C(x)]e^{-x} + C(x)e^{-x} = C'(x)e^{-x} = \sin x + \cos x$$

$$\implies C(x) = \int (\sin x + \cos x)e^x dx = e^x \sin x + D.$$

ただし，D は任意の定数である．したがって，

$$y = (e^x \sin x + D)e^{-x} = \sin x + De^{-x}.$$

ここで，$(x, y) = (0, 1)$ を満たすので，$D = 1$．以上より，

$$\underline{y = \sin x + e^{-x}}. \qquad \square$$

　本節では，1 階微分方程式についての定数変化法の説明を行ったが，2 階以上の微分方程式の定数変化法については，**3.9** 節「2 階微分方程式における定数変化法」の例題 3.19 以降で説明する．

2.9 1 階微分方程式へ変換可能な 2 階微分方程式

本節では，2 階微分方程式

$$f\left(\frac{d^2y}{dx^2}, \frac{dy}{dx}, y\right) = f(y'', y', y) = 0$$

において，1 階微分方程式に帰着される特別な場合について考える．

まず，以下の変数を導入する．

$$p = \frac{dy}{dx}$$

このとき，

$$y'' = \frac{d^2y}{dx^2} = \frac{dp}{dx} = \frac{dp}{dy} \cdot \frac{dy}{dx} = \frac{dp}{dy} p$$

が成り立つので，

$$f\left(\frac{dp}{dy} p, p, y\right) = 0$$

が得られ，これは 1 階微分方程式である．

具体的な例を与える．

例題 2.14 微分方程式 $(y')^2 + yy'' + 1 = 0$ を解け．

《**解答**》 変数 $y' = \dfrac{dy}{dx} = p$ を導入すれば，

$$y'' = \frac{dp}{dx} = \frac{dp}{dy} \cdot \frac{dy}{dx} = \frac{dp}{dy} p$$

となるので，以下のように変形できる．

$$(y')^2 + yy'' + 1 = 0 \implies p^2 + yp\frac{dp}{dy} + 1 = 0$$

この微分方程式は，変数分離形の微分方程式で，積分可能であり，

$$p^2 + yp\frac{dp}{dy} + 1 = 0 \implies \int \frac{p}{p^2+1} dp = -\int \frac{dy}{y}$$

$$\implies \frac{1}{2}\log(p^2+1) = -\log|y| + C_1.$$

ただし，C_1 は任意の定数である．したがって，$E = e^{2C_1} (>0)$ とおけば，

$$p^2 + 1 = \frac{E}{y^2} \iff (y')^2 = \frac{E}{y^2} - 1 = \frac{E - y^2}{y^2}$$

を得る．よって，変数分離形の微分方程式であることに注意すれば，D を任意の定数として，

$$\pm \int \frac{y}{\sqrt{E - y^2}} dy = \int dx \implies \pm\sqrt{E - y^2} = x + D \implies \underline{(x + D)^2 + y^2 = E}$$

が得られる．以上より，この微分方程式の解は，中心 $(-D, 0)$，半径 $\sqrt{E}$ の円であることが示される．　　　　□

例題 2.15 $r\,(> 0)$ を定数とする．微分方程式 $\dfrac{\{1 + (y')^2\}^{\frac{3}{2}}}{y''} = r$ を解け．

《解答》 $p = \dfrac{dy}{dx}$ とおけば，

$$\{1 + p^2\}^{\frac{3}{2}} = r p \frac{dp}{dy}$$

を得る．これは変数分離形の微分方程式である．よって，C を任意の定数として，

$$\int \frac{rp}{\{1 + p^2\}^{\frac{3}{2}}} dp = \int dy \implies -\frac{r}{\sqrt{1 + p^2}} = y + C \implies p^2 = \frac{r^2}{(y + C)^2} - 1$$

$$\implies \frac{dy}{dx} = \pm\frac{\sqrt{r^2 - (y + C)^2}}{y + C}.$$

これも変数分離形の微分方程式である．よって，D を任意の定数として，

$$\pm \int \frac{y + C}{\sqrt{r^2 - (y + C)^2}} dy = \int dx \implies \pm\sqrt{r^2 - (y + C)^2} = x + D$$

$$\implies (x + D)^2 + (y + C)^2 = r^2 \iff \underline{(x - C_1)^2 + (y - C_2)^2 = r^2}.$$

ただし，$D \dashrightarrow -C_1, C \dashrightarrow -C_2$ と置き直した．　　　　□

　この微分方程式の解は，中心 (C_1, C_2)，半径 r の円であることがわかる．なお，$\dfrac{\{1 + (y')^2\}^{\frac{3}{2}}}{|y''|}$ は**曲率半径**とよばれる．

○問 2.10 微分方程式 $(y')^2 - 2yy'' + 1 = 0$ を解け．

＊＊＊ 演 習 問 題 ＊＊＊

2.1 以下の微分方程式を解け.

(1) $x^4 y' + y^3 = 0$ 　　　　　　　　　(2) $1 - y^2 + y\sqrt{x^2 + 1}\, y' = 0$

(3) $y' = x(1 - y^2)$ 　　　　　　　　　(4) $y' = \cos^2 x \cos^2 y$

2.2 内側が直円すい形の容器がある. その回転軸は鉛直で, 頂点が最低点, 深さは h で, 上面は半径 R の円である. この容器に上面まで満たされた水を, 断面積が S の管を通じて, 最低点からポンプで流出させる. 水の流出速度 v は, そのときの水面の高さを x とすれば, $v = kx$ (k は正の定数) で与えられるようにポンプが調整されているものとする. 流出し始めた時刻を $t = 0$ として, 時刻 t における水面の高さ $x(t)$ を求めよ. ただし, t は容器が空になる時刻までに限定する. 　　　　　　　　　(1983 年 京都大学)

2.3 以下の微分方程式を解け.

(1) $\dfrac{dy}{dx} = \dfrac{y}{x} + 1$ 　　　　　　　(2) $y^2 + (x^2 - xy)\dfrac{dy}{dx} = 0$

(3) $2xy + (x^2 - 3y^2)\dfrac{dy}{dx} = 0$ 　　　(4) $\dfrac{dy}{dx} = \dfrac{x^2 + y^2}{y^2 - 2xy}$

2.4 以下の微分方程式を解け.

(1) $\dfrac{dy}{dx} = \dfrac{3x + y - 5}{-x + 3y + 5}$ 　　　　(2) $\dfrac{dy}{dx} = \left(\dfrac{x - y - 1}{x - y + 1}\right)^2$

2.5 以下の微分方程式を解け.

(1) $(x + 1)\dfrac{dy}{dx} - y + 1 = 0$ 　　　(2) $x\dfrac{dy}{dx} - y = x^2 \log x$

(3) $x\dfrac{dy}{dx} + 2y = \sin x$ 　　　　　(4) $\dfrac{dy}{dx} + y = \sin x$

2.6 微分方程式 $3\dfrac{dy}{dx} - y = \dfrac{2\sin x}{y^2}$ を解け.

2.7＊ $\dfrac{dy}{dx} = P(x) + Q(x)y + R(x)y^2$ で表される微分方程式を**リカッチ (Riccati) 型の微分方程式**という. この方程式の解 $y = \phi(x)$ が一つ求まっている場合には, $y = \phi(x) + \dfrac{1}{u}$ とおけば, u についての 1 階線形微分方程式

$$\frac{du}{dx} + [2R(x)\phi(x) + Q(x)]u = -R(x)$$

となることを示せ. さらに, $\phi(x) = 1$ であることを用いて, 以下の微分方程式を解け.

$$\frac{dy}{dx} = 1 - \frac{1}{x} + \frac{y}{x} - y^2$$

2.8 以下の全微分方程式を解け.

(1) $(3x + y - 5)dx + (x - 3y - 5)dy = 0$

(2) $(3x^2 y - 2xy^2)dx + (x^3 - 2x^2 y)dy = 0$

2.9 以下の全微分方程式を解け.

(1) $(2x + y^3)dx + xy^2\,dy = 0$ (2) $(x + y)dx - x\,dy = 0$

(3) $2xy\log y\,dx + (x^2\log y + 2x^2)dy = 0$

(4) $(2xy^2 + x^2y^2 + y^3)dx + (2x^2y + 3y^2)dy = 0$

2.10 以下の微分方程式の一般解と特異解を求めよ.

(1) $y = y'x + \sqrt{1 + (y')^2}$ (2) $y = y'x + (y')^4$

2.11 2階微分方程式 $(y')^2 + yy'' - 1 = 0$ を解け.

2.12 関数 $y = f(x)$ は, $f'(x) \le 0$ かつ $0 < x \le 1$ で定義される. また, 曲線 $y = f(x)$ 上を動く点を P とする. 点 P における接線と y 軸の交点を Q とすれば, 常に PQ = 1 が成り立つという. このような $y = f(x)$ に対して, $f(1) = 0$ を満たすものを求めよ.

2.13 (直交曲線群)* C を任意のパラメータとして, 曲線群 $f(x, y, C) = 0$ のすべてに直交する曲線を**直交曲線群**とよぶ. xy 平面上に $p\,(\ne 0)$ をパラメータとする曲線の集合 $y^2 = 4px$ に対して, この曲線すべてに直交する曲線の集合を求めよ.

2.14 (電気回路) 図 2.2 で与えられる RL 直流電気回路を考える. このときの微分方程式は, 以下によって与えられる.

$$L\frac{d}{dt}i(t) + Ri(t) = E,\ i(0) = 0.$$

この微分方程式を解け.

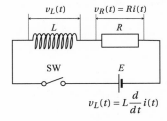

図 2.2 RL 回路

3

線形微分方程式

　本章では，定数係数の線形微分方程式の解法について考える．まずは，簡単な2階定数係数線形微分方程式からはじめて，高階定数係数線形微分方程式へ拡張する．

3.1　2階定数係数線形微分方程式

以下で与えられる2階定数係数線形微分方程式を考える．

$$a\frac{d^2y}{dx^2} + b\frac{dy}{dx} + cy = 0 \tag{3.1}$$

ただし，$a(\neq 0), b, c$ は定数である．

　いま，$y = e^{\lambda x}$ と解を仮定する．このとき，微分して代入すれば以下を得る．

$$(a\lambda^2 + b\lambda + c)e^{\lambda x} = 0$$

ここで，どのような x に対しても $e^{\lambda x} \neq 0$ であるので，λ における以下の2次方程式を得る．

$$a\lambda^2 + b\lambda + c = 0 \tag{3.2}$$

この2次方程式を**特性方程式**とよぶが，2階定数係数線形微分方程式 (3.1) の一般解は，2次方程式である特性方程式 (3.2) で判別することができる．

定理 3.1　2次方程式 (3.2) の判別式を $D = b^2 - 4ac$ とおく．微分方程式 (3.1) の一般解 y は，任意の定数を C_1, C_2 として，以下のように表せる．

　(i) $D > 0$ のとき，異なる2つの解を $\lambda = \alpha, \lambda = \beta$ として，

$$y = C_1 e^{\alpha x} + C_2 e^{\beta x}. \tag{3.3}$$

(ii) $D = 0$ のとき，重解 $\lambda = \alpha$ として，

$$y = (C_1 x + C_2)e^{\alpha x}. \tag{3.4}$$

(iii) $D < 0$ のとき，共役複素数解を $\lambda = p \pm qi$ (ただし，$i = \sqrt{-1}$, $p, q\,(\neq 0)$ は実数) として，

$$y = e^{px}(C_1 \cos qx + C_2 \sin qx). \tag{3.5}$$

《 証明 》 (i) まず (3.3) を示す．異なる 2 つの解が $\lambda = \alpha, \lambda = \beta\ (\alpha \neq \beta)$ なので，

$$(\lambda - \alpha)(\lambda - \beta) = \lambda^2 - (\alpha + \beta)\lambda + \alpha\beta = 0.$$

したがって，微分方程式 (3.1) は，以下のように表される．

$$\frac{d^2 y}{dx^2} - (\alpha + \beta)\frac{dy}{dx} + \alpha\beta y = 0 \iff \begin{cases} \dfrac{d}{dx}\left(\dfrac{dy}{dx} - \beta y\right) = \alpha\left(\dfrac{dy}{dx} - \beta y\right) \\ \dfrac{d}{dx}\left(\dfrac{dy}{dx} - \alpha y\right) = \beta\left(\dfrac{dy}{dx} - \alpha y\right) \end{cases}$$

このとき，

$$z_1 = \frac{dy}{dx} - \beta y, \quad z_2 = \frac{dy}{dx} - \alpha y$$

と考えれば，

$$\frac{dz_1}{dx} = \alpha z_1, \quad \frac{dz_2}{dx} = \beta z_2$$

を得る．したがって，任意の定数 D_1, D_2 を用いて，以下を得る．

$$z_1 = \frac{dy}{dx} - \beta y = D_1 e^{\alpha x}, \quad z_2 = \frac{dy}{dx} - \alpha y = D_2 e^{\beta x}.$$

以上より，$\alpha \neq \beta$ に注意して $z_1 - z_2$ を計算すれば，

$$z_1 - z_2 = (\alpha - \beta)y = D_1 e^{\alpha x} - D_2 e^{\beta x}$$

$$\implies y = \frac{D_1}{\alpha - \beta}e^{\alpha x} - \frac{D_2}{\alpha - \beta}e^{\beta x} = \underline{C_1 e^{\alpha x} + C_2 e^{\beta x}}.$$

ただし，$C_1 = \dfrac{D_1}{\alpha - \beta}, C_2 = -\dfrac{D_2}{\alpha - \beta}$ である．よって，(3.3) を得る．

(ii) 次に，(3.4) を示すために，重解条件を考慮して $\dfrac{b}{a} = -2\alpha, \dfrac{c}{a} = \alpha^2$ と仮定する．このとき，(3.1) を以下のように書き直す．

$$\frac{d^2 y}{dx^2} - 2\alpha\frac{dy}{dx} + \alpha^2 y = \frac{d}{dx}\left(\frac{dy}{dx} - \alpha y\right) - \alpha\left(\frac{dy}{dx} - \alpha y\right) = 0$$

このとき，

$$z = \frac{dy}{dx} - \alpha y$$

と考えれば，

$$\frac{d}{dx}\left(\frac{dy}{dx} - \alpha y\right) - \alpha\left(\frac{dy}{dx} - \alpha y\right) = 0 \implies \frac{dz}{dx} = \alpha z$$

を得る．したがって，以下を得る．

$$z = \frac{dy}{dx} - \alpha y = C_1 e^{\alpha x}$$

さらに，1 階線形微分方程式に関する公式 (2.4) を利用すれば，

$$y = e^{\alpha x}\left(\int^x e^{-\alpha x} C_1 e^{\alpha x} dx + C_2\right) = \underline{(C_1 x + C_2)e^{\alpha x}}.$$

よって，(3.4) を得る．ただし，C_1, C_2 は任意の定数である．また，$\int^x$ は不定積分において積分定数を省略することを意味するものとする．

(iii) 最後に (3.5) は，**オイラー (Euler) の公式**

$$e^{i\theta} = \cos\theta + i\sin\theta \quad (\text{ただし } i = \sqrt{-1})$$

を用いて，(3.3) を以下のように変形して得られる．ただし，$C_1 \dashrightarrow D_1, C_2 \dashrightarrow D_2$ と置き換えた．

$$y = D_1 e^{(p+qi)x} + D_2 e^{(p-qi)x} = e^{px}(D_1 e^{qix} + D_2 e^{-qix})$$

$$= e^{px}[(D_1 + D_2)\cos qx + i(D_1 - D_2)\sin qx] = \underline{e^{px}(C_1 \cos qx + C_2 \sin qx)}$$

ここで，複素数であっても，$C_1 = D_1 + D_2, C_2 = i(D_1 - D_2)$ とおいた．実際に，微分方程式 (3.1) を満たすことが示される．　　　　　　　　　□

例題 3.1 以下の微分方程式を解け．

(1) $y'' + 3y' + 2y = 0$ 　　　　　　(2) $y'' - 2y' + y = 0$

(3) $y'' + 2y' + 2y = 0$ 　　　　　　(4) $y'' + \omega^2 y = 0 \ (\omega > 0)$

《解答》 $y = e^{\lambda x}$ とおく．C_1, C_2 を任意の定数とする．

(1) $\lambda^2 + 3\lambda + 2 = (\lambda + 1)(\lambda + 2) = 0$ なので，$\lambda = -1, -2$ である．したがって，

$$\underline{y = C_1 e^{-x} + C_2 e^{-2x}}.$$

(2) $\lambda^2 - 2\lambda + 1 = (\lambda - 1)^2 = 0$ なので，$\lambda = 1$ (重解) である．したがって，

$$y = (C_1 x + C_2)e^x.$$

(3) $\lambda^2 + 2\lambda + 2 = 0$ なので，$\lambda = -1 \pm i$ である．したがって，

$$y = e^{-x}(C_1 \cos x + C_2 \sin x).$$

(4) $\lambda^2 + \omega^2 = 0$ なので，$\lambda = \pm i\omega$ である．したがって，

$$y = C_1 \cos \omega x + C_2 \sin \omega x. \qquad \square$$

〇問 3.1 以下の微分方程式を解け．

(1) $y'' + 5y' + 4y = 0$ (2) $y'' + 6y' + 9y = 0$

(3) $y'' + y' + y = 0$ (4) $y'' - k^2 y = 0 \ (k > 0)$

3.2 関数の 1 次独立：ロンスキー行列式 (ロンスキアン)

前節では，定理 3.1 によって，微分方程式が，例えば特性方程式

$$a\lambda^2 + b\lambda + c = 0 \quad (a \neq 0)$$

が異なる 2 つの実数解 $\lambda = \alpha$, $\lambda = \beta$ $(\alpha \neq \beta)$ をもつとき，一般解が任意の定数 C_1, C_2 を用いて，異なる 2 つの関数 $f_1(x) = e^{\alpha x}$, $f_2(x) = e^{\beta x}$ の線形結合

$$y = C_1 f_1(x) + C_2 f_2(x) = C_1 e^{\alpha x} + C_2 e^{\beta x}$$

によって表されることを示した．

次に，2 階を超える高階定数係数線形微分方程式を考えるが，そのまえに，線形代数学で学んだ **1 次独立**の概念を導入する．

定義 3.1 区間 I において関数 $f_1(x), f_2(x), \ldots, f_n(x)$ が以下の条件を満たすとき，**1 次独立**であるという．

すべての実数 $x \in I$ に対して，

$$C_1 f_1(x) + C_2 f_2(x) + \cdots + C_n f_n(x) = 0$$

を満たす実数の組 $C_1, C_2, \ldots, C_n$ は，$C_1 = C_2 = \cdots = C_n = 0$ にのみ限る．

1 次独立でないとき，**1 次従属**であるという．

1 次独立な関数 $f_1(x), f_2(x), \ldots, f_n(x)$ の組に対して，これらを**基本解**とよぶ．

定理 3.2 関数 $f_1(x), f_2(x), \ldots, f_n(x)$ を変数係数線形微分方程式

$$y^{(n)} + P_1(x)y^{(n-1)} + \cdots + P_{n-1}(x)y' + P_n(x)y = 0$$

の n 個の解とする. ただし, $P_1(x), \ldots, P_{n-1}(x), P_n(x)$ は x の関数である.

　これらの解が区間 I において 1 次独立であるための必要十分条件は, 以下のロンスキー行列式 (ロンスキアン (Wronskian))

$$W(f_1, f_2, \ldots, f_n)(x) = \begin{vmatrix} f_1(x) & f_2(x) & \cdots & f_n(x) \\ f_1'(x) & f_2'(x) & \cdots & f_n'(x) \\ \vdots & \vdots & \ddots & \vdots \\ f_1^{(n-1)}(x) & f_2^{(n-1)}(x) & \cdots & f_n^{(n-1)}(x) \end{vmatrix} \quad (3.6)$$

が, すべての $x \in I$ について恒等的に 0 にならないことである. すなわち, 以下が成り立つことである.

$$W(f_1, f_2, \ldots, f_n)(x) \neq 0$$

《証明》 話を簡単にするために, $W(f_1, f_2, \ldots, f_n)(x) \neq 0 \implies C_1 = C_2 = \cdots = C_n = 0$ のみを示す.

　n 個の定数 $C_1, C_2, \ldots, C_n$ を用いて, 以下が成り立つと仮定する.

$$C_1 f_1(x) + C_2 f_2(x) + \cdots + C_n f_n(x) = 0 \quad (3.7)$$

証明の目標は, $W(f_1, f_2, \ldots, f_n)(x) \neq 0$ から $C_1 = C_2 = \cdots = C_n = 0$ を示すことである. そこで, (3.7) を $(n-1)$ 階微分する.

$$C_1 f_1(x) + C_2 f_2(x) + \cdots + C_n f_n(x) = 0,$$
$$C_1 f_1'(x) + C_2 f_2'(x) + \cdots + C_n f_n'(x) = 0,$$
$$\vdots$$
$$C_1 f_1^{(n-1)}(x) + C_2 f_2^{(n-1)}(x) + \cdots + C_n f_n^{(n-1)}(x) = 0$$

$$\Longleftrightarrow \begin{pmatrix} f_1(x) & f_2(x) & \cdots & f_n(x) \\ f_1'(x) & f_2'(x) & \cdots & f_n'(x) \\ \vdots & \vdots & \ddots & \vdots \\ f_1^{(n-1)}(x) & f_2^{(n-1)}(x) & \cdots & f_n^{(n-1)}(x) \end{pmatrix} \begin{pmatrix} C_1 \\ C_2 \\ \vdots \\ C_n \end{pmatrix} = 0.$$

したがって, $W(f_1, f_2, \ldots, f_n)(x) \neq 0$ ならば, $W(f_1, f_2, \ldots, f_n)(x)$ に関する逆行列

が存在するので, 左からその逆行列をかけることによって, $C_1 = C_2 = \cdots = C_n = 0$ を得る. したがって, 1 次独立である □

例題 3.2 定理 3.1 の (i), (ii), (iii) それぞれの場合について, 関数が 1 次独立となっていることを確認せよ. すなわち, 以下を確認せよ.

(1) $y = C_1 f_1(x) + C_2 f_2(x) = C_1 e^{\alpha x} + C_2 e^{\beta x}$ $(\alpha \neq \beta)$ において, 2 つの関数 $f_1(x) = e^{\alpha x}$, $f_2(x) = e^{\beta x}$ は 1 次独立.

(2) $y = C_1 f_1(x) + C_2 f_2(x) = (C_1 x + C_2) e^{\alpha x}$ $(\alpha$ は重解) において, 2 つの関数 $f_1(x) = x e^{\alpha x}$, $f_2(x) = e^{\alpha x}$ は 1 次独立.

(3) $y = C_1 f_1(x) + C_2 f_2(x) = e^{px}(C_1 \cos qx + C_2 \sin qx)$ $(q \neq 0)$ において, 2 つの関数 $f_1(x) = e^{px} \cos qx$, $f_2(x) = e^{px} \sin qx$ は 1 次独立.

《解答》 ロンスキー行列式を計算して, $W(f_1, f_2)(x) \neq 0$ を示す.

(1) $\alpha \neq \beta$ であることに注意して,

$$W(f_1, f_2)(x) = \begin{vmatrix} f_1(x) & f_2(x) \\ f_1'(x) & f_2'(x) \end{vmatrix} = \begin{vmatrix} e^{\alpha x} & e^{\beta x} \\ \alpha e^{\alpha x} & \beta e^{\beta x} \end{vmatrix} = (\beta - \alpha) e^{(\alpha + \beta)x} \neq 0.$$

(2) 同様に計算する. $W(f_1, f_2)(x) = \begin{vmatrix} x e^{\alpha x} & e^{\alpha x} \\ (1 + \alpha x) e^{\alpha x} & \alpha e^{\alpha x} \end{vmatrix} = -e^{2\alpha x} \neq 0$

(3) $q \neq 0$ に注意すれば,

$$W(f_1, f_2)(x) = \begin{vmatrix} e^{px} \cos qx & e^{px} \sin qx \\ e^{px}(p \cos qx - q \sin qx) & e^{px}(p \sin qx + q \cos qx) \end{vmatrix} = q e^{2px} \neq 0.$$

したがって, すべての場合で 2 つの関数は 1 次独立であることが示された. □

例題 3.3 以下のそれぞれの場合について答えよ.

(1) 3 つの関数 $1, e^x, e^{-x}$ は 1 次独立であるかを判定せよ.

(2) 3 つの関数 $1, \sin^2 x, \cos^2 x$ は 1 次独立であるかを判定せよ.

《解答》 (1) $f_1(x) = 1$, $f_2(x) = e^x$, $f_3(x) = e^{-x}$ として, ロンスキー行列式を計算する.

$$W(f_1, f_2, f_3)(x) = \begin{vmatrix} f_1(x) & f_2(x) & f_3(x) \\ f_1'(x) & f_2'(x) & f_3'(x) \\ f_1''(x) & f_2''(x) & f_3''(x) \end{vmatrix} = \begin{vmatrix} 1 & e^x & e^{-x} \\ 0 & e^x & -e^{-x} \\ 0 & e^x & e^{-x} \end{vmatrix} = 2 \neq 0$$

したがって，1 次独立である．

(2) $1-1 \cdot \sin^2 x - 1 \cdot \cos^2 x = 0$. すなわち，$f_1(x) = 1, f_2(x) = \sin^2 x, f_3(x) = \cos^2 x$ として，$C_1 f_1(x) + C_2 f_2(x) + C_3 f_3(x)$ に対して $C_1 = 1, C_2 = C_3 = -1$ のとき恒等的に 0 になるので 1 次独立でない．つまり 1 次従属である．   □

●**注意 3.1** (2) の別解として，実際にロンスキー行列式を計算して恒等的に 0 となることが，以下のように確認される．

$$W(f_1, f_2, f_3)(x) = \begin{vmatrix} 1 & \sin^2 x & \cos^2 x \\ 0 & \sin 2x & -\sin 2x \\ 0 & 2\cos 2x & -2\cos 2x \end{vmatrix} = 0$$

したがって，1 次従属である．

○**問 3.2** 3 つの関数 $1, x, x^2$ は 1 次独立であるかを判定せよ．

3.3 高階定数係数線形微分方程式

$n (\geq 3)$ を自然数とする．このとき，以下の高階定数係数線形微分方程式を考える．

$$y^{(n)} + a_1 y^{(n-1)} + \cdots + a_{n-1} y' + a_n y = 0 \tag{3.8}$$

ただし，係数 $a_1, \ldots, a_{n-1}, a_n$ はすべて実数と仮定する．

このとき，簡易的に $y = e^{\lambda x}$ と解を仮定して式 (3.8) に代入すれば，以下の特性方程式を得る．

$$f(\lambda) = \lambda^n + a_1 \lambda^{n-1} + \cdots + a_{n-1} \lambda + a_n = 0 \tag{3.9}$$

以上の準備のもと，まず，λ に関する n 次特性方程式に対して，以下が成り立つ．ただし，証明は省略する．

定理 3.3 式 (3.9) は，解の重複度を考えなければ，

$$\begin{aligned} f(\lambda) &= \lambda^n + a_1 \lambda^{n-1} + \cdots + a_{n-1} \lambda + a_n \\ &= (\lambda - \alpha_1)(\lambda - \alpha_2) \cdots (\lambda - \alpha_s) \\ &\quad \times (\lambda^2 + \eta_1 \lambda + \gamma_1)(\lambda^2 + \eta_2 \lambda + \gamma_2) \cdots (\lambda^2 + \eta_t \lambda + \gamma_t) = 0 \end{aligned} \tag{3.10}$$

のように因数分解できる．ただし，$s + 2t = n, \eta_k = -2p_k, \gamma_k = p_k^2 + q_k^2$ $(k = 1, 2, \ldots, t; i = \sqrt{-1}, p_k, q_k (\neq 0)$ は実数) である．

また, (3.10) を解くと,

$$\lambda = \alpha_1, \alpha_2, \dots, \alpha_s \ (\in \mathbb{R}), \quad p_1 \pm q_1 i, p_2 \pm q_2 i, \dots, p_t \pm q_t i.$$

これらが解である.

●**注意 3.2** ここで, $f(\lambda)$ が $\lambda^2 + \eta_k \lambda + \gamma_k = \lambda^2 - 2p_k \lambda + p_k^2 + q_k^2$ で割り切れれば (因数にもつならば), 必ず共役複素数解 $\lambda = p_k \pm q_k i$ をもつ.

定理 3.3 より, 以下の結果を得る.

定理 3.4 高階定数係数線形微分方程式 (3.8) の一般解は, 以下のように表される. ただし, C_1, C_2, C_3, C_4 は任意の定数である.

(1) $f(\lambda) = 0$ が $\lambda - \alpha$ を因数にもつとき, 基本解として次が得られる.

$$y = C_1 e^{\alpha x}$$

(2) $f(\lambda) = 0$ が $(\lambda - \alpha)^2$ を因数にもつとき, 基本解として次が得られる.

$$y = (C_1 x + C_2) e^{\alpha x}$$

(3) $f(\lambda) = 0$ が $(\lambda - \alpha)^3$ を因数にもつとき, 基本解として次が得られる.

$$y = (C_1 x^2 + C_2 x + C_3) e^{\alpha x}$$

(4) $f(\lambda) = 0$ が共役複素数解 $\lambda = p \pm qi$ (ただし, $i = \sqrt{-1}$, $p, q \, (\neq 0)$ は実数) をもつ, すなわち, $f(\lambda)$ が $\lambda^2 - 2p\lambda + p^2 + q^2$ を因数にもつとき, 基本解として次が得られる.

$$y = e^{px}(C_1 \cos qx + C_2 \sin qx)$$

(5) $f(\lambda) = 0$ が $(\lambda^2 - 2p\lambda + p^2 + q^2)^2$ を因数にもつとき, 基本解として次が得られる.

$$y = e^{px}\Big((C_1 x + C_2) \cos qx + (C_3 x + C_4) \sin qx\Big)$$

《**証明**》 証明の考え方の基本は, 2 階定数係数線形微分方程式と同様である.
(3) の場合のみ証明を行う. すなわち, 以下の微分方程式を考える.

$$y''' - 3\alpha y'' + 3\alpha^2 y' - \alpha^3 y = 0$$

このとき, 特性方程式は,

$$\lambda^3 - 3\alpha\lambda^2 + 3\alpha^2\lambda - \alpha^3 = (\lambda - \alpha)^3 = 0$$

であり, $\lambda = \alpha$ は 3 重解である. このとき, $z = y' - \alpha y$ とおけば,

$$\frac{d^2}{dx^2}(y' - \alpha y) - 2\alpha \frac{d}{dx}(y' - \alpha y) + \alpha^2(y' - \alpha y) = 0$$

$$\Longleftrightarrow z'' - 2\alpha z' + \alpha^2 z = 0$$

を得る. 定理 3.1 の (3.4) より, D_1, D_2 を任意の定数として,

$$z = y' - \alpha y = (D_1 x + D_2)e^{\alpha x}.$$

さらに, 1 階線形微分方程式に関する公式 (2.4) を利用すれば,

$$y = e^{\alpha x}\left(\int^x e^{-\alpha t}(D_1 t + D_2)e^{\alpha t}\,dt + D_3\right)$$

$$= \left(\frac{1}{2}D_1 x^2 + D_2 x\right)e^{\alpha x} + D_3 e^{\alpha x} = \underline{(C_1 x^2 + C_2 x + C_3)e^{\alpha x}}$$

を得る. ただし, $C_1 = \dfrac{1}{2}D_1, C_2 = D_2, C_3 = D_3$ である. □

例題 3.4 以下の微分方程式を解け.

(1) $y''' + 6y'' + 11y' + 6y = 0$ 　　(2) $y''' - y'' + y' - y = 0$

(3) $y''' + y'' - y' - y = 0$ 　　(4) $y''' + 3y'' + 3y' + y = 0$

(5) $y^{(4)} - y = 0$ 　　(6) $y^{(4)} + 4y''' + 8y'' + 8y' + 4y = 0$

《**解答**》 $y = e^{\lambda x}$ とおく. ただし, C_1, C_2, C_3, C_4 は任意の定数である.

(1) 特性方程式は $\lambda^3 + 6\lambda^2 + 11\lambda + 6 = (\lambda + 1)(\lambda + 2)(\lambda + 3) = 0$ なので, $\lambda = -1, -2, -3$ である. したがって,

$$y = C_1 e^{-x} + C_2 e^{-2x} + C_3 e^{-3x}.$$

(2) 特性方程式は $\lambda^3 - \lambda^2 + \lambda - 1 = (\lambda - 1)(\lambda^2 + 1) = 0$ なので, $\lambda = 1, \pm i$ である. したがって,

$$y = C_1 e^x + C_2 \cos x + C_3 \sin x.$$

(3) 特性方程式は $\lambda^3 + \lambda^2 - \lambda - 1 = (\lambda + 1)^2(\lambda - 1) = 0$ なので, $\lambda = -1$ (重解), 1 である. したがって,

$$y = (C_1 x + C_2)e^{-x} + C_3 e^x.$$

(4) 特性方程式は $\lambda^3 + 3\lambda^2 + 3\lambda + 1 = (\lambda + 1)^3 = 0$ なので, $\lambda = -1$ (3 重解) である. したがって,

$$y = (C_1 x^2 + C_2 x + C_3) e^{-x}.$$

(5) 特性方程式は $\lambda^4 - 1 = (\lambda - 1)(\lambda + 1)(\lambda^2 + 1) = 0$ なので，$\lambda = \pm 1, \pm i$ である．したがって，

$$y = C_1 e^x + C_2 e^{-x} + C_3 \cos x + C_4 \sin x.$$

(6) 特性方程式は $\lambda^4 + 4\lambda^3 + 8\lambda^2 + 8\lambda + 4 = (\lambda^2 + 2\lambda + 2)^2 = 0$ なので，$\lambda = -1 \pm i$ (重解) である．したがって，

$$y = (C_1 x + C_2) e^{-x} \cos x + (C_3 x + C_4) e^{-x} \sin x. \qquad \square$$

〇**問 3.3** 以下の微分方程式を解け．

(1) $y''' + 2y'' + y' + 2y = 0$

(2) $y''' + 2y'' + y' = 0$

(3) $y''' - 3y'' + 3y' - y = 0$

(4) $y''' + y = 0$

(5) $y^{(4)} + 6y''' + 13y'' + 12y' + 4y = 0$

(6) $y^{(4)} + 2y'' + y = 0$

3.4 非同次線形微分方程式

これまで定数係数をもつ線形微分方程式について考えてきたが，次に，係数が x の関数である以下の高階線形微分方程式を考える．

$$y^{(n)} + P_{n-1}(x) y^{(n-1)} + \cdots + P_2(x) y'' + P_1(x) y' + P(x) y = Q(x) \qquad (3.11)$$

これは，2 章で扱った以下の 1 階線形微分方程式 (2.3)

$$y' + P(x) y = Q(x)$$

の一般化である．

話を簡単にするため，まずは，以下の 2 階線形微分方程式について考える．

$$y'' + P_1(x) y' + P(x) y = Q(x)$$

このような微分方程式は**非同次**とよばれる．教科書によっては**非斉次**（ひせいじ）ともよばれる[注1]．一方，$Q(x) = 0$ のときは**同次**（斉次（せいじ））とよばれる．

いま，同次方程式

$$y'' + P_1(x) y' + P(x) y = 0$$

（注 1）これは，英語表記が nonhomogeneous linear equations であることに由来する．また，同次形の微分方程式 (2.2) とは，使われる意味が異なる．

の一般解を

$$y = C_1 f_1(x) + C_2 f_2(x)$$

とする．ただし，C_1, C_2 は任意の定数であり，$f_1(x), f_2(x)$ は互いに 1 次独立（**基本解**）であると仮定する．一方，非同次方程式

$$y'' + P_1(x)y' + P(x)y = Q(x)$$

の特殊解を

$$y = \eta(x)$$

とする．このとき，以下の結果が成り立つ．

> **定理 3.5** 非同次方程式の一般解は
>
> (同次方程式の一般解) + (非同次方程式の特殊解)
>
> で与えられる．すなわち，
>
> $$y'' + P_1(x)y' + P(x)y = Q(x)$$
>
> の一般解は，任意の定数 C_1, C_2 を用いて，次のように表される．
>
> $$y = C_1 f_1(x) + C_2 f_2(x) + \eta(x)$$

《証明》 $f_1(x), f_2(x)$ は基本解であり，以下を満たす．

$$f_1''(x) + P_1(x)f_1'(x) + P(x)f_1(x) = 0, \quad f_2''(x) + P_1(x)f_2'(x) + P(x)f_2(x) = 0$$

一方，$y = \eta(x)$ は特殊解なので，以下を満たす．

$$\eta''(x) + P_1(x)\eta'(x) + P(x)\eta(x) = Q(x)$$

以上より，

$$y'' + P_1(x)y' + P(x)y - Q(x)$$

$$= \Big(C_1 f_1(x) + C_2 f_2(x) + \eta(x)\Big)'' + P_1(x)\Big(C_1 f_1(x) + C_2 f_2(x) + \eta(x)\Big)'$$

$$\quad + P(x)\Big(C_1 f_1(x) + C_2 f_2(x) + \eta(x)\Big) - Q(x)$$

$$= C_1\Big(f_1''(x) + P_1(x)f_1'(x) + P(x)f_1(x)\Big) + C_2\Big(f_2''(x) + P_1(x)f_2'(x) + P(x)f_2(x)\Big)$$

$$\quad + \Big(\eta''(x) + P_1(x)\eta'(x) + P(x)\eta(x) - Q(x)\Big)$$

$$= 0. \qquad\qquad\qquad\qquad\qquad\qquad\qquad\qquad\qquad\qquad\qquad \square$$

上記の結果は，線形代数での**線形変換**に相当する．

> **定義 3.2** U を $\mathbb{R}$ 上の線形空間とする．F が U から U 自身への線形変換 (1 次変換)，すなわち，U から U への写像 $F : U \to U$ が**線形変換**であるとは，2 つの 1 次独立なベクトル $\boldsymbol{a}, \boldsymbol{b}$ を考えるとき，任意の定数 α, β に対して，以下が成り立つことをいう．
>
> $$F(\alpha \boldsymbol{a} + \beta \boldsymbol{b}) = \alpha F(\boldsymbol{a}) + \beta F(\boldsymbol{b})$$

この結果を微分方程式で解釈すれば，以下となる．まず，

$$F(y) = \left(\frac{d^2}{dx^2} + P_1(x) \frac{d}{dx} + P(x) \right) y$$

とする．このとき，

$$F\big(C_1 f_1(x) + C_2 f_2(x)\big) = C_1 F\big(f_1(x)\big) + C_2 F\big(f_2(x)\big)$$

となる．したがって，F は線形変換となる．この考え方を一般化すれば，

$$F(y) = \left(\frac{d^n}{dx^n} + P_{n-1}(x) \frac{d^{n-1}}{dx^{n-1}} + \cdots + P_2(x) \frac{d^2}{dx^2} + P_1(x) \frac{d}{dx} + P(x) \right) y = 0$$

としたとき，基本解 $f_1(x), f_2(x), \ldots, f_n(x)$ が

$$F\big(f_k(x)\big) = 0 \quad (k = 1, 2, \ldots, n)$$

を満たせば，同次方程式の一般解は，以下のように書ける．

$$y = C_1 f_1(x) + C_2 f_2(x) + \cdots + C_n f_n(x)$$

さらに，非同次方程式に関して，以下の定理を得る．

> **定理 3.6** 非同次方程式 (3.11) と同値である以下の微分方程式
>
> $$F(y) = \frac{d^n y}{dx^n} + P_{n-1}(x) \frac{d^{n-1} y}{dx^{n-1}} + \cdots + P_2(x) \frac{d^2 y}{dx^2} + P_1(x) \frac{dy}{dx} + P(x) y$$
> $$= Q(x)$$
>
> の一般解は，同次方程式
>
> $$F(y) = 0$$
>
> の n 個の基本解 $f_1(x), f_2(x), \ldots, f_n(x)$，特殊解 $y = \eta(x)$，および任意の定数 $C_1, C_2, \ldots, C_n$ を用いて，
>
> $$y = C_1 f_1(x) + C_2 f_2(x) + \cdots + C_n f_n(x) + \eta(x)$$

▎と書ける.

《証明》 基本解 $y = f_k(x)$ $(k = 1, 2, \ldots, n)$, および特殊解 $y = \eta(x)$ は, それぞれ

$$F(y) = F\big(f_k(x)\big) = 0 \;\; (k = 1, 2, \ldots, n), \quad F(y) = F\big(\eta(x)\big) = Q(x)$$

を満たす. したがって, F は線形変換なので,

$$F\big(C_1 f_1(x) + C_2 f_2(x) + \cdots + C_n f_n(x) + \eta(x)\big) - Q(x)$$
$$= C_1 F\big(f_1(x)\big) + C_2 F\big(f_2(x)\big) + \cdots + C_n F\big(f_n(x)\big) + F\big(\eta(x)\big) - Q(x) = 0. \qquad \square$$

3.5　非同次高階定数係数線形微分方程式

通常, 係数 $P_k(x)$ $(k = 1, 2, \ldots, n-1)$ に関して, たとえ線形であっても, 特殊な場合でしか非同次方程式を解くことはできない [注2]. そこで, 以下で与えられる典型的な高階定数係数線形微分方程式について考える.

$$y^{(n)} + a_1 y^{(n-1)} + \cdots + a_{n-1} y' + a_n y = Q(x) \tag{3.12}$$

ただし, 係数 $a_1, \ldots, a_{n-1}, a_n$ はすべて実数の定数とする.

この非同次高階定数係数線形微分方程式 (3.12) を解くことを考える. まず, 基本的な手順を以下に示す.

非同次高階定数係数線形微分方程式 (3.12) **を解く手順**

Step 1. 同次微分方程式 (3.8) を解き, その解を $y(x) = Y(x)$ とする. このとき, n 個の基本解 $f_1(x), f_2(x), \ldots, f_n(x)$ を用いて, 以下のよう表される:
$$Y(x) = C_1 f_1(x) + C_2 f_2(x) + \cdots + C_n f_n(x).$$

Step 2. 非同次方程式 (3.12) の特殊解 $y(x) = \eta(x)$ を求める.

Step 3. 非同次方程式 (3.12) の一般解は, $y(x) = Y(x) + \eta(x)$ で表される.

では, $Q(x)$ が特別な場合について, 特殊解の候補を与える. まず, λ に関する n 次特性方程式

$$f(\lambda) = \lambda^n + a_1 \lambda^{n-1} + \cdots + a_{n-1} \lambda + a_n = 0 \tag{3.13}$$

(注2) 例えば, 後に扱うオイラー型の微分方程式 $x^2 y'' + axy' + by = 0$ (ただし a, b は実数) のような場合に解くことができる.

に対して，以下の (i)~(iii) のようになる.

(i) $A_0, \ldots, A_n, K_0, \ldots, K_n$ を定数とする．$Q(x)$ が多項式

$$Q(x) = A_n x^n + A_{n-1} x^{n-1} + \cdots + A_1 x + A_0 \quad (A_n \neq 0)$$

の場合，特殊解も多項式となり，

$$\eta(x) = K_n x^n + K_{n-1} x^{n-1} + \cdots + K_1 x + K_0 \quad (K_n \neq 0)$$

が候補となる．ここで，$Q(x)$ と $\eta(x)$ は同じ次数である.

(ii) A, K を定数とする．$Q(x) = A e^{\alpha x}$ の場合，特殊解

$$\eta(x) = K e^{\alpha x}$$

が候補となる．ただし，$f(\alpha) \neq 0$ を満たす必要がある.

(iii) A_1, A_2, K_1, K_2 を定数とする．$Q(x) = A_1 \cos \alpha x + A_2 \sin \alpha x$ の場合，特殊解

$$\eta(x) = K_1 \cos \alpha x + K_2 \sin \alpha x$$

が候補となる．ただし，$f(i\alpha) \neq 0$ を満たす必要がある.

　続いて，例題を用いて解く手順をみてみる.

例題 3.5 以下の非同次微分方程式の一般解を求めよ.

(1) $y'' + y' - 2y = x + 1$

(2) $y''' - y'' + y' - y = e^{-x}$

(3) $y''' + 3y'' + 4y' + 2y = 5\cos x + 5\sin x$

(4) $y'' + y' - 2y = x e^{-x}$

《解答》 以下では，C_1, C_2, C_3 は任意の定数とする.

(1) 以下の同次方程式を解く.

$$y'' + y' - 2y = 0$$

特性方程式は $\lambda^2 + \lambda - 2 = (\lambda - 1)(\lambda + 2) = 0$ なので，$\lambda = 1, -2$ である．したがって，

$$Y(x) = C_1 e^x + C_2 e^{-2x}.$$

　続いて非同次方程式を解く．すなわち，特殊解を求める．$Q(x) = x + 1$ なので，$\eta(x) = K_1 x + K_0$ $(K_0, K_1$ は定数$)$ とおく．微分方程式に代入すれば，

$$\eta''(x) + \eta'(x) - 2\eta(x) = -2K_1 x + K_1 - 2K_0 = x + 1.$$

これが x に対して恒等的に成り立つので，$-2K_1 = 1, K_1 - 2K_0 = 1$ が成り立つ．
これを解いて，$K_1 = -\dfrac{1}{2}, K_0 = -\dfrac{3}{4}$．したがって，

$$\eta(x) = -\frac{1}{2}x - \frac{3}{4}.$$

以上より，非同次方程式の一般解は

$$y = Y(x) + \eta(x) = C_1 e^x + C_2 e^{-2x} - \frac{1}{2}x - \frac{3}{4}.$$

(2) 以下の同次方程式を解く．

$$y''' - y'' + y' - y = 0$$

特性方程式は $\lambda^3 - \lambda^2 + \lambda - 1 = (\lambda^2 + 1)(\lambda - 1) = 0$ なので，$\lambda = 1, \pm i$ である．し
たがって，

$$Y(x) = C_1 \cos x + C_2 \sin x + C_3 e^x.$$

続いて特殊解を求める．$Q(x) = e^{-x}$ なので，$\eta(x) = Ke^{-x}$ (K は定数) とおく．
微分方程式に代入すれば，

$$\eta'''(x) - \eta''(x) + \eta'(x) - \eta(x) = -4Ke^{-x} = e^{-x}.$$

これが x に対して恒等的に成り立つので，$-4K = 1$ が成り立つ．これを解いて，
$K = -\dfrac{1}{4}$．したがって，

$$\eta(x) = -\frac{1}{4}e^{-x}.$$

以上より，非同次方程式の一般解は

$$y = Y(x) + \eta(x) = C_1 \cos x + C_2 \sin x + C_3 e^x - \frac{1}{4}e^{-x}.$$

(3) 同次方程式の特性方程式は $\lambda^3 + 3\lambda^2 + 4\lambda + 2 = (\lambda^2 + 2\lambda + 2)(\lambda + 1) = 0$ な
ので，$\lambda = -1 \pm i, -1$ である．したがって，

$$Y(x) = C_1 e^{-x} \cos x + C_2 e^{-x} \sin x + C_3 e^{-x}.$$

続いて特殊解を求める．$Q(x) = 5\cos x + 5\sin x$ なので，$\eta(x) = K_1 \cos x +$
$K_2 \sin x$ (K_1, K_2 は定数) とおく．微分方程式に代入すれば，

$$\eta'''(x) + 3\eta''(x) + 4\eta'(x) + 2\eta(x)$$

$$= (-K_1 + 3K_2)\cos x - (3K_1 + K_2)\sin x = 5\cos x + 5\sin x.$$

これが x に対して恒等的に成り立つので, $-K_1 + 3K_2 = 5, -3K_1 - K_2 = 5$ が成り立つ. これを解いて, $K_1 = -2, K_2 = 1$. したがって,

$$\eta(x) = -2\cos x + \sin x.$$

以上より, 非同次方程式の一般解は

$$y = Y(x) + \eta(x) = \underline{C_1 e^{-x}\cos x + C_2 e^{-x}\sin x + C_3 e^{-x} - 2\cos x + \sin x}.$$

(4) (1) の結果より, 同次方程式の解は以下となる.

$$Y(x) = C_1 e^x + C_2 e^{-2x}$$

続いて特殊解を求める. この場合, (i)〜(iii) のどの場合にもあてはまらない. そこで, (i) にあるように $Q(x)$ が n 次多項式であるならば特殊解 $\eta(x)$ も n 次多項式であり, (ii) にあるように $Q(x) = Ae^{\alpha x}$ の場合, 特殊解が $\eta(x) = Ke^{\alpha x}$ であることを組み合わせれば, $Q(x) = xe^{-x}$ なので, $\eta(x) = (K_1 x + K_0)e^{-x}$ と推測できる. 実際, $\eta(x) = (K_1 x + K_0)e^{-x}$ を仮定して, 微分方程式に代入すれば,

$$\eta''(x) + \eta'(x) - 2\eta(x) = (-2K_1 x - K_1 - 2K_0)e^{-x}.$$

これが x に対して恒等的に成り立つので, $-2K_1 = 1, -K_1 - 2K_0 = 0$ が成り立つ. これを解いて, $K_1 = -\dfrac{1}{2}, K_0 = \dfrac{1}{4}$. したがって,

$$\eta(x) = -\frac{2x-1}{4}e^{-x}.$$

以上より, 非同次方程式の一般解は

$$y = Y(x) + \eta(x) = \underline{C_1 e^x + C_2 e^{-2x} - \frac{2x-1}{4}e^{-x}}. \qquad \square$$

○問 3.4 以下の微分方程式を解け.

(1) $y'' + 2y' + y = x$ (2) $y''' + y'' - 2y = e^{2x}$

(3) $y''' + 3y'' + 3y' + y = \sin x$ (4) $y'' + y = 2\cos^2 x$

非同次方程式の特殊解を求めるとき, 特性方程式の条件, 例えば, 例題 3.5 (2) にあるように, $f(\lambda) = \lambda^3 - \lambda^2 + \lambda - 1$ において $Q(x) = Ae^{\alpha x}$ であるとき, $f(\alpha) \neq 0 \, (\alpha \neq 1)$ を満たす必要があった. では, その条件が満たされない場合を考える.

例題 3.6　非同次微分方程式 $y'' - y' - 2y = e^{2x}$ の一般解を求めよ.

《**解答**》　まず, 同次方程式の解は,

$$Y(x) = C_1 e^{-x} + C_2 e^{2x} \quad (C_1, C_2 \text{ は任意の定数})$$

である. 続いて, 非同次方程式を解くために, $Q(x) = e^{2x}$ なので, $\eta(x) = K e^{2x}$ (K は定数) と仮定して微分方程式に代入すれば,

$$\eta''(x) - \eta'(x) - 2\eta(x) = 0,$$

すなわち, 恒等的に 0 となり条件を満たさない. したがって, このままでは K を決定できない. そこで,

$$\eta(x) = K x e^{2x}$$

と仮定する. 同様に, 微分方程式に代入すれば,

$$\eta''(x) - \eta'(x) - 2\eta(x) = 3K e^{2x} = e^{2x}.$$

以上より, $K = \dfrac{1}{3}$ を得る. したがって,

$$y = Y(x) + \eta(x) = \underline{C_1 e^{-x} + C_2 e^{2x} + \frac{1}{3} x e^{2x}}. \qquad \square$$

〇**問 3.5**　微分方程式 $y'' + y = \sin x$ を解け. ただし, 特殊解を $\eta(x) = x(K_1 \cos x + K_2 \sin x)$ として求めよ.

　この解法の問題点は, 非同次方程式の右辺の関数と特性方程式の解の重複度について何らかの特徴を覚えておく必要があり, 実際に解くときには大変である. そこで次節では, 演算子法による解法を与える. この解法によれば, 先にあった重複度の問題をあまり気にしなくても, 機械的に解くことが可能となる. また, 別解として定数変化法も利用できる. 詳細は **3.9** 節「2 階微分方程式における定数変化法」で説明する.

3.6　演算子法

まず, 微分演算子を定義する.

定義 3.3 (微分演算子)　$\dfrac{d}{dx} = D$ と定義する. すなわち,

$$\frac{dy}{dx} = Dy$$

と定義する. この D を**微分演算子**という. 2 階微分以降は,

$$\frac{d^2 y}{dx^2} = D^2 y, \quad \frac{d^3 y}{dx^3} = D^3 y, \quad \dots, \quad \frac{d^n y}{dx^n} = D^n y$$

によって定義する.

　さらに, 微分演算子は通常の展開・因数分解が行える. すなわち, 任意の実数 a, b に対して, 以下の公式が成り立つ.

$$(D + a)(D + b)y = \{D^2 + (a + b)D + ab\}y = \frac{d^2 y}{dx^2} + (a + b)\frac{dy}{dx} + aby$$

微分演算子を利用すれば, 高階定数係数線形微分方程式 (3.8) は

$$y^{(n)} + a_1 y^{(n-1)} + \cdots + a_{n-1} y' + a_n y$$
$$= (D^n + a_1 D^{n-1} + \cdots + a_{n-1} D + a_n)y = 0$$

と書け, 表記が簡単になる. さらに, 微分演算子を利用することにより, 非同次の微分方程式

$$y^{(n)} + a_1 y^{(n-1)} + \cdots + a_{n-1} y' + a_n y = Q(x)$$
$$\iff (D^n + a_1 D^{n-1} + \cdots + a_{n-1} D + a_n)y = Q(x)$$

が代数演算に, すなわち, 機械的な計算によって解を求めることが可能となる.

　以降, 具体的な計算方法を確認する. まず, 基本的な問題を考える.

例題 3.7 $(D^n + a_1 D^{n-1} + \cdots + a_{n-1} D + a_n) y = 0$ を解け.

この微分方程式を解くためには, λ に関する n 次特性方程式 (3.13) において, $\lambda \dashrightarrow D$ と置き換えて考える. このとき, 以下の定理に従って解くことができる.

定理 3.7 (D に関する n 次方程式) D に関する n 次方程式

$$f(D) = D^n + a_1 D^{n-1} + \cdots + a_{n-1} D + a_n = 0 \tag{3.14}$$

を考える. 特性方程式 (3.14) は, 解の重複度を考えなければ,

$$f(D) = D^n + a_1 D^{n-1} + \cdots + a_{n-1} D + a_n$$
$$= (D - \alpha_1)(D - \alpha_2)\cdots(D - \alpha_s)$$
$$\times (D^2 + \eta_1 D + \gamma_1)(D^2 + \eta_2 D + \gamma_2)\cdots(D^2 + \eta_t D + \gamma_t) = 0 \tag{3.15}$$

のように因数分解できる．ただし，$s + 2t = n$, $\eta_k = -2p_k$, $\gamma_k = p_k^2 + q_k^2$ ($k = 1, 2, \ldots, t$; $i = \sqrt{-1}$, p_k, $q_k (\neq 0)$ は実数) である．

また，(3.14) を解くと，

$$D = \alpha_1, \alpha_2, \ldots, \alpha_s \ (\in \mathbb{R}), \quad p_1 \pm q_1 i, p_2 \pm q_2 i, \ldots, p_t \pm q_t i.$$

さらにこのとき，以下が成り立つ．ただし，C_1, C_2, C_3, C_4 は任意の定数である．

(1) $f(D) = 0$ が $D - \alpha$ を因数にもつとき，基本解として次が得られる．

$$y = C_1 e^{\alpha x}$$

(2) $f(D) = 0$ が $(D - \alpha)^2$ を因数にもつとき，基本解として次が得られる．

$$y = (C_1 x + C_2) e^{\alpha x}$$

(3) $f(D) = 0$ が $(D - \alpha)^3$ を因数にもつとき，基本解として次が得られる．

$$y = (C_1 x^2 + C_2 x + C_3) e^{\alpha x}$$

(4) $f(D) = 0$ が共役複素数解 $D = p \pm qi$ (ただし，$i = \sqrt{-1}$, p, $q (\neq 0)$ は実数) をもつ，すなわち，$f(D)$ が $D^2 - 2pD + p^2 + q^2$ を因数にもつとき，基本解として次が得られる．

$$y = e^{px}\bigl(C_1 \cos qx + C_2 \sin qx\bigr)$$

(5) $f(D) = 0$ が $(D^2 - 2pD + p^2 + q^2)^2$ を因数にもつとき，基本解として次が得られる．

$$y = e^{px}\Bigl((C_1 x + C_2) \cos qx + (C_3 x + C_4) \sin qx\Bigr)$$

　具体的な問題に適用してみる．ただし D は微分演算子とする．

例題 3.8　微分方程式の初期値問題 $(D^2 - 1)y = 0$, $y(0) = 0$, $Dy(0) = 1$ を解け．

《**解答**》　因数分解を行うと，$D^2 - 1 = (D - 1)(D + 1) = 0$. したがって，$D = \pm 1$ なので，C_1, C_2 を任意の定数として，一般解 $y = C_1 e^x + C_2 e^{-x}$ を得る．また，$y(0) = 0, Dy(0) = 1$ より，$C_1 = \dfrac{1}{2}, C_2 = -\dfrac{1}{2}$. よって，$y = \dfrac{e^x - e^{-x}}{2} = \underline{\sinh x}$. □

例題 3.9　微分方程式 $(D^4 + 2D^2 + 1)y = 0$ を解け.

《**解答**》　因数分解を行うと, $D^4 + 2D^2 + 1 = (D^2 + 1)^2 = 0$. したがって, $D = \pm i$ (重解) なので, C_1, C_2, C_3, C_4 を任意の定数として, 以下の一般解を得る.

$$y = \underline{(C_1 x + C_2)\cos x + (C_3 x + C_4)\sin x} \qquad \Box$$

例題 3.10　以下の微分方程式を解け.

(1)　$D^2(D + 1)(D + 2)y = 0$ 　　　　(2)　$(D + 1)^2(D^2 + 2D + 2)y = 0$

《**解答**》　C_1, C_2, C_3, C_4 は任意の定数とする.

(1) すでに因数分解された形で表されているので, 定理 3.7 から,

$$y = \underline{C_1 x + C_2 + C_3 e^{-x} + C_4 e^{-2x}}.$$

(2) 同様に, 因数分解されているため, $D = -1$ (重解), $-1 \pm i$ を得る. したがって, 定理 3.7 から,

$$y = \underline{\left(C_1 x + C_2\right)e^{-x} + e^{-x}(C_3 \cos x + C_4 \sin x)}. \qquad \Box$$

当然, 微分方程式の階数と等しい数の定数が存在する. (2) では, 特性方程式 $f(D) = (D + 1)^2(D^2 + 2D + 2) = 0$ は 4 次方程式なので, 4 個の定数で一般解が表されている.

〇**問 3.6**　以下の微分方程式を解け. ただし, $D = \dfrac{d}{dx}$ は微分演算子を表す.

(1)　$(D + 1)y = 0$ 　　　　　　　　　(2)　$(D^2 + 7D + 10)y = 0$

(3)　$(D^2 + 4D + 4)y = 0$ 　　　　　(4)　$(D^2 + 6D + 10)y = 0$

(5)　$(D + 1)(D + 2)(D + 3)y = 0$ 　(6)　$(D^2 - 1)^2 y = 0$

3.7　演算子法による特殊解の求め方

本節では, 特殊解の求め方の有効な手段の一つである演算子法による解法について説明する. 特に, 特殊解を代数的に計算できるところに特徴を有する.

定理 3.8　n を自然数とする. また, $\alpha\,(\neq 0)$ を複素数, D を微分演算子とする. このとき以下が成り立つ.

$$D^n e^{\alpha x} = \alpha^n e^{\alpha x}$$

《証明》 $n=1$ であるとき，$De^{\alpha x}=\alpha e^{\alpha x}$ となる．あとは，繰り返し微分すれば帰納的に証明できる． □

定理 3.9

$$\frac{1}{D}f(x)=\int^x f(x)dx, \quad \frac{1}{D+\alpha}f(x)=\frac{f(x)}{\alpha}-\frac{f'(x)}{\alpha^2}+\frac{f''(x)}{\alpha^3}-\frac{f'''(x)}{\alpha^4}+\cdots$$

ただし $\int^x f(x)dx$ は，不定積分において積分定数を省略することを意味する．

《証明》 前半は，

$$D\left(\int^x f(x)dx\right)=f(x)$$

なので，両辺を演算子である D で割れば得られる．

次に，微分方程式

$$(D+\alpha)y=f(x) \iff y'+\alpha y=f(x)$$

を考える．公式 (2.4) より，任意の定数 C を用いて，

$$y=e^{-\alpha x}\left(\int^x e^{\alpha x}f(x)dx+C\right)=Ce^{-\alpha x}+e^{-\alpha x}\int^x e^{\alpha x}f(x)dx$$

を得る．ここで，右辺第 1 項は同次方程式の解なので，特殊解 $\eta(x)$ として，

$$y=\eta(x)=\frac{1}{D+\alpha}f(x)=e^{-\alpha x}\int^x e^{\alpha x}f(x)dx$$

$$=\frac{f(x)}{\alpha}-\frac{f'(x)}{\alpha^2}+\frac{f''(x)}{\alpha^3}-\frac{f'''(x)}{\alpha^4}+\cdots$$

となる． □

以上から，D をかけることは微分，D で割ることは積分を表すことがわかる．$1/D$ を**逆演算子**という．

定理 3.10 $f(D)=D^n+a_1 D^{n-1}+\cdots+a_{n-1}D+a_n$ とする．このとき，n 階微分可能な任意の関数 $g(x)$ に対して，以下が成り立つ．

$$f(D)\bigl(e^{\alpha x}g(x)\bigr)=e^{\alpha x}f(D+\alpha)g(x), \tag{3.16a}$$

$$\frac{1}{f(D)}\bigl(e^{\alpha x}g(x)\bigr)=e^{\alpha x}\frac{1}{f(D+\alpha)}g(x). \tag{3.16b}$$

新刊書・既刊書

線形代数概論

三宅敏恒 著

A5・412頁・4180円

線形代数の基礎を懇切丁寧に解説した理工系学生向けの教科書・参考書。抽象的な概念にとまどうことなく理解できるよう定理や結果の羅列は避けて証明は省略せずに説明，具体的例および例題を数多く取り入れ実際に計算できるようになることを重視，さらに，理解を深めるための演習問題を精選して多数掲載する。巻末には詳しい解答付き。

理工系のための 確率・統計

竹田雅好・上村稔大 共著

A5・224頁・2860円

基本的な統計データの扱い方・分析方法の解説とともに，その数学的裏付けとなる確率論にも力点をおき，例や例題を多く取り上げ丁寧に解説する。

応用に重点をおいた 確率・統計入門

金川秀也・川崎秀二・堀口正之・矢作由美・吉田 稔 共著

A5・184頁・2530円

確率と統計データ分析の入門的内容を応用することを意識してまとめた教科書・参考書。確率論の基本からはじめ，推定・検定，回帰分析，主成分分析の考え方とその基礎的な分析手法を，図版を多用しつつ丁寧に解説する。

微分積分の演習／線形代数の演習

三宅敏恒 著　A5・264頁・2310円／A5・248頁・2200円

各節のはじめには要約をおき，例題をヒントと詳しい解答により解説する。各章末には精選された基本・応用の問題を多数用意し，すべての解答を掲載。（「入門 微分積分」「入門 線形代数」に準拠）

理工系学生のための 微分積分
＝Webアシスト演習付

桂 利行 編／岡崎悦明・岡山友昭・齋藤夏雄・佐藤好久・田上 真・廣門正行・廣瀬英雄 共著　A5・192頁・2200円

理工系学生のための 線形代数
＝Webアシスト演習付

桂 利行 編／池田敏春・佐藤好久・廣瀬英雄 共著
A5・176頁・2090円

理工系学生のための 微分方程式
＝Webアシスト演習付

桂 利行 編／岡山友昭・佐藤好久・田上 真・若狭 徹・廣瀬英雄 共著
A5・192頁・2420円

完成された理論をただ理路整然と解説するというのではなく，本質的な理解をするための助けとなるような書き方がなされた教科書群。

ファイナンスを読みとく数学

金川秀也・高橋 弘・西郷達彦・謝 南瑞 共著　A5・168頁・3080円

ファイナンスにおけるさまざまな取引法，特にオプション取引の基本的な考え方およびそれに関連する数学を，多くの例題を掲げ実践的かつ丁寧に解説した入門書。

群論入門・講義と演習

和田倶幸・小田文仁 共著　A5・216頁・3520円

群論の必要最小限の内容をわかりやすく解説した初学者向けの教科書・演習書。具体例をあげて丁寧に解説するとともに演習問題（200 余題）を豊富に掲げ詳しい解答を付すことで理解の助けとなるよう配慮。

集合への入門＝無限をかいま見る

福田拓生 著　A5・176頁・3190円

前半で集合の基本的な考え方・扱い方について解説したうえで，後半では，我々の直観・常識に反する「無限」の不思議さについて述べる。

数理腫瘍学の方法＝計算生物学入門

鈴木 貴 著　A5・128頁・3630円

生命科学の仮説や理論を数式で記述し，数値シミュレーションやデータ分析によってリモデリング，そして生物実験にフィードバックすることにより仮説や理論を検証する斯学の基礎的な考え方をまとめた解説書。

感染症の数理モデル （増補版）

稲葉 寿 編著　A5・360頁・6490円

感染症疫学における数理モデルの基本的な考え方から最近の発展までを具体的な事例を取り上げ丁寧に解説・紹介した本邦初の成書。増補にあたり COVID-19 に関する一章を新たに設けた。

量子ウォークの新展開＝数理構造の深化と応用

今野紀雄・井手勇介 共編著　A5・336頁・6050円

多面的な量子ウォークの数理の新展開を，従来の数学との関連を意識しつつ，代数，幾何，解析および確率論的側面からテーマを取り上げて解説。物理学，工学，情報科学への応用についても述べる。

技術者のための高等数学〔原書第8版〕

E.クライツィグ 著／近藤次郎・堀 素夫 監訳／A5・108～318頁

1. 常微分方程式　　　　　　　　　　　北原和夫・堀 素夫 訳・2750円
2. 線形代数とベクトル解析　　　　　　　　　　堀 素夫 訳・3300円
3. フーリエ解析と偏微分方程式　　　　　　　阿部寛治 訳・2530円
4. 複素関数論　　　　　　　　　　　　　　丹生慶四郎 訳・2420円
5. 数値解析　　　　　　　　　　　　　　　田村義保 訳・2750円
6. 最適化とグラフ理論　　　　　　　　　　田村義保 訳・2420円
7. 確率と統計　　　　　　　　　　　　　　田栗正章 訳・2420円

入門 線形代数
三宅敏恒 著　A5・156頁・1815円（2色刷）

線形代数学＝初歩からジョルダン標準形へ
三宅敏恒 著　A5・232頁・2200円（2色刷）

教養の線形代数　六訂版
村上正康・佐藤恒雄・野澤宗平・稲葉尚志 共著　A5・208頁・2200円

演習 線形代数　改訂版
村上正康・野澤宗平・稲葉尚志 共著　A5・230頁・2090円

入門 微分積分
三宅敏恒 著　A5・198頁・2310円（2色刷）

微分積分学講義
西本敏彦 著　A5・272頁・2310円

応用微分方程式　改訂版
藤本淳夫 著　A5・188頁・1980円

ベクトル解析　改訂版
安達忠次 著　A5・264頁・2970円

複素解析学概説　改訂版
藤本淳夫 著　A5・152頁・2310円

フーリエ解析＝基礎と応用
松下恭雄 著　A5・228頁・2750円

初等統計学〔原書第4版〕
P.G.ホーエル 著／浅井 晃・村上正康 共訳　A5・336頁・2530円

入門数理統計学
P.G.ホーエル 著／浅井 晃・村上正康 共訳　A5・416頁・5280円

確率統計演習1＝確率，2＝統計
国沢清典 編（1巻）A5・216頁・3190円（2巻）A5・304頁・3520円

★ 表示価格は税（10%）込みです。

 培風館

東京都千代田区九段南4-3-12（郵便番号 102-8260）
振替00140-7-44725　電話03(3262)5256

〈A 2309〉

《証明》 まず，1 階微分について，以下が成り立つ．

$$D\bigl(e^{\alpha x}g(x)\bigr) = \alpha e^{\alpha x}g(x) + e^{\alpha x}g'(x) = \alpha e^{\alpha x}g(x) + e^{\alpha x}Dg(x)$$
$$= e^{\alpha x}(D+\alpha)g(x)$$

同様に，2 階微分について，以下が成り立つ．

$$D^2\bigl(e^{\alpha x}g(x)\bigr) = \alpha^2 e^{\alpha x}g(x) + 2\alpha e^{\alpha x}g'(x) + e^{\alpha x}g''(x)$$
$$= \alpha^2 e^{\alpha x}g(x) + 2\alpha e^{\alpha x}Dg(x) + e^{\alpha x}D^2g(x)$$
$$= e^{\alpha x}(D+\alpha)^2 g(x)$$

ここで，n 階微分についてはライプニッツの公式[注3]を用いて，

$$D^n\bigl(e^{\alpha x}g(x)\bigr)$$
$$= \alpha^n e^{\alpha x}g(x) + {}_n\mathrm{C}_1\alpha^{n-1}e^{\alpha x}g'(x) + \cdots + {}_n\mathrm{C}_{n-1}\alpha e^{\alpha x}g^{(n-1)}(x) + e^{\alpha x}g^{(n)}(x)$$
$$= e^{\alpha x}(D+\alpha)^n g(x)$$

が得られる．以上をまとめれば，

$$f(D)\bigl(e^{\alpha x}g(x)\bigr) = e^{\alpha x}f(D+\alpha)g(x)$$

を得る．さらに，(3.16a) を用いて，

$$f(D)\left(e^{\alpha x}\frac{1}{f(D+\alpha)}g(x)\right) = \frac{1}{f(D+\alpha)}f(D)\bigl(e^{\alpha x}g(x)\bigr)$$
$$= \frac{1}{f(D+\alpha)}e^{\alpha x}f(D+\alpha)g(x) = e^{\alpha x}g(x).$$

したがって，両辺 $f(D)$ で割ることにより (3.16b) が示される．　　　　□

●**注意 3.3** 実際，(3.16b) を使用するときは，$g(x) \dashrightarrow e^{-\alpha x}g(x)$ と置き換えて，

$$\frac{1}{f(D)}g(x) = e^{\alpha x}\frac{1}{f(D+\alpha)}e^{-\alpha x}g(x) \tag{3.17}$$

とすることが多いことに注意されたい．特に，非同次定数係数線形微分方程式

$$f(D)y = g(x)$$

の特殊解 $y(x) = \eta(x)$ は，$g(x)$ の形によっては，次の関係式を利用して計算するほうが容易になる場合がある．

[注3] $f(x), g(x)$ を n 階微分可能な関数とするとき，次の等式が成り立つ．

$$\bigl(f(x)g(x)\bigr)^{(n)} = \sum_{k=0}^{n} {}_n\mathrm{C}_k f^{(n-k)}(x)g^{(k)}(x) = f^{(n)}(x)g(x) + {}_n\mathrm{C}_1 f^{(n-1)}(x)g'(x) + \cdots + f(x)g^{(n)}(x)$$

$$\eta(x) = \frac{1}{f(D)} g(x) = e^{\alpha x} \frac{1}{f(D+\alpha)} e^{-\alpha x} g(x)$$

以下にあげる実際の例題で，使用方法を確認されたい．

定理 3.11 ($Q(x) = e^{\alpha x}$ **の場合**)

$$f(D)y = Q(x), \quad f(D) = D^n + a_1 D^{n-1} + \cdots + a_{n-1}D + a_n$$

とする．$f(\alpha) \neq 0$ であれば，特殊解 $\eta(x)$ は以下によって計算される．

$$\eta(x) = \frac{1}{f(\alpha)} e^{\alpha x} \tag{3.18}$$

《証明》 $\eta(x) = Ke^{\alpha x}$ ($p \neq 0$) と仮定して，$f(\alpha) \neq 0$ なので，

$$\begin{aligned}
&\left(D^n + a_1 D^{n-1} + \cdots + a_{n-1}D + a_n\right)\eta(x) \\
&= \left(D^n + a_1 D^{n-1} + \cdots + a_{n-1}D + a_n\right)Ke^{\alpha x} \\
&= \left(\alpha^n + a_1 \alpha^{n-1} + \cdots + a_{n-1}\alpha + a_n\right)Ke^{\alpha x} \\
&= f(\alpha)Ke^{\alpha x} = e^{\alpha x} \implies K = \frac{1}{f(\alpha)}.
\end{aligned}$$

よって，$\eta(x) = \dfrac{1}{f(\alpha)} e^{\alpha x}$． □

例題 3.11 非同次微分方程式 $(D^2 + 1)y = f(D)y = e^x$ の特殊解 $\eta(x)$ を求めよ．

《解答》 公式 (3.18) によって，$\eta(x) = \dfrac{1}{f(1)} e^x = \underline{\dfrac{1}{2} e^x}$． □

例題 3.12 非同次微分方程式 $(D+1)y = f(D)y = e^{-x}\sin x$ の特殊解 $\eta(x)$ を求めよ．

《解答》 (3.17) において，$g(x) = e^{-x}\sin x, \alpha = -1$ とすれば，

$$\eta(x) = \frac{1}{D+1} e^{-x}\sin x = e^{-x}\frac{1}{(D-1)+1}\sin x = e^{-x}\frac{1}{D}\sin x = \underline{-e^{-x}\cos x}.$$

なお，$1/D$ は逆演算子なので，

$$\frac{1}{D}\sin x = \int^x \sin x \, dx = -\cos x$$

である． □

$Q(x)$ が三角関数で構成されているとき，以下の結果を得る．

定理 3.12 ($Q(x) = e^{i\theta x} = \cos\theta x + i\sin\theta x$ の場合)

$$f(D)y = Q(x), \quad f(D) = D^n + a_1 D^{n-1} + \cdots + a_{n-1}D + a_n$$

とする．また，実数 $\theta \, (\neq 0)$ に対して，

$$f(i\theta) = F(\theta) + iG(\theta)$$

とおく．このとき，以下が成り立つ．

(i) $Q(x) = \cos\theta x$ のとき，特殊解 $\eta(x) = \eta_1(x)$ は

$$\eta_1(x) = \frac{F(\theta)}{\{F(\theta)\}^2 + \{G(\theta)\}^2}\cos\theta x + \frac{G(\theta)}{\{F(\theta)\}^2 + \{G(\theta)\}^2}\sin\theta x. \quad (3.19\text{a})$$

(ii) $Q(x) = \sin\theta x$ のとき，特殊解 $\eta(x) = \eta_2(x)$ は

$$\eta_2(x) = \frac{-G(\theta)}{\{F(\theta)\}^2 + \{G(\theta)\}^2}\cos\theta x + \frac{F(\theta)}{\{F(\theta)\}^2 + \{G(\theta)\}^2}\sin\theta x. \quad (3.19\text{b})$$

《証明》 $\eta(x) = Ke^{i\theta x} \, (K \neq 0)$ と仮定して

$$\begin{aligned}
f(D)\eta(x) &= \left(D^n + a_1 D^{n-1} + \cdots + a_{n-1}D + a_n\right)Ke^{i\theta x} \\
&= \left\{(i\theta)^n + a_1(i\theta)^{n-1} + \cdots + a_{n-1}(i\theta) + a_n\right\}Ke^{i\theta x} \\
&= f(i\theta)Ke^{i\theta x} = \left(F(\theta) + iG(\theta)\right)Ke^{i\theta x} = e^{i\theta x}
\end{aligned}$$

$$\implies K = \frac{1}{F(\theta) + iG(\theta)} = \frac{F(\theta)}{\{F(\theta)\}^2 + \{G(\theta)\}^2} - i\frac{G(\theta)}{\{F(\theta)\}^2 + \{G(\theta)\}^2}.$$

ただし，$F(\theta) + iG(\theta) \neq 0$ であるとする．このとき，

$$\begin{aligned}
\eta(x) &= Ke^{i\theta x} \\
&= \left(\frac{F(\theta)}{\{F(\theta)\}^2 + \{G(\theta)\}^2} - i\frac{G(\theta)}{\{F(\theta)\}^2 + \{G(\theta)\}^2}\right)(\cos\theta x + i\sin\theta x) \\
&= \eta_1(x) + i\eta_2(x).
\end{aligned}$$

よって，実部と虚部を比較することによって証明される． □

例題 3.13 非同次微分方程式 $(D^2 + 4)y = f(D)y = 3\cos x = 3\,\mathrm{Re}(e^{ix})$ の特殊解 $\eta(x)$ を求めよ．ただし，複素数 $z = p + qi$ (ただし，$i = \sqrt{-1}$, $p, q\,(\neq 0)$ は実数) に対して，$\mathrm{Re}(z) = p, \mathrm{Im}(z) = q$ である．

《**解答**》 (3.19a) によって,

$$\eta(x) = \mathrm{Re}\left(\frac{3}{f(i)}e^{ix}\right) = \mathrm{Re}\left(\frac{3}{3}e^{ix}\right) = \mathrm{Re}\,(\cos x + i\sin x) = \underline{\cos x}. \qquad \square$$

$Q(x) = A_n x^n + A_{n-1} x^{n-1} + \cdots + A_1 x + A_0\ (A_n \neq 0)$ である n 次多項式の場合, 演算子法でも特殊解を求めることができる. 次の例で考え方のみ述べる.

▌ **例題 3.14** 非同次微分方程式 $(D^2 + D + 1)y = x^3$ の特殊解 $\eta(x)$ を求めよ.

《**解答**》 $|r| < 1$ のとき, 無限等比級数の公式によれば,

$$\frac{1}{1+r} = 1 - r + r^2 - r^3 + \cdots$$

が成り立つ. ここで, $r \dashrightarrow D^2 + D$ と置き換える. ただし, あくまでも D は微分演算子であり, 実定数ではないことに注意されたい. このとき,

$$\eta(x) = \frac{1}{1 + (D^2 + D)}x^3 = \left\{1 - (D^2 + D) + (D^2 + D)^2 - (D^2 + D)^3 + \cdots\right\}x^3$$
$$= (1 - D + D^3 + \cdots)x^3 = \underline{x^3 - 3x^2 + 6}. \qquad \square$$

○**問 3.7** 以下の微分方程式の特殊解 $\eta(x)$ を求めよ.

(1) $(D^2 + D + 1)y = e^x$ (2) $(D - 1)y = xe^x$

(3) $(D^2 + 1)y = \cos 2x$ (4) $(D^2 - D + 1)y = x$

3.8　演算子法による非同次微分方程式の解の求め方

本節では, 演算子法を用いた非同次微分方程式の解法について述べる.

▌ **例題 3.15** 以下の非同次微分方程式を解け.

(1) $(D^2 - 1)y = e^{2x}$ (2) $(D^2 - 1)y = \sin x$

《**解答**》 基本解は特性方程式が $f(D) = D^2 - 1 = (D - 1)(D + 1) = 0$ なので, $f_1(x) = e^x,\ f_2(x) = e^{-x}$ である. すなわち, 同次微分方程式 $(D^2 - 1)y = 0$ の解は, 任意の定数 C_1, C_2 を用いて $Y(x) = C_1 e^x + C_2 e^{-x}$ である.

(1) 特殊解は $\eta(x) = \dfrac{1}{f(2)}e^{2x} = \dfrac{1}{3}e^{2x}$. したがって,

$$Y(x) + \eta(x) = C_1 e^x + C_2 e^{-x} + \frac{1}{3}e^{2x}.$$

(2) 特殊解は

$$\eta(x) = \mathrm{Im}\left(\frac{1}{f(i)}e^{ix}\right) = -\mathrm{Im}\left(\frac{1}{2}e^{ix}\right) = -\frac{1}{2}\mathrm{Im}\,(\cos x + i\sin x) = -\frac{1}{2}\sin x.$$

したがって,

$$y = Y(x) + \eta(x) = C_1 e^x + C_2 e^{-x} + \eta(x) = C_1 e^x + C_2 e^{-x} - \frac{1}{2}\sin x. \qquad \square$$

例題 3.16 非同次微分方程式 $(D^4 + 1)y = x^4$ を解け.

《解答》 同次微分方程式 $(D^4 + 1)y = 0$ の解 $Y(x)$ は,特性方程式が

$$f(D) = D^4 + 1 = D^4 + 2D^2 + 1 - 2D^2 = (D^2 + 1)^2 - (\sqrt{2}D)^2$$

$$= (D^2 - \sqrt{2}D + 1)(D^2 + \sqrt{2}D + 1) = 0 \implies D = \frac{1 \pm i}{\sqrt{2}}, \frac{-1 \pm i}{\sqrt{2}}$$

なので,任意の定数 C_1, C_2, C_3, C_4 を用いて,

$$Y(x) = \exp\left(-\frac{x}{\sqrt{2}}\right)\left(C_1 \cos\frac{x}{\sqrt{2}} + C_2 \sin\frac{x}{\sqrt{2}}\right) + \exp\left(\frac{x}{\sqrt{2}}\right)\left(C_3 \cos\frac{x}{\sqrt{2}} + C_4 \sin\frac{x}{\sqrt{2}}\right)$$

である.一方,特殊解を演算子法によって求める.

$$\eta(x) = \frac{1}{D^4 + 1}x^4 = \frac{1}{1 - (-D^4)}x^4 = (1 - D^4 + D^8 - \cdots)x^4 = x^4 - 24$$

ここで,例題 3.14 と同様に,$|r| < 1$ であるとき $\frac{1}{1-r} = 1 + r + r^2 + \cdots$ であることを用いている.つまり,機械的であるが $r = -D^4$ とみて計算を行っている.以上より,

$$y(x) = Y(x) + \eta(x) = \exp\left(-\frac{x}{\sqrt{2}}\right)\left(C_1 \cos\frac{x}{\sqrt{2}} + C_2 \sin\frac{x}{\sqrt{2}}\right)$$

$$+ \exp\left(\frac{x}{\sqrt{2}}\right)\left(C_3 \cos\frac{x}{\sqrt{2}} + C_4 \sin\frac{x}{\sqrt{2}}\right) + x^4 - 24. \qquad \square$$

例題 3.17 微分演算子を D とし,$f(D) = D^3 + 3D^2 + 4D + 2$ とする.以下の非同次微分方程式を解け.

  (1) $f(D)y = e^x$ (2) $f(D)y = \cos x$

  (3) $f(D)y = 2x$ (4) $f(D)y = xe^{-x}$

《**解答**》 $f(D)$ を因数分解すれば,

$$f(D) = D^3 + 3D^2 + 4D + 2 = (D+1)(D^2 + 2D + 2) = 0$$

なので, 基本解は $f_1(x) = e^{-x}$, $f_2(x) = e^{-x}\cos x$, $f_3(x) = e^{-x}\sin x$ である. したがって, 任意の定数 C_1, C_2, C_3 を用いて,

$$Y(x) = C_1 e^{-x} + e^{-x}(C_2 \cos x + C_3 \sin x).$$

以上の準備のもと, 特殊解 $y = \eta(x)$ を求める.

(1) 特殊解は, (3.18) より $\eta(x) = \dfrac{1}{f(1)} e^x = \dfrac{1}{10} e^x$. したがって,

$$y = Y(x) + \eta(x) = C_1 e^{-x} + e^{-x}(C_2 \cos x + C_3 \sin x) + \frac{1}{10} e^x.$$

(2) 特殊解は, (1) と同様にして

$$\eta(x) = \mathrm{Re}\left(\frac{1}{f(i)} e^{ix}\right) = \mathrm{Re}\left(\frac{1}{-1+3i} e^{ix}\right)$$

$$= -\mathrm{Re}\left(\frac{1+3i}{10}(\cos x + i \sin x)\right) = -\frac{1}{10}(\cos x - 3\sin x).$$

したがって,

$$y = C_1 e^{-x} + e^{-x}(C_2 \cos x + C_3 \sin x) - \frac{1}{10}(\cos x - 3\sin x).$$

(3) 特殊解を $\eta(x) = K_1 x + K_0$ とおく.

$$(D^3 + 3D^2 + 4D + 2)\eta(x) = 2K_1 x + 4K_1 + 2K_0 = 2x \implies K_1 = 1, \ K_0 = -2,$$

あるいは, 無限等比級数の考え方を導入して,

$$\eta(x) = \frac{1}{D^3 + 3D^2 + 4D + 2} 2x = \frac{1}{1 + 2D + \dfrac{3}{2}D^2 + \dfrac{1}{2}D^3} x$$

$$= \left\{1 - \left(2D + \frac{3}{2}D^2 + \frac{1}{2}D^3\right)\cdots\right\} x = x - 2.$$

したがって,

$$y = C_1 e^{-x} + e^{-x}(C_2 \cos x + C_3 \sin x) + x - 2.$$

(4) 公式 (3.16b) を利用する. $\alpha = -1$ として,

$$\eta(x) = \frac{1}{f(D)} x e^{-x} = e^{-x} \frac{1}{f(D-1)} x = e^{-x} \frac{1}{D(D^2+1)} x$$

$$= e^{-x} \frac{1}{D}\left(1 - D^2 + D^4 - D^6 + \cdots\right) x$$

$$= e^{-x}\left(\frac{1}{D} - D + D^3 - D^5 + \cdots\right)x = e^{-x}\left(\frac{1}{2}x^2 - 1\right).$$

ここで, e^{-x} は基本解なので除外して $\eta(x) = \frac{1}{2}x^2 e^{-x}$ である. したがって,

$$y = C_1 e^{-x} + e^{-x}(C_2\cos x + C_3\sin x) + \frac{1}{2}x^2 e^{-x}. \qquad \square$$

例題 3.18 非同次微分方程式 $(D+1)^2 y = e^{-x}$ を解け.

《解答》 はじめに同次微分方程式 $(D+1)^2 y = 0$ を解く. $(D+1)^2 = 0$ なので, 同次方程式の解は任意の定数 C_1, C_2 を用いて $Y(x) = (C_1 x + C_2)e^{-x}$ である.

次に, 演算子法によって特殊解を求める.

$$\eta(x) = \frac{1}{(D+1)^2}e^{-x} = e^{-x}\cdot\frac{1}{(D-1+1)^2}1 = e^{-x}\cdot\frac{1}{D^2}1 = \frac{1}{2}x^2 e^{-x}$$

ただし,

$$\frac{1}{D^2}1 = \int^x\left(\int^x 1\,dx\right)dx = \frac{1}{2}x^2.$$

したがって,

$$y = (C_1 x + C_2)e^{-x} + \frac{1}{2}x^2 e^{-x}. \qquad \square$$

○問 3.8 以下の非同次微分方程式の一般解を求めよ.

(1) $(D-1)^2 y = e^x$ 　　　　　　(2) $(D^2+1)y = \sin x$

(3) $(D+1)^3 y = e^{-x}$ 　　　　　(4) $(D^2+2D+2)y = e^{-x}\sin x$

3.9 2階微分方程式における定数変化法

以下の例題を考える.

例題 3.19 2階同次微分方程式 $y'' + P_1(x)y' + P_2(x)y = 0$ の基本解

$$y = f_1(x), \quad y = f_2(x)$$

がわかっているとき, 非同次微分方程式 $y'' + P_1(x)y' + P_2(x)y = Q(x)$ を定数変化法によって解け.

《解答》 $C_1(x), C_2(x)$ は x の関数であることに注意する.

$$y = C_1(x)f_1(x) + C_2(x)f_2(x),$$

$$y' = C_1(x)f_1'(x) + C_2(x)f_2'(x) + C_1'(x)f_1(x) + C_2'(x)f_2(x),$$

$$y'' = C_1(x)f_1''(x) + C_2(x)f_2''(x) + 2\big(C_1'(x)f_1'(x) + C_2'(x)f_2'(x)\big)$$
$$+ C_1''(x)f_1(x) + C_2''(x)f_2(x)$$

であるから，$f_k''(x) + P_1(x)f_k'(x) + P_2(x)f_k(x) = 0 \; (k = 1, 2)$ に注意して，

$$y'' + P_1(x)y' + P_2(x)y$$
$$= C_1(x)\big(f_1''(x) + P_1(x)f_1'(x) + P_2(x)f_1(x)\big)$$
$$+ C_2(x)\big(f_2''(x) + P_1(x)f_2'(x) + P_2(x)f_2(x)\big)$$
$$+ P_1(x)\big(C_1'(x)f_1(x) + C_2'(x)f_2(x)\big) + 2\big(C_1'(x)f_1'(x) + C_2'(x)f_2'(x)\big)$$
$$+ C_1''(x)f_1(x) + C_2''(x)f_2(x)$$
$$= P_1(x)\big(C_1'(x)f_1(x) + C_2'(x)f_2(x)\big) + 2\big(C_1'(x)f_1'(x) + C_2'(x)f_2'(x)\big)$$
$$+ C_1''(x)f_1(x) + C_2''(x)f_2(x).$$

ここで，恒等的に $C_1'(x)f_1(x) + C_2'(x)f_2(x) = 0$ となるように $C_1(x), C_2(x)$ を選ぶ．このとき，さらに微分すれば，

$$C_1'(x)f_1'(x) + C_2'(x)f_2'(x) + C_1''(x)f_1(x) + C_2''(x)f_2(x) = 0.$$

したがって，

$$y'' + P_1(x)y' + P_2(x)y = C_1'(x)f_1'(x) + C_2'(x)f_2'(x) = Q(x).$$

ここで，ロンスキー行列式 (3.6) を利用して，

$$\begin{cases} C_1'(x)f_1(x) + C_2'(x)f_2(x) = 0 \\ C_1'(x)f_1'(x) + C_2'(x)f_2'(x) = Q(x) \end{cases}$$

$$\Longleftrightarrow \begin{pmatrix} f_1(x) & f_2(x) \\ f_1'(x) & f_2'(x) \end{pmatrix} \begin{pmatrix} C_1'(x) \\ C_2'(x) \end{pmatrix} = \begin{pmatrix} 0 \\ Q(x) \end{pmatrix} \tag{3.20}$$

$$\Longleftrightarrow \begin{pmatrix} C_1'(x) \\ C_2'(x) \end{pmatrix} = \frac{1}{W(f_1, f_2)(x)} \begin{pmatrix} f_2'(x) & -f_2(x) \\ -f_1'(x) & f_1(x) \end{pmatrix} \begin{pmatrix} 0 \\ Q(x) \end{pmatrix}.$$

よって，$\begin{cases} C_1'(x) = -\dfrac{f_2(x)Q(x)}{W(f_1, f_2)(x)} & \therefore \; C_1(x) = -\displaystyle\int^x \dfrac{f_2(t)Q(t)}{W(f_1, f_2)(t)}\,dt \\[3mm] C_2'(x) = \dfrac{f_1(x)Q(x)}{W(f_1, f_2)(x)} & \therefore \; C_2(x) = \displaystyle\int^x \dfrac{f_1(t)Q(t)}{W(f_1, f_2)(t)}\,dt \end{cases}$ □

以上の結果から，$y = C_1(x)f_1(x) + C_2(x)f_2(x)$ に $C_1(x)$ と $C_2(x)$ を代入する

ことによって，次の定理を得る.

> **定理 3.13**　非同次微分方程式
>
> $$y'' + P_1(x)y' + P_2(x)y = Q(x)$$
>
> の特殊解 $\eta(x)$ は，基本解 $f_1(x), f_2(x)$ を用いて
>
> $$\eta(x) = C_1(x)f_1(x) + C_2(x)f_2(x) = -\int^x \frac{f_1(x)f_2(t) - f_2(x)f_1(t)}{W(f_1, f_2)(t)} Q(t)\,dt$$
>
> と表される.

以下，具体的な例によってこの解法を確認する.

> **例題 3.20**　非同次微分方程式 $(D^2 - a^2)y = xe^{ax}$ $(a \neq 0)$ を解け.

《**解答**》　まず，同次微分方程式 $(D^2 - a^2)y = 0$ の一般解は，定理 3.1 から，任意の定数 C_1, C_2 を用いて，以下となる.

$$y(x) = Y(x) = C_1 e^{ax} + C_2 e^{-ax}$$

次に, 非同次微分方程式 $(D^2 - a^2)y = xe^{ax}$ の特殊解は, $C_1 \dashrightarrow C_1(x), C_2 \dashrightarrow C_2(x)$ と置き換えたと考え，$\eta(x) = C_1(x)e^{ax} + C_2(x)e^{-ax}$ と仮定して，定数変化法を利用する. ただし, $C_1'(x)e^{ax} + C_2'(x)e^{-ax} = 0$ とする.

$$\eta'(x) = a\big(C_1(x)e^{ax} - C_2(x)e^{-ax}\big),$$
$$\eta''(x) = a\big(C_1'(x)e^{ax} - C_2'(x)e^{-ax}\big) + a^2\big(C_1(x)e^{ax} + C_2(x)e^{-ax}\big).$$

これらを微分方程式に代入すれば,

$$(D^2 - a^2)\eta(x) = \eta''(x) - a^2\eta(x) = a\big(C_1'(x)e^{ax} - C_2'(x)e^{-ax}\big) = xe^{ax}.$$

したがって，(3.20) に相当する以下の関係式を得る.

$$\begin{cases} C_1'(x)e^{ax} + C_2'(x)e^{-ax} = 0 \\ a\big(C_1'(x)e^{ax} - C_2'(x)e^{-ax}\big) = xe^{ax} \end{cases}$$

$$\Longleftrightarrow \begin{pmatrix} e^{ax} & e^{-ax} \\ ae^{ax} & -ae^{-ax} \end{pmatrix} \begin{pmatrix} C_1'(x) \\ C_2'(x) \end{pmatrix} = \begin{pmatrix} 0 \\ xe^{ax} \end{pmatrix}$$

よって，
$$\begin{cases} C_1'(x) = \dfrac{x}{2a} & \therefore \ C_1(x) = \dfrac{x^2}{4a} \\[2mm] C_2'(x) = -\dfrac{xe^{2ax}}{2a} & \therefore \ C_2(x) = -\dfrac{xe^{2ax}}{4a^2} + \dfrac{e^{2ax}}{8a^3} \end{cases}$$

$$\implies \eta(x) = C_1(x)e^{ax} + C_2(x)e^{-ax} = \frac{1}{4a}x^2 e^{ax} - \frac{1}{4a^2}xe^{ax} + \frac{1}{8a^3}e^{ax}.$$

以上より，微分方程式の解は，基本解の重複である $\dfrac{1}{8a^3}e^{ax}$ を除外し，同次微分方程式の解 $Y(x)$ を用いて

$$y(x) = Y(x) + \eta(x) = \underline{C_1 e^{ax} + C_2 e^{-ax} + \frac{1}{4a}x^2 e^{ax} - \frac{1}{4a^2}xe^{ax}}. \qquad \square$$

例題 3.21 非同次微分方程式 $\ddot{x}(t) + x(t) = \sin t$ を解け．

《**解答**》 同次微分方程式 $\ddot{x}(t) + x(t) = 0$ の一般解は，定理 3.1 から，任意の定数 C_1, C_2 を用いて，

$$x(t) = X(t) = C_1 \cos t + C_2 \sin t.$$

続いて，非同次微分方程式の特殊解 $x(t) = \eta(t)$ を求める．まず，特殊解を $\eta(t) = C_1(t)\cos t + C_2(t)\sin t$ と仮定する．このとき，(3.20) から，

$$\begin{cases} \dot{C}_1(t)\cos t + \dot{C}_2(t)\sin t = 0 \\ -\dot{C}_1(t)\sin t + \dot{C}_2(t)\cos t = \sin t \end{cases}$$

$$\implies \begin{pmatrix} \dot{C}_1(t) \\ \dot{C}_2(t) \end{pmatrix} = \begin{pmatrix} \cos t & -\sin t \\ \sin t & \cos t \end{pmatrix}\begin{pmatrix} 0 \\ \sin t \end{pmatrix} = \begin{pmatrix} -\sin^2 t \\ \sin t \cos t \end{pmatrix}$$

$$\implies \begin{pmatrix} C_1(t) \\ C_2(t) \end{pmatrix} = \begin{pmatrix} -\dfrac{1}{2}t + \dfrac{1}{4}\sin 2t \\ -\dfrac{1}{4}\cos 2t \end{pmatrix}.$$

したがって，特殊解 $\eta(t)$ は，

$$\eta(t) = \left(-\frac{1}{2}t + \frac{1}{4}\sin 2t\right)\cos t - \frac{1}{4}\cos 2t \sin t = -\frac{1}{2}t\cos t + \frac{1}{4}\sin t.$$

ここで，最後の項 $\dfrac{1}{4}\sin t$ は同次方程式の基本解と同一なので，これを除外して $\eta(t) = -\dfrac{1}{2}t\cos t$ を得る．以上より，

$$x(t) = X(t) + \eta(t) = \underline{C_1 \cos t + C_2 \sin t - \frac{1}{2}t\cos t}. \qquad \square$$

○**問 3.9** 微分方程式 $y'' - y = e^{-x}$ を解け．

3.10 オイラー型の微分方程式

2 階線形微分方程式のうち，実数の定数 a, b および x の関数 $Q(x)$ を用いて

$$x^2 y'' + axy' + by = Q(x) \tag{3.21}$$

のように書ける非同次線形微分方程式を**オイラー (Euler) 型の微分方程式**という．通常，変数係数をもつ 2 階線形微分方程式の一般的な解法は知られていないが，オイラー型の微分方程式は，変数変換を行うことで 2 階定数係数線形微分方程式へと変形できることを示す．基本的な考え方は，

$$xy' = x\frac{dy}{dx} = \frac{dy}{dt}$$

となる変数 t を導入することである．簡単な代数計算によって，

$$x\frac{dy}{dx} = \frac{dy}{dt} \implies \frac{dx}{dt} = x$$

を得る．この微分方程式のもっとも簡単な解は，$x = e^t$ であることがわかる．以上から，次の変換を導入する．

$$x = e^t \iff t = \log x$$

このとき，y' および y'' はそれぞれ以下のように表される．

$$y' = \frac{dy}{dx} = \frac{dt}{dx}\frac{dy}{dt} = \frac{1}{x}\frac{dy}{dt},$$

$$y'' = \frac{d}{dx}\left(\frac{1}{x}\frac{dy}{dt}\right) = -\frac{1}{x^2}\frac{dy}{dt} + \frac{1}{x}\frac{d}{dx}\left(\frac{dy}{dt}\right) = -\frac{1}{x^2}\frac{dy}{dt} + \frac{1}{x}\frac{d^2 y}{dt^2}\frac{dt}{dx}$$

$$= -\frac{1}{x^2}\frac{dy}{dt} + \frac{1}{x^2}\frac{d^2 y}{dt^2}.$$

これらを利用すれば，(3.21) は，

$$\frac{d^2 y}{dt^2} + (a-1)\frac{dy}{dt} + by = Q(e^t)$$

と書き換えることができる．これは 2 階定数係数線形同次微分方程式となっているので，容易に解くことができる．

例題 3.22 微分方程式 $x^2 y'' + xy' = x$ を解け．

《**解答**》 これはオイラー型の微分方程式なので，変換 $x = e^t \iff t = \log x$ を

導入し，$xy' = \dfrac{dy}{dt}$, $x^2 y'' = -\dfrac{dy}{dt} + \dfrac{d^2 y}{dt^2}$ を代入すれば，以下を得る．

$$\frac{d^2 y}{dt^2} = e^t$$

したがって，2回積分を行って，任意の定数 C_1, C_2 を用いれば，

$$y = e^t + C_1 t + C_2.$$

以上より，t を x にもどすことによって，

$$y = \underline{x + C_1 \log x + C_2}.$$ □

○問 3.10 上記の例題にならって $y''' = \dfrac{2}{x^3}\dfrac{dy}{dt} - \dfrac{3}{x^3}\dfrac{d^2 y}{dt^2} + \dfrac{1}{x^3}\dfrac{d^3 y}{dt^3}$ を示し，微分方程式 $x^3 y''' + 3x^2 y'' + xy' = x$ を解け．

通常，オイラー型の微分方程式は，定数 r に対して $y = x^r$ と仮定して，容易に解くことができる．以下に，例題によって説明する．

例題 3.23 微分方程式 $x^2 y'' - xy' = 3x^3$ を解け．

《解答》 $y = x^r$ として，$x^2 y'' - xy' = 0$ を解く．$y'' = r(r-1)x^{r-2}$, $y' = rx^{r-1}$ を代入すれば，$r(r-1) - r = r(r-2) = 0$ となるので，$r = 0, r = 2$. したがって，任意の定数 C_1, C_2 を用いて，基本解の定数倍 $y = C_1$, $y = C_2 x^2$ を得る．

次に，特殊解を求める．特殊解を $y = C_1(x) + C_2(x)x^2$ と仮定して定数変化法を用いる．$y'' - \dfrac{1}{x}y' = 3x$ に注意して（y'' の係数は常に 1 にしておく），(3.20) より，

$$\begin{pmatrix} 1 & x^2 \\ 0 & 2x \end{pmatrix} \begin{pmatrix} C_1'(x) \\ C_2'(x) \end{pmatrix} = \begin{pmatrix} 0 \\ 3x \end{pmatrix}$$

であり，

$$\begin{pmatrix} C_1'(x) \\ C_2'(x) \end{pmatrix} = \frac{1}{2x} \begin{pmatrix} 2x & -x^2 \\ 0 & 1 \end{pmatrix} \begin{pmatrix} 0 \\ 3x \end{pmatrix} = \frac{1}{2} \begin{pmatrix} -3x^2 \\ 3 \end{pmatrix}.$$

よって，$C_1'(x) = -\dfrac{3}{2}x^2$, $C_2'(x) = \dfrac{3}{2} \implies C_1(x) = -\dfrac{1}{2}x^3$, $C_2(x) = \dfrac{3}{2}x$.

したがって $y = \eta(x) = C_1(x) + C_2(x)x^2 = x^3$.

以上より，微分方程式の解は，任意の定数 C_1, C_2 を用いて，

$$y = \underline{C_1 + C_2 x^2 + x^3}.$$ □

●**注意 3.4**　微分方程式 $x^2y'' + xy' = 0$ に対して，同様に $y = x^r$ と仮定して代入した場合，$r^2 = 0$ より $r = 0$ の重解となり，簡易的な手法では解けないことに注意する．また，微分方程式 $x^2y'' + xy' + y = 0$ に対しては，$r^2 + 1 = 0 \iff r = \pm i$ となるが，この場合，$y = x^{\pm i} = \exp(\log x^{\pm i}) = \exp\{\pm i(\log x)\} = \cos(\log x) \pm i\sin(\log x)$ となることに注意が必要である．

○**問 3.11**　以下の微分方程式の一般解を求めよ．

(1)　$x^2y'' + 2xy' - 2y = -\dfrac{1}{x}$　　　　　(2)　$2x^2y'' + xy' - y = 5x^2$

＊＊＊　**演習問題**　＊＊＊

3.1　以下の微分方程式を解け．

(1)　$y'' + 5y' + 6y = 0$　　　　　(2)　$4y'' + 4y' + y = 0$

(3)　$y'' + y' + 2y = 0$　　　　　(4)　$y'' + y' = 0$

3.2　4つの関数 $\cos x, \sin x, \cos 2x, \sin 2x$ は1次独立であるかを判定せよ．さらに，1次独立である場合，これらを基本解にもつ微分方程式を求めよ．

3.3　以下の微分方程式を解け．

(1)　$y''' + y'' + y' - 3y = 0$　　　　　(2)　$y''' + y'' + y' + y = 0$

(3)　$y''' + 2y'' - y' - 2y = 0$　　　　　(4)　$y''' + 2y'' + 2y' + y = 0$

(5)　$y^{(4)} + 4y''' - y'' - 16y' - 12y = 0$　(6)　$y^{(4)} - 4y' + 3y = 0$

3.4　以下の微分方程式を解け．

(1)　$y''' + 2y'' + 2y' + 4y = 8x^2$　　　　　(2)　$y''' + 2y'' + 3y' + 2y = e^x$

(3)　$y^{(4)} - 16y = \sin x$　　　　　(4)　$y'' + 4y' + 3y = e^{-x}\cos x$

(5)　$y'' + 2y' + y = xe^x$　　　　　(6)　$y'' + 2y' + 2y = x\cos x$

3.5　非同次微分方程式 $y'' - 2y' + 2y = e^x\cos x$ の一般解を求めよ．ただし，実数 K_1, K_2 を用いて，特殊解を $\eta(x) = K_1xe^x\cos x + K_2xe^x\sin x$ として求めよ．

以下の問いにおいて，$D = \dfrac{d}{dx}$ は微分演算子を表す．

3.6　以下の同次微分方程式を解け．

(1)　$(D^2 + 2D + 1)y = 0$　　　　　(2)　$(D^4 - 1)y = 0$

(3)　$(D^4 + D^2 + 1)y = 0$　　　　　(4)　$(D+1)(D^2 + 2D + 2)^2y = 0$

(5)　$(D+1)^2(D^2 - 2D + 2)y = 0$　　(6)　$(D+1)^4y = 0$

3.7 以下の非同次微分方程式を解け.

(1) $(D^2 - 1)y = e^{2x}$ \qquad\qquad (2) $(D^3 + D - 2)y = e^{-x}$

(3) $(D^4 + 1)y = \cos 2x$ \qquad\qquad (4) $(D^2 + 4)^2 y = \sin x$

(5) $(D^3 - 4D^2 - D + 4)y = x^2 + 1$ \qquad (6) $(D-1)(D^2+4)y = 8x^3$

3.8 以下の非同次微分方程式を解け.

(1) $(D^3 + 2D^2 + 2D + 1)y = e^{-x}$ \qquad (2) $(D+1)(D^2 - 6D + 13)y = e^{3x}\sin 2x$

(3) $(D+1)^4 y = xe^{-x}$ \qquad\qquad (4) $(D^2 + 1)^2 y = x\sin x$

3.9 微分方程式 $(D^4 - 4D^3 + 8D^2 - 8D + 4)y = e^{-x}$ の一般解を求めよ.

3.10* 微分方程式 $(D^3 + 3D^2 + 3D + 1)y = x^2 e^{-x}$ の一般解を求めよ.

3.11 微分方程式 $(D^4 + 8D^2 + 16)y = \sin x$ の一般解を求めよ.

3.12* 微分方程式 $(D^3 - 7D^2 + 15D - 9)y = 2e^{3x}$ の一般解を求めよ.

3.13* 微分方程式 $(D^4 - 1)y = 2e^x \cos^2 \dfrac{x}{2}$ の一般解を求めよ.

3.14* 微分方程式 $x^2 y'' - x(x+2)y' + (x+2)y = 0$ の一つの解が,任意の定数 C_1 を用いて $y = C_1 x$ と表されることを利用して,一般解を求めよ.

3.15* 微分方程式 $x^3 y''' + 2x^2 y'' + xy' - y = 5x^2$ の一般解を求めよ.

3.16 微分方程式 $x^3 y''' + x^2 y'' + xy' = x$ の一般解を求めよ.

3.17 図 3.1 で与えられる RLC 回路を考える.コンデンサの両端にかかる電圧を $v_C(t) = x(t)$,電源の電圧を $E(t) = V_m \cos\omega t$ ($\omega\,(>0)$ は定数),回路に流れる電流を $C\dfrac{dv_C(t)}{dt} = i(t)$ とし,さらに,$L\dfrac{di(t)}{dt} = v_L(t)$ とするとき,以下の微分方程式

$$LC\frac{d^2 v_C(t)}{dt^2} + RC\frac{dv_C(t)}{dt} + v_C(t) = V_m \cos\omega t, \quad v_C(0) = 0, \quad i(0) = 0$$

が成り立つ.このとき,$v_C(t) = x(t)$ とした以下の微分方程式を解け.

$$LC\ddot{x}(t) + RC\dot{x}(t) + x(t) = V_m \cos\omega t, \quad x(0) = 0, \quad \dot{x}(0) = 0.$$

ただし,$R^2 C = 4L$ となる確率は非常に低く,一般に $R \gg C, R \gg L$ であることを考慮せよ.

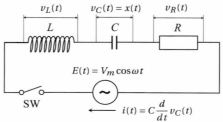

図 3.1 RLC 回路

4

連立型微分方程式

第3章では高階の微分方程式の解法について説明したが、通常、理学・工学・情報科学・生物学・経済学などで扱う微分方程式は非線形のものがほとんどであり、解析解を得ることはできない。このとき、後の第7章で取り上げる「数値解法」によって微分方程式の解を求めるが、高階の微分方程式のままでは大変扱いにくい。そこで、**連立型微分方程式**を導入し、1階の微分方程式に変換して解くことが行われる。本章では、その基礎となる事項について解説する。

4.1　連立型微分方程式とは

a, b, c, d を実数の定数とするとき、以下の微分方程式を考える。

$$\dot{z}(t) = Az(t), \quad z(0) = z_0 \tag{4.1a}$$

$$\Longleftrightarrow \begin{pmatrix} \dot{x}(t) \\ \dot{y}(t) \end{pmatrix} = \begin{pmatrix} a & b \\ c & d \end{pmatrix} \begin{pmatrix} x(t) \\ y(t) \end{pmatrix}, \quad \begin{pmatrix} x(0) \\ y(0) \end{pmatrix} = \begin{pmatrix} x_0 \\ y_0 \end{pmatrix}. \tag{4.1b}$$

ただし、$z(t) \, (\in \mathbb{R}^2)$ はベクトルを表す。また、z_0, x_0, y_0 は初期条件である。このように、ベクトル・行列表現された微分方程式を**連立型微分方程式**という。

まず、この連立型微分方程式から、$x(t)$ のみの微分方程式に変換する。

$$\dot{x}(t) = ax(t) + by(t)$$

なので、両辺微分を行う。

$$\ddot{x}(t) = a\dot{x}(t) + b\dot{y}(t)$$

ここで、

$$\dot{y}(t) = cx(t) + dy(t), \quad by(t) = \dot{x}(t) - ax(t)$$

73

を利用すれば,

$$\ddot{x}(t) = a\dot{x}(t) + b\big(cx(t) + dy(t)\big) = (a+d)\dot{x}(t) - (ad-bc)x(t)$$

$$\iff \ddot{x}(t) - (a+d)\dot{x}(t) + (ad-bc)x(t) = 0.$$

同様に, $y(t)$ についても,

$$\ddot{y}(t) - (a+d)\dot{y}(t) + (ad-bc)y(t) = 0$$

が成り立つことに注意されたい. したがって, 第 3 章で説明したように, 解の候補は, $x(t) = e^{\lambda t}$ を仮定して代入すれば, 特性方程式

$$\lambda^2 - (a+d)\lambda + ad - bc = 0 \tag{4.2}$$

から求めることができる.

　具体的に, 以下に例題を示す.

例題 4.1 以下の連立型微分方程式を解け.

$$\begin{pmatrix} \dot{x}(t) \\ \dot{y}(t) \end{pmatrix} = \begin{pmatrix} 1 & 2 \\ -3 & -4 \end{pmatrix} \begin{pmatrix} x(t) \\ y(t) \end{pmatrix} \iff \begin{cases} \dot{x}(t) = x(t) + 2y(t) \\ \dot{y}(t) = -3x(t) - 4y(t) \end{cases}$$

《解答》 まず, x のみの微分方程式に変換する. $\dot{x}(t) = x(t) + 2y(t)$ なので, 両辺微分を行う.

$$\ddot{x}(t) = \dot{x}(t) + 2\dot{y}(t)$$

ここで,

$$\dot{y}(t) = -3x(t) - 4y(t), \quad 2y(t) = \dot{x}(t) - x(t)$$

を利用すれば,

$$\ddot{x}(t) = \dot{x}(t) + 2\big(-3x(t) - 4y(t)\big) = -3\dot{x}(t) - 2x(t)$$

$$\iff \ddot{x}(t) + 3\dot{x}(t) + 2x(t) = 0.$$

したがって, 解の候補 $x(t) = e^{\lambda t}$ を仮定して代入すれば, 特性方程式

$$\lambda^2 + 3\lambda + 2 = 0$$

が得られる. これを解けば $\lambda = -1, -2$. したがって, 任意の定数 C_1, C_2 を用いて,

$$x(t) = \underline{C_1 e^{-t} + C_2 e^{-2t}}.$$

また，$y(t) = \dfrac{\dot{x}(t) - x(t)}{2}$ なので，実際に代入して以下を得る．

$$y(t) = -C_1 e^{-t} - \frac{3}{2} C_2 e^{-2t} \qquad\qquad \square$$

なお，特性方程式 (4.2) は，行列 $A = \begin{pmatrix} a & b \\ c & d \end{pmatrix}$ の固有値を求める方程式 (固有方程式) に一致する．実際に確認すれば，

$$f(s) = |sI_2 - A| = \begin{vmatrix} s-a & -b \\ -c & s-d \end{vmatrix} = s^2 - (a+d)s + ad - bc = 0$$

となり，一致する．ただし，I_2 は 2 次の単位行列である． $\qquad\qquad \square$

〇**問 4.1** 以下の連立型微分方程式を解け．

$$\begin{pmatrix} \dot{x}(t) \\ \dot{y}(t) \end{pmatrix} = \begin{pmatrix} -1 & -1 \\ 6 & 4 \end{pmatrix} \begin{pmatrix} x(t) \\ y(t) \end{pmatrix} \iff \begin{cases} \dot{x}(t) = -x(t) - y(t) \\ \dot{y}(t) = 6x(t) + 4y(t) \end{cases}$$

4.2　連立型微分方程式と高階線形微分方程式の関係

高階線形微分方程式は，連立型微分方程式に帰着される．このことを確認する．まず，以下の 2 階線形微分方程式を考える．

$$\ddot{x}(t) + a_1 \dot{x}(t) + a_2 x(t) = 0 \iff (D^2 + a_1 D + a_2)x(t) = 0$$

ただし，D は微分演算子である．このとき，補助変数

$$\begin{pmatrix} x_1(t) \\ x_2(t) \end{pmatrix} = \begin{pmatrix} x(t) \\ \dot{x}_1(t) \end{pmatrix}$$

を利用すれば以下を得る．

$$\begin{pmatrix} \dot{x}_1(t) \\ \dot{x}_2(t) \end{pmatrix} = \begin{pmatrix} 0 & 1 \\ -a_2 & -a_1 \end{pmatrix} \begin{pmatrix} x_1(t) \\ x_2(t) \end{pmatrix}$$

同様に，この操作を一般化すれば，次の高階線形微分方程式

$$\left(D^n + a_1 D^{n-1} + a_2 D^{n-2} + \cdots + a_{n-1} D + a_n\right)x(t) = 0 \tag{4.3}$$

は，補助変数

$$\begin{pmatrix} x_1(t) \\ x_2(t) \\ \vdots \\ x_n(t) \end{pmatrix} = \begin{pmatrix} x(t) \\ \dot{x}_1(t) \\ \vdots \\ \dot{x}_{n-1}(t) \end{pmatrix}$$

によって，以下の連立型微分方程式に帰着できる．

$$
\begin{pmatrix} \dot{x}_1(t) \\ \dot{x}_2(t) \\ \vdots \\ \dot{x}_{n-1}(t) \\ \dot{x}_n(t) \end{pmatrix} = \begin{pmatrix} 0 & 1 & 0 & \cdots & 0 \\ 0 & 0 & 1 & \cdots & 0 \\ \vdots & \vdots & \vdots & \ddots & \vdots \\ 0 & 0 & 0 & \cdots & 1 \\ -a_n & -a_{n-1} & -a_{n-2} & \cdots & -a_1 \end{pmatrix} \begin{pmatrix} x_1(t) \\ x_2(t) \\ \vdots \\ x_{n-1}(t) \\ x_n(t) \end{pmatrix} \tag{4.4}
$$

この性質は重要である．ただし，(4.3) から (4.4) のようなベクトル表現された 1 階微分方程式への変換は唯一でないことに注意されたい．

〇**問 4.2** 3 階同次微分方程式 $(D^3 + D^2 + 2D + 2)x(t) = 0$ が補助変数

$$
\begin{pmatrix} x_1(t) \\ x_2(t) \\ x_3(t) \end{pmatrix} = \begin{pmatrix} x(t) \\ \dot{x}_1(t) \\ \dot{x}_2(t) \end{pmatrix}
$$

によって以下の 3 次元連立型微分方程式

$$
\begin{pmatrix} \dot{x}_1(t) \\ \dot{x}_2(t) \\ \dot{x}_3(t) \end{pmatrix} = A \begin{pmatrix} x_1(t) \\ x_2(t) \\ x_3(t) \end{pmatrix} = \begin{pmatrix} 0 & 1 & 0 \\ 0 & 0 & 1 \\ -2 & -2 & -1 \end{pmatrix} \begin{pmatrix} x_1(t) \\ x_2(t) \\ x_3(t) \end{pmatrix}
$$

に変換できることを確認せよ．また，その一般解を求めよ．ただし D は微分演算子である．

4.3 2 次元連立型微分方程式

ここでは，2 次の正方行列 A のみ考える．すなわち，以下の (4.5) で与えられる連立型微分方程式を考える．

$$
\dot{z}(t) = Az(t) \iff \begin{pmatrix} \dot{x}(t) \\ \dot{y}(t) \end{pmatrix} = \begin{pmatrix} a & b \\ c & d \end{pmatrix} \begin{pmatrix} x(t) \\ y(t) \end{pmatrix} \tag{4.5}
$$

定理 4.1 行列 $A = \begin{pmatrix} a & b \\ c & d \end{pmatrix}$ に対して，連立型微分方程式 $\dot{z}(t) = Az(t)$ を考える．行列 A の固有方程式

$$
\lambda^2 - (a+d)\lambda + ad - bc = 0
$$

の判別式を $D = (a+d)^2 - 4(ad - bc)$ とおくとき，この微分方程式の解は，任意の定数 C_1, C_2 を用いて以下のように求めることができる．

(i) $D > 0$ の場合, 2つの異なる実数である固有値 $\lambda = \alpha, \lambda = \beta$ に対応する固有ベクトルをそれぞれ $\vec{v}_1, \vec{v}_2$ とする. すなわち, $A\vec{v}_1 = \alpha\vec{v}_1, A\vec{v}_2 = \beta\vec{v}_2$ を満たすとする. このとき,

$$z(t) = C_1 e^{\alpha t} \vec{v}_1 + C_2 e^{\beta t} \vec{v}_2. \tag{4.6}$$

(ii) $D = 0$ の場合, 重解 $\lambda = \alpha$ に対応する固有ベクトルを $\vec{u}_1$ とする. すなわち, $A\vec{u}_1 = \alpha\vec{u}_1$ を満たすとする. また, $\vec{u}_2$ を以下のように定義する.

$$A\vec{u}_2 = \alpha\vec{u}_2 + \vec{u}_1$$

このとき,

$$z(t) = (C_1 t + C_2) e^{\alpha t} \vec{u}_1 + C_1 e^{\alpha t} \vec{u}_2. \tag{4.7}$$

(iii) $D < 0$ のとき, 共役複素数解を $\lambda = p \pm qi$ (ただし, $i = \sqrt{-1}, p, q\,(\neq 0)$ は実数) とすると,

$$z(t) = \Big(C_1 \vec{e}_1 + C_2 \vec{e}_2\Big) e^{pt} \cos qt + \Big(C_2 \vec{e}_1 - C_1 \vec{e}_2\Big) e^{pt} \sin qt,$$

ただし, $\vec{e}_1 = \begin{pmatrix} b \\ p - a \end{pmatrix}, \vec{e}_2 = \begin{pmatrix} 0 \\ q \end{pmatrix}$ である.

《証明》 $D > 0$ の場合のみ証明を与える.

$f(\lambda) = 0$ の2つの解を $\lambda = \alpha, \lambda = \beta$ とすれば, $\alpha, \beta\,(\alpha \neq \beta)$ は固有値なので,

$$A\vec{v}_1 = \alpha\vec{v}_1, \quad A\vec{v}_2 = \beta\vec{v}_2$$

を満たす. 以下では, 微分方程式の解が,

$$z(t) = e^{At} z(0) = C_1 e^{\alpha t} \vec{v}_1 + C_2 e^{\beta t} \vec{v}_2$$

で表されることを示す. ただし, C_1, C_2 は任意の定数であり, 固有値 $\lambda = \alpha$ の固有ベクトルは $\vec{v}_1$, 固有値 $\lambda = \beta$ の固有ベクトルは $\vec{v}_2$ である.

まず, 線形変換 $m(t) = V^{-1} z(t)$ を準備する. ただし, $V = \begin{pmatrix} \vec{v}_1 & \vec{v}_2 \end{pmatrix}, |V| \neq 0$ である. このとき,

$$A\begin{pmatrix} \vec{v}_1 & \vec{v}_2 \end{pmatrix} = \begin{pmatrix} \vec{v}_1 & \vec{v}_2 \end{pmatrix}\begin{pmatrix} \alpha & 0 \\ 0 & \beta \end{pmatrix} \iff \tilde{A} = \begin{pmatrix} \alpha & 0 \\ 0 & \beta \end{pmatrix} = V^{-1} A V$$

である. したがって,

$$V^{-1} \dot{z}(t) = V^{-1} A V V^{-1} z(t), \quad V^{-1} z(0) = V^{-1} z_0$$

$$\implies \dot{m}(t) = \tilde{A}m(t), \quad m(0) = m_0 \iff \begin{pmatrix} \dot{m}_1(t) \\ \dot{m}_2(t) \end{pmatrix} = \begin{pmatrix} \alpha & 0 \\ 0 & \beta \end{pmatrix} \begin{pmatrix} m_1(t) \\ m_2(t) \end{pmatrix}$$

であり，成分ごとに展開すれば，

$$\dot{m}_1(t) = \alpha m_1(t), \quad \dot{m}_2(t) = \beta m_2(t)$$

$$\iff m_1(t) = e^{\alpha t} m_1(0), \quad m_2(t) = e^{\beta t} m_2(0)$$

$$\iff \begin{pmatrix} m_1(t) \\ m_2(t) \end{pmatrix} = \begin{pmatrix} e^{\alpha t} & 0 \\ 0 & e^{\beta t} \end{pmatrix} \begin{pmatrix} m_1(0) \\ m_2(0) \end{pmatrix}.$$

以上より，$z(t)$ にもどして，

$$z(t) = Vm(t) = V \begin{pmatrix} e^{\alpha t} & 0 \\ 0 & e^{\beta t} \end{pmatrix} \begin{pmatrix} m_1(0) \\ m_2(0) \end{pmatrix} = \begin{pmatrix} \vec{v}_1 & \vec{v}_2 \end{pmatrix} \begin{pmatrix} e^{\alpha t} m_1(0) \\ e^{\beta t} m_2(0) \end{pmatrix}$$

$$= m_1(0) e^{\alpha t} \vec{v}_1 + m_2(0) e^{\beta t} \vec{v}_2 = C_1 e^{\alpha t} \vec{v}_1 + C_2 e^{\beta t} \vec{v}_2.$$

ただし，$C_1 = m_1(0), C_2 = m_2(0)$ である． $\qquad\qquad\square$

実際に例題をとおして確認を行う．

例題 4.2 以下の連立型微分方程式を解け．
$$\begin{pmatrix} \dot{x}(t) \\ \dot{y}(t) \end{pmatrix} = \begin{pmatrix} -2 & -4 \\ 1 & 3 \end{pmatrix} \begin{pmatrix} x(t) \\ y(t) \end{pmatrix} \iff \begin{cases} \dot{x}(t) = -2x(t) - 4y(t) \\ \dot{y}(t) = x(t) + 3y(t) \end{cases}$$

《解答》 固有方程式は，$A = \begin{pmatrix} -2 & -4 \\ 1 & 3 \end{pmatrix}$ として $|\lambda I_2 - A| = (\lambda+1)(\lambda-2) = 0$ である．また，固有値 $\lambda = -1, \lambda = 2$ に対応する固有ベクトルはそれぞれ $\vec{v}_1 = \begin{pmatrix} 4 \\ -1 \end{pmatrix}$，$\vec{v}_2 = \begin{pmatrix} 1 \\ -1 \end{pmatrix}$ である．以上より，C_1, C_2 を任意の定数として，

$$\begin{pmatrix} x(t) \\ y(t) \end{pmatrix} = C_1 e^{\alpha t} \vec{v}_1 + C_2 e^{\beta t} \vec{v}_2 = C_1 \begin{pmatrix} 4 \\ -1 \end{pmatrix} e^{-t} + C_2 \begin{pmatrix} 1 \\ -1 \end{pmatrix} e^{2t}. \qquad \square$$

〇**問 4.3** 以下の連立型微分方程式を解け．
$$\begin{pmatrix} \dot{x}(t) \\ \dot{y}(t) \end{pmatrix} = \begin{pmatrix} 2 & 1 \\ 3 & 4 \end{pmatrix} \begin{pmatrix} x(t) \\ y(t) \end{pmatrix} \iff \begin{cases} \dot{x}(t) = 2x(t) + y(t) \\ \dot{y}(t) = 3x(t) + 4y(t) \end{cases}$$

4.4 遷 移 行 列

以下の微分方程式を考える.

$$\dot{x}(t) = Ax(t), \quad x(0) = x_0. \tag{4.8}$$

ただし,$x(t) (\in \mathbb{R}^n)$ は状態変数を表す.また,$A (\in \mathbb{R}^{n \times n})$ は実定数行列である.
このとき,以下を得る.

> **定理 4.2** 連立型微分方程式
>
> $$x(t) = Ax(t), \quad x(0) = x_0$$
>
> の解は,形式的に
>
> $$x(t) = e^{At} x(0)$$
>
> と書ける.このとき,
>
> $$e^{At} = \sum_{k=0}^{\infty} \frac{(At)^k}{k!}$$
> $$= I_n + At + \frac{1}{2!}(At)^2 + \frac{1}{3!}(At)^3 + \cdots + \frac{1}{n!}(At)^n + \cdots$$
>
> である.この e^{At} を**遷移行列**という.ただし,I_n は n 次の単位行列である.

> **例題 4.3** 以下の連立型微分方程式を解け.
>
> $$\dot{x}(t) = Ax(t) = \begin{pmatrix} -1 & 1 \\ 0 & -2 \end{pmatrix} x(t), \quad x(0) = \begin{pmatrix} x_1(0) \\ x_2(0) \end{pmatrix} \neq 0.$$

《解答》 A の固有値・固有ベクトルは,固有方程式が $(\lambda+1)(\lambda+2) = 0$ なので,

$$\lambda = -1, \quad \vec{v}_1 = \begin{pmatrix} 1 \\ 0 \end{pmatrix}; \quad \lambda = -2, \quad \vec{v}_2 = \begin{pmatrix} 1 \\ -1 \end{pmatrix}.$$

これより,

$$T = T^{-1} = \begin{pmatrix} 1 & 1 \\ 0 & -1 \end{pmatrix}$$

と選べば,

$$AT = T \begin{pmatrix} -1 & 0 \\ 0 & -2 \end{pmatrix} \iff T^{-1}AT = \begin{pmatrix} -1 & 0 \\ 0 & -2 \end{pmatrix}.$$

この関係式より，

$$(T^{-1}AT)^n = T^{-1}AT \cdot \cdots \cdot T^{-1}AT = T^{-1}A^nT = \begin{pmatrix} (-1)^n & 0 \\ 0 & (-2)^n \end{pmatrix}.$$

したがって，

$$A^n = T \begin{pmatrix} (-1)^n & 0 \\ 0 & (-2)^n \end{pmatrix} T^{-1}$$

が成り立つので，

$$e^{At} = \sum_{k=0}^{\infty} \frac{(At)^k}{k!} = \sum_{k=0}^{\infty} \frac{1}{k!} T \begin{pmatrix} (-t)^k & 0 \\ 0 & (-2t)^k \end{pmatrix} T^{-1} = \begin{pmatrix} e^{-t} & e^{-t} - e^{-2t} \\ 0 & e^{-2t} \end{pmatrix}.$$

以上の準備のもと $\boldsymbol{x}(t)$ を求めると，

$$\boldsymbol{x}(t) = e^{At}\boldsymbol{x}(0) = \begin{pmatrix} e^{-t} & e^{-t} - e^{-2t} \\ 0 & e^{-2t} \end{pmatrix} \boldsymbol{x}(0). \qquad\qquad \square$$

○問 4.4　以下の連立型微分方程式を考える．

$$\begin{pmatrix} \dot{x}(t) \\ \dot{y}(t) \end{pmatrix} = A \begin{pmatrix} x(t) \\ y(t) \end{pmatrix}, \quad \begin{pmatrix} x(0) \\ y(0) \end{pmatrix} = \begin{pmatrix} 1 \\ 0 \end{pmatrix}, \quad A = \begin{pmatrix} 0 & 0 \\ -1 & -1 \end{pmatrix}.$$

このとき，e^{At} を求め，連立型微分方程式を解け．

＊＊＊　演習問題　＊＊＊

4.1 以下の連立型微分方程式を考える．

$$\begin{pmatrix} \dot{x}(t) \\ \dot{y}(t) \end{pmatrix} = \begin{pmatrix} 1 & -1 \\ 1 & 1 \end{pmatrix} \begin{pmatrix} x(t) \\ y(t) \end{pmatrix}, \quad \begin{pmatrix} x(0) \\ y(0) \end{pmatrix} = \begin{pmatrix} 1 \\ 1 \end{pmatrix}.$$

(1) $x(t)$ は微分方程式 $\ddot{x}(t) - 2\dot{x}(t) + 2x(t) = 0$, $x(0) = 1$, $\dot{x}(0) = 0$ を満たすことを確認せよ．

(2) この連立型微分方程式を解け．

4.2* 以下の連立型微分方程式を解け．

$$\begin{pmatrix} \dot{x}_1(t) \\ \dot{x}_2(t) \\ \dot{x}_3(t) \end{pmatrix} = \begin{pmatrix} 1 & 1 & 1 \\ 0 & 1 & 1 \\ 0 & 0 & 1 \end{pmatrix} \begin{pmatrix} x_1(t) \\ x_2(t) \\ x_3(t) \end{pmatrix}, \quad \begin{pmatrix} x_1(0) \\ x_2(0) \\ x_3(0) \end{pmatrix} = \begin{pmatrix} 1 \\ 1 \\ 1 \end{pmatrix}.$$

4.3 以下の連立型微分方程式を考える.

$$\begin{pmatrix} \dot{x}(t) \\ \dot{y}(t) \end{pmatrix} = \begin{pmatrix} 0 & 1 \\ 1 & 0 \end{pmatrix} \begin{pmatrix} x(t) \\ y(t) \end{pmatrix} + \begin{pmatrix} 0 \\ e^{-t} \end{pmatrix}, \quad \begin{pmatrix} x(0) \\ y(0) \end{pmatrix} = \begin{pmatrix} 0 \\ 0 \end{pmatrix}.$$

(1) $A = \begin{pmatrix} 0 & 1 \\ 1 & 0 \end{pmatrix}$ とするとき, e^{At} を求めよ.

(2) この連立型微分方程式を解け.

4.4 以下の連立型微分方程式を解け.

$$\begin{cases} \ddot{x}_1(t) + \dot{x}_1 = -x_2(t), \\ \dot{x}_2(t) = 2x_1(t) - x_2(t) \end{cases} \quad x_1(0) = 2, \ \dot{x}_1(0) = -1, \ x_2(0) = -2.$$

4.5 以下の連立型微分方程式を解け. ただし, $D = \dfrac{d}{dt}$ は微分演算子を表す.

$$\begin{cases} Dx(t) + Dy(t) + x(t) = 1 \\ Dx(t) - Dy(t) - y(t) = t \end{cases}$$

5

べき級数解法

通常，微分方程式が解析的に解けるためには，不定積分が求められることが前提にある．しかし一般に，微分方程式の解析解はむしろほとんどの場合に求めることができず，それでも，解の挙動などを調べる必要性がでてくる．そこで本章では，不定積分を計算せずに，**整級数**を利用して微分方程式を解く方法について考える．

5.1 べき級数解法

関数 $f(x)$ が正の収束半径をもつ整級数 $\sum_{n=1}^{\infty} a_n (x-\alpha)^n$ で表されるとき，$f(x)$ は点 α で**実解析的**であるという．また，I を関数 $f(x)$ の定義域に含まれる開区間とする．任意の $\alpha \in I$ に対して，収束半径 $R\,(>0)$ の整級数 $\sum_{n=0}^{\infty} a_n\,(x-\alpha)^n$ が存在して，点 $x = \alpha$ の近くで

$$f(x) = \sum_{n=0}^{\infty} a_n\,(x-\alpha)^n$$

と書けるとき，$f(x)$ は**区間 I で実解析的**であるという．例えば，$e^x, \cos x, \sin x$ などの初等関数は，定義域に含まれる任意の開区間で実解析的である．

整級数の形で表される関数について，次の定理が成り立つ．

定理 5.1 (項別微分定理) 整級数 $f(x) = \sum_{n=0}^{\infty} a_n (x-\alpha)^n$ の収束半径が $R\,(>0)$ のとき，整級数を微分した以下の整級数

$$\sum_{n=0}^{\infty} \left(a_n (x-\alpha)^n \right)' = \sum_{n=1}^{\infty} n a_n (x-\alpha)^{n-1}$$

の収束半径も R であり，開区間 $(\alpha - R, \alpha + R)$ において，次が成り立つ．

$$f'(x) = \sum_{n=1}^{\infty} n a_n (x-\alpha)^{n-1}$$

以下で与えられる 2 階変数係数線形微分方程式を考える.

$$a(x)\frac{d^2y}{dx^2} + b(x)\frac{dy}{dx} + c(x)y = 0 \quad (a(x) \neq 0) \tag{5.1}$$

ただし, $a(x), b(x), c(x)$ は, それぞれ多項式であるとする. ここで,

$$p(x) = \frac{b(x)}{a(x)}, \quad q(x) = \frac{c(x)}{a(x)}$$

とすれば, 式 (5.1) は,

$$\frac{d^2y}{dx^2} + p(x)\frac{dy}{dx} + q(x)y = 0$$

となる. また, $p(x), q(x)$ は x の関数であり, $x = \alpha$ で実解析的であるとする. つまり,

$$p(x) = \frac{b(x)}{a(x)} = \sum_{n=0}^{\infty} p_n (x - \alpha)^n, \quad q(x) = \frac{c(x)}{a(x)} = \sum_{n=0}^{\infty} q_n (x - \alpha)^n$$

と級数展開した無限級数が収束するものとする. このとき, α を微分方程式 (5.1) の**正則点**という.

　通常, 特殊な場合を除いて, 不定積分を一般的に求めることが困難であるのと同様に, 微分方程式を解析的に解くことは特別な場合を除いてできない. そこで, 非線形関数である $e^x, \cos x, \sin x$ をテイラー展開やマクローリン展開を用いて表現するのと同様に, 微分方程式 (5.1) をべき級数を用いて解くことを考える.

　以下においては特に断らない限り, $p(x), q(x)$ は $x = 0$ で実解析的であるとする. このとき, $x = 0$ は微分方程式 (5.1) の正則点であり, 解を $x = 0$ のまわりで整級数展開する. すなわち, 微分方程式の解が, べき級数

$$y = y(x) = \sum_{k=0}^{\infty} a_k x^k = a_0 + a_1 x + a_2 x^2 + a_3 x^3 + \cdots \tag{5.2}$$

として得られると仮定する. この級数が収束する条件のもとでは項別微分が可能なので,

$$\frac{dy}{dx} = \frac{d}{dx}y(x) = \sum_{k=1}^{\infty} k a_k x^{k-1} = a_1 + 2a_2 x + 3a_3 x^2 + \cdots$$

$$= \sum_{k=0}^{\infty} (k+1) a_{k+1} x^k, \tag{5.3a}$$

$$\frac{d^2y}{dx^2} = \frac{d^2}{dx^2}y(x) = \sum_{k=2}^{\infty} (k-1) k a_k x^{k-2} = 1 \cdot 2 a_2 + 2 \cdot 3 a_3 x + \cdots \tag{5.3b}$$

$$= \sum_{k=0}^{\infty} (k+1)(k+2) a_{k+2} x^k. \tag{5.3c}$$

これらを 2 階変数係数線形微分方程式 (5.1) に代入して,

$$a(x)(1 \cdot 2 a_2 + 2 \cdot 3 a_3 x + \cdots) + b(x)(a_1 + 2 a_2 x + 3 a_3 x^2 + \cdots)$$

$$+ c(x)(a_0 + a_1 x + a_2 x^2 + a_3 x^3 + \cdots) = 0$$

$$\iff A_n x^n + A_{n-1} x^{n-1} + \cdots + A_1 x + A_0 = 0$$

が任意の x に対して成り立つ必要があるので,

$$A_n = 0, \quad A_{n-1} = 0, \quad \ldots, \quad A_1 = 0, \quad A_0 = 0. \tag{5.4}$$

これから, 係数 $a_0, a_1, a_3, \ldots$ を求めればよい.

このような方法を**べき級数解法**とよぶ.

> **例題 5.1** 以下の微分方程式の一般解を求めよ.
>
> (1) $y' = y$ (2) $x y' = y$
>
> (3) $y'' - y = 0$ (4) $x^2 y'' - 2x y' + 2y = 0$

《**解答**》 (5.2) を仮定して, 恒等式として解く. すなわち, 解を

$$y = y(x) = \sum_{k=0}^{\infty} a_k x^k = a_0 + a_1 x + a_2 x^2 + a_3 x^3 + a_4 x^4 + \cdots + a_n x^n + \cdots$$

とおく. このとき, 任意の x について成り立つように係数比較を行い, 係数 a_n ($n = 0, 1, 2, \ldots$) を求める. ここで, 以下の項別微分の結果を利用する.

$$y'(x) = a_1 + 2 a_2 x + 3 a_3 x^2 + 4 a_4 x^3 + \cdots + n a_n x^{n-1} + \cdots,$$

$$y''(x) = 1 \cdot 2 a_2 + 2 \cdot 3 a_3 x + 3 \cdot 4 a_4 x^2 + \cdots + (n-1) n a_n x^{n-2} + \cdots.$$

(1) $y' = y$ に代入すれば,

$$a_1 + 2 a_2 x + 3 a_3 x^2 + \cdots = a_0 + a_1 x + a_2 x^2 + a_3 x^3 + \cdots$$

なので, $a_1 = a_0, 2 a_2 = a_1, \ldots, (n+1) a_{n+1} = a_n$ ($n \geq 0$) である. したがって,

$$a_n = \frac{1}{n} a_{n-1} = \frac{1}{n} \cdot \frac{1}{n-1} a_{n-2} = \cdots = \frac{1}{n} \cdot \frac{1}{n-1} \cdots \cdots \frac{1}{2} \cdot \frac{1}{1} a_0 = \frac{1}{n!} a_0$$

であるので,

$$y(x) = \sum_{k=0}^{\infty} a_k x^k = a_0 \sum_{k=0}^{\infty} \frac{1}{k!} x^k.$$

ここで，e^x のマクローリン展開より，

$$e^x = 1 + x + \frac{1}{2!}x^2 + \frac{1}{3!}x^3 + \cdots = \sum_{k=0}^{\infty} \frac{1}{k!}x^k$$

である．したがって，

$$y(x) = \underline{a_0 e^x}.$$

これは，例題 2.1 で $k = 1$ とした結果と同一である．ただし，a_0 は任意の定数である．

(2) $xy' = y$ に代入すれば，

$$a_1 x + 2a_2 x^2 + 3a_3 x^3 + \cdots = a_0 + a_1 x + a_2 x^2 + a_3 x^3 + \cdots$$

なので，$a_0 = 0, a_1 = a_1, 2a_2 = a_2, 3a_3 = a_3, \ldots, na_n = a_n \ (n = 2, 3, \ldots)$ である．したがって，

$$a_n = 0 \quad (n = 0, 2, 3, \ldots)$$

である．ただし，a_1 は任意の定数である．したがって以下を得る．

$$y(x) = \sum_{k=0}^{\infty} a_k x^k = \underline{a_1 x}$$

これは，変数分離形の微分方程式として解いた結果と同一である．

(3) $y'' - y = 0$ に代入すれば，以下の関係式を得る．

$$y'' - y = 1 \cdot 2a_2 + 2 \cdot 3a_3 x + 3 \cdot 4a_4 x^2 + \cdots + (n-1)na_n x^{n-2} + \cdots$$

$$- (a_0 + a_1 x + a_2 x^2 + a_3 x^3 + a_4 x^4 + \cdots + a_n x^n + \cdots) = 0$$

$$\implies (n+1)(n+2)a_{n+2} - a_n = 0 \quad (n \geq 0)$$

ただし，a_0, a_1 は任意の定数である．このとき，漸化式

$$a_{n+2} = \frac{1}{(n+2)(n+1)} a_n \quad (n \geq 0)$$

を利用して，偶数，奇数に分けて考えれば，

$$a_{2n} = \frac{1}{(2n)(2n-1)} a_{2n-2} = \frac{1}{(2n)(2n-1)} \cdot \frac{1}{(2n-2)(2n-3)} a_{2n-4}$$

$$= \cdots = \frac{1}{(2n)(2n-1)\cdots 2 \cdot 1} a_0 = \frac{1}{(2n)!} a_0,$$

$$a_{2n+1} = \frac{1}{(2n+1)(2n)} a_{2n-1} = \frac{1}{(2n+1)(2n)} \cdot \frac{1}{(2n-1)(2n-2)} a_{2n-3}$$

$$= \cdots = \frac{1}{(2n+1)(2n)\cdots 3\cdot 2}a_1 = \frac{1}{(2n+1)!}a_1$$

であるので，$2C_1 = a_0 + a_1, 2C_2 = a_0 - a_1$ とおけば，

$$y(x) = \sum_{k=0}^{\infty} \frac{a_0}{(2k)!}x^{2k} + \sum_{k=0}^{\infty} \frac{a_1}{(2k+1)!}x^{2k+1} = a_0 \cdot \frac{e^x + e^{-x}}{2} + a_1 \cdot \frac{e^x - e^{-x}}{2}$$

$$= a_0 \cosh x + a_1 \sinh x = \underline{C_1 e^x + C_2 e^{-x}}.$$

これは，問 3.1 (4) で $k=1$ として解いた結果と同一である．ただし，C_1, C_2 は任意の定数である．

(4) $a(x) = x^2, b(x) = -2x, c(x) = 2$ として，以下の関係式を得る．

$$x^2(2a_2 + 2\cdot 3a_3 x + \cdots) - 2x(a_1 + 2a_2 x + 3a_3 x^2 + \cdots)$$
$$+ 2(a_0 + a_1 x + a_2 x^2 + a_3 x^3 + \cdots) = 0$$
$$\Longleftrightarrow a_0 = 0, \quad 2a_3 = 0, \quad (n^2 - 3n + 2)a_n = (n-1)(n-2)a_n = 0 \ (n \geq 3)$$
$$\Longleftrightarrow a_n = 0 \ (n = 0, \ n \geq 3)$$

ただし，a_1, a_2 は任意の定数である．以上より，

$$y(x) = \sum_{k=0}^{\infty} a_k x^k = \underline{a_1 x + a_2 x^2}.$$

これは，3.10 節でのオイラー型の微分方程式 $x^2 y'' + axy' + by = 0$ で説明した簡易法で解く方法，すなわち，$y(x) = x^\lambda$ と解を仮定して解いた結果と同一である．   □

○**問 5.1** 以下の微分方程式をべき級数解法によって解け．

  (1) $y' = -y$ (2) $y' + y = 1$ (3) $y'' + y = 0$ (4) $y' = xy$

例題 5.2 以下の微分方程式の一般解をべき級数解法によって求めよ．

$$y'' + xy' + 2y = 0, \quad y(0) = 1, \quad y'(0) = 0.$$

《**解答**》 微分方程式の解 $y = y(x)$ を以下のように仮定する．

$$y = a_0 + a_1 x + a_2 x^2 + a_3 x^3 + a_4 x^4 + \cdots + a_n x^n + \cdots$$

ここで，$y(0) = 1, y'(0) = 0$ を利用すれば，$a_0 = 1, a_1 = 0$ を得る．したがって，

$$y = 1 + a_2 x^2 + a_3 x^3 + a_4 x^4 + \cdots + a_n x^n + \cdots.$$

このとき，微分を計算すれば，

$$y' = 2a_2 x + 3a_3 x^2 + 4a_4 x^3 + \cdots + na_n x^{n-1} + \cdots,$$

$$y'' = 1 \cdot 2a_2 + 2 \cdot 3a_3 x + 3 \cdot 4a_4 x^2 + \cdots + (n+1)(n+2)a_{n+2} x^n + \cdots.$$

これらを微分方程式に代入して整理すれば，

$$2 + 2a_2 + 6a_3 x + 4(3a_4 + a_2)x^2 + \cdots + (n+2)\big((n+1)a_{n+2} + a_n\big)x^n + \cdots = 0$$

を得る．これが任意の x に対して成り立つ必要があるので，

$$a_2 = -1, \quad a_3 = 0, \quad \ldots, \quad a_{n+2} = \frac{-1}{n+1} a_n \ (n \ge 2).$$

したがって，以下の関係式を得る．

$$a_3 = a_5 = \cdots = a_{2n-1} = \cdots = 0,$$

$$a_{2n} = \frac{(-1)^{n-1}}{(2n-1)\cdots 5 \cdot 3 \cdot 1} a_2 = \frac{(-1)^n n! \, 2^n}{(2n)!} \quad (n \ge 1).$$

したがって，以下を得る．

$$y = 1 - x^2 + \frac{1}{3} x^4 - \frac{1}{15} x^6 + \cdots + \frac{(-1)^n n! \, 2^n}{(2n)!} x^{2n} + \cdots \qquad \square$$

○**問 5.2** 以下の微分方程式の一般解をべき級数解法によって求めよ．

$$y'' + 2xy' + 4y = 0, \quad y(0) = 1, \quad y'(0) = 0.$$

べき級数解法は非同次微分方程式にも利用できる．以下の例題を考える．

例題 5.3 非同次微分方程式 $xy' - y = x^2 e^x$ の一般解をべき級数解法によって求めよ．

《**解答**》 e^x のマクローリン展開 $e^x = \sum_{k=0}^{\infty} \frac{1}{k!} x^k$ を利用する．これを代入すると

$$xy' - y = x^2 e^x$$

$$\implies a_1 x + 2a_2 x^2 + 3a_3 x^3 + 4a_4 x^4 + \cdots + na_n x^n + \cdots$$

$$- (a_0 + a_1 x + a_2 x^2 + a_3 x^3 + a_4 x^4 + \cdots + a_n x^n + \cdots)$$

$$= x^2 + x^3 + \frac{1}{2!} x^4 + \frac{1}{3!} x^5 + \cdots + \frac{1}{(n-2)!} x^n + \cdots.$$

したがって，以下の関係式を得る．

$$a_0 = 0, \quad (n-1)a_n = \frac{1}{(n-2)!} \ (n \ge 2).$$

よって，$C = a_1 - 1$ とおけば，

$$y(x) = \sum_{k=0}^{\infty} a_k x^k = a_1 x + \sum_{k=2}^{\infty} \frac{1}{(k-1)!} x^k = a_1 x + x \sum_{k=0}^{\infty} \frac{1}{k!} x^k - x$$
$$= \underline{Cx + xe^x}. \qquad\qquad\qquad\qquad\qquad\qquad\qquad\qquad\square$$

〇問 **5.3** 非同次微分方程式 $y' - y = e^x$ をべき級数解法によって解け．

5.2　確定特異点をもつ場合のべき級数解法

次の変数係数の 2 階線形微分方程式

$$\frac{d^2 y}{dx^2} + \frac{b(x)}{x - \alpha} \frac{dy}{dx} + \frac{c(x)}{(x-\alpha)^2} y = 0 \tag{5.5}$$

において，$b(x), c(x)$ が $x = \alpha$ で実解析的であるとする．または，$b(x), c(x)$ が点 α のまわりで

$$b(x) = \sum_{n=0}^{\infty} b_n (x-\alpha)^n, \quad c(x) = \sum_{n=0}^{\infty} c_n (x-\alpha)^n$$

のように整級数展開できるとする．このとき，点 α を微分方程式 (5.5) の**確定特異点**という．

以下に結果のみ示す．

> **定理 5.2**　点 α が微分方程式 (5.5) の確定特異点であるとき，微分方程式 (5.5) は，$0 < |x - \alpha| < R\,(>0)$ において，
>
> $$y = |x - \alpha|^\lambda \sum_{n=0}^{\infty} a_n (x-\alpha)^n \quad (a_0 \neq 0)$$
>
> の形で表される解をもつ．ただし λ は定数である．

以下では，$\alpha = 0$ の場合，すなわち，$x = 0$ は確定特異点であると仮定する．

> **例題 5.4**　λ を定数とする．以下の微分方程式の解を $y = x^\lambda \sum_{n=0}^{\infty} a_n x^n\,(a_0 \neq 0)$ と仮定して解け．
>
> $$4x^2 y'' - 4xy' + (3 - 4x^2) y = 0$$

《解答》　$y = x^\lambda \sum_{n=0}^{\infty} a_n x^n = a_0 x^\lambda + a_1 x^{\lambda+1} + a_2 x^{\lambda+2} + \cdots + a_n x^{\lambda+n} + \cdots$ なので，

微分を計算して

$$y' = \sum_{n=0}^{\infty} a_n \frac{d}{dx} x^{\lambda+n} = \lambda a_0 x^{\lambda-1} + (\lambda+1)a_1 x^{\lambda} + (\lambda+2)a_2 x^{\lambda+1} + \cdots$$

$$= x^{\lambda} \sum_{n=0}^{\infty} (\lambda+n)a_n x^{n-1},$$

$$y'' = (\lambda-1)\lambda a_0 x^{\lambda-2} + \lambda(\lambda+1)a_1 x^{\lambda-1} + (\lambda+1)(\lambda+2)a_2 x^{\lambda} + \cdots$$

$$= x^{\lambda} \sum_{n=0}^{\infty} (\lambda+n-1)(\lambda+n)a_n x^{n-2}.$$

これらを微分方程式に代入すれば,

$$x^{\lambda} \sum_{n=0}^{\infty} \{4(\lambda+n-1)(\lambda+n)a_n - 4(\lambda+n)a_n + 3a_n\}x^n - 4x^{\lambda} \sum_{n=0}^{\infty} a_n x^{n+2} = 0$$

となり,これから,

$$4(\lambda-1)\lambda a_0 - 4\lambda a_0 + 3a_0 = (2\lambda-3)(2\lambda-1)a_0 = 0,$$

$$4\lambda(\lambda+1)a_1 - 4(\lambda+1)a_1 + 3a_1 = (2\lambda-1)(2\lambda+1)a_1 = 0,$$

$$4(\lambda+n+1)(\lambda+n+2)a_{n+2} - 4(\lambda+n+2)a_{n+2} + 3a_{n+2} - 4a_n$$

$$= (2\lambda+2n+1)(2\lambda+2n+3)a_{n+2} - 4a_n = 0 \quad (n \geq 2).$$

この 3 式を同時に満たすためには,任意の定数 a_0, a_1 に対して,

$$\lambda = \frac{1}{2}, \quad a_{n+2} = \frac{1}{(n+2)(n+1)}a_n \quad (n \geq 0).$$

この関係式から,例題 5.1 (3) と同じ漸化式であることに注意して,

$$a_{2n} = \frac{1}{(2n)!}a_0, \quad a_{2n+1} = \frac{1}{(2n+1)!}a_1 \quad (n \geq 0)$$

を得る.最終的に解は以下のとおりに表される.

$$y = a_0 \sqrt{|x|} \sum_{k=0}^{\infty} \frac{1}{(2k)!}x^{2k} + a_1 \sqrt{|x|} \sum_{k=0}^{\infty} \frac{1}{(2k+1)!}x^{2k+1}$$

$$= \underline{a_0 \sqrt{|x|} \cosh x + a_1 \sqrt{|x|} \sinh x} \qquad \square$$

〇問 **5.4** 微分方程式 $x^2 y'' - 2xy' + (2-x^2)y = 0$ をべき級数解法によって解け.ただし,λ を定数として,解を $y = x^{\lambda} \sum_{n=0}^{\infty} a_n x^n$ $(a_0 \neq 0)$ と仮定せよ.

5.3　べき級数を用いたルジャンドルの微分方程式の解法

$\nu(\geq 0)$ を定数として，次の**ルジャンドル (Legendre) の微分方程式**を考える[注 1].

$$(1 - x^2)y'' - 2xy' + \nu(\nu + 1)y = 0 \tag{5.6}$$

$$\iff \frac{d}{dx}\left[(1 - x^2)y'\right] + \nu(\nu + 1)y = 0$$

例題 5.5　微分方程式 (5.6) の解は，以下のように表されることを示せ．

$$y(x) = a_{\mathrm{e}}\,y_{\mathrm{e}}(x) + a_{\mathrm{o}}\,y_{\mathrm{o}}(x)$$

ただし，$a_{\mathrm{e}}, a_{\mathrm{o}}$ はそれぞれ任意の定数であり，

$$y_{\mathrm{e}}(x) = \sum_{k=0}^{\infty} (-1)^k$$

$$\times \frac{(\nu - 2k + 2)(\nu - 2k + 4)\cdots\nu(\nu + 1)\cdots(\nu + 2k - 3)(\nu + 2k - 1)}{(2k)!}x^{2k},$$

$$y_{\mathrm{o}}(x) = \sum_{k=0}^{\infty} (-1)^k$$

$$\times \frac{(\nu - 2k + 1)(\nu - 2k + 3)\cdots(\nu - 1)(\nu + 2)\cdots(\nu + 2k - 2)(\nu + 2k)}{(2k + 1)!}x^{2k+1}$$

である．

《**解答**》　ルジャンドルの微分方程式 (5.6) をべき級数解法で解く．いままでの議論と同様に，解 $y = y(x)$ を以下のように仮定する．

$$y(x) = \sum_{k=0}^{\infty} a_k x^k$$

このとき，微分を計算すれば (5.3) となる．これを微分方程式 (5.6) に代入して整理すれば，以下を得る．

$$(1 - x^2)\sum_{k=2}^{\infty} k(k-1)a_k x^{k-2} - 2x\sum_{k=1}^{\infty} k a_k x^{k-1} + \nu(\nu + 1)\sum_{k=0}^{\infty} a_k x^k$$

$$= \sum_{k=0}^{\infty} (k+1)(k+2)a_{k+2}x^k - \sum_{k=0}^{\infty} k(k+1)a_k x^k + \nu(\nu + 1)\sum_{k=0}^{\infty} a_k x^k = 0$$

(注 1)　ルジャンドルの微分方程式 (5.6) の解は**ルジャンドル関数**とよばれる．ルジャンドルの微分方程式は，球座標におけるラプラス方程式やシュレディンガー方程式の解を求めるときに登場する．

これが x についての恒等式になるので，同じ次数の項の左辺の係数はすべて 0 になる．したがって，以下を得る．

$$1 \cdot 2 \cdot a_2 + \nu(\nu+1)a_0 = 0,$$

$$2 \cdot 3 a_3 + \bigl(-1 \cdot 2 + \nu(\nu+1)\bigr)a_1 = 0,$$

$$\vdots$$

$$(n+1)(n+2)a_{n+2} + \bigl(-n(n+1) + \nu(\nu+1)\bigr)a_n = 0.$$

このとき，最後の式は，以下のように変形できる．

$$a_{n+2} = -\frac{(\nu-n)(\nu+n+1)}{(n+1)(n+2)}a_n \quad (n \ge 0) \tag{5.7}$$

この漸化式 (5.7) を解くことによって，$\{a_n\}_{n=0}^{\infty}$ が計算できる．具体的に計算すれば以下のとおりである．

$$a_2 = -\frac{1}{1 \cdot 2}\nu(\nu+1)a_0 = -\frac{1}{2!}\nu(\nu+1)a_0,$$

$$a_3 = -\frac{1}{2 \cdot 3}(\nu-1)(\nu+2)a_1 = -\frac{1}{3!}(\nu-1)(\nu+2)a_1,$$

$$a_4 = -\frac{(\nu-2)(\nu+3)}{3 \cdot 4}a_2 = \frac{(\nu-2)\nu(\nu+1)(\nu+3)}{4!}a_0,$$

$$a_5 = -\frac{(\nu-3)(\nu+4)}{4 \cdot 5}a_3 = \frac{(\nu-3)(\nu-1)(\nu+2)(\nu+4)}{5!}a_1,$$

$$\vdots$$

ここで，

(i) $n = 2m$ であるとき，すなわち偶数であるとき，

a_{2m}

$$= (-1)^m \frac{(\nu-2m+2)(\nu-2m+4)\cdots\nu(\nu+1)\cdots(\nu+2m-3)(\nu+2m-1)}{(2m)!}a_0.$$

(ii) $n = 2m+1$ であるとき，すなわち奇数であるとき，

a_{2m+1}

$$= (-1)^m \frac{(\nu-2m+1)(\nu-2m+3)\cdots(\nu-1)(\nu+2)\cdots(\nu+2m-2)(\nu+2m)}{(2m+1)!}a_1$$

であることが示される．　　　　　　　　　　　　　　　　　　　　□

　微分方程式 (5.6) において，ν が実数であるとき，収束半径は $R = 1$ で，$|x| < 1$ で収束する．次の例題をみてみよう．

> **例題 5.6**　以下の微分方程式の一般解をべき級数解法によって求めよ．
> $$(1 - x^2) y'' - 2xy' + 2y = 0$$

　これは，ルジャンドルの微分方程式 (5.6) において，$\nu = 1$ という特殊な場合である．

《**解答**》　微分方程式の解 $y = y(x)$ を以下のように仮定する．

$$y = a_0 + a_1 x + a_2 x^2 + a_3 x^3 + a_4 x^4 + \cdots + a_n x^n + \cdots$$

このとき，y', y'' を計算して，その結果を微分方程式に代入して整理すれば，

$$2(a_0 + a_2) + 6a_3 x - 4(a_2 - 3a_4) x^2 + \cdots$$
$$- \{(n(n+1) - 2) a_n - (n+1)(n+2) a_{n+2}\} x^n + \cdots$$

を得る．これが任意の x に対して成り立つ必要があるので，

$$a_0 + a_2 = 0, \quad a_3 = 0, \quad (n+1) a_{n+2} = (n-1) a_n \quad (n \geq 0).$$

したがって，a_0, a_1 が与えられたとして，次の関係式を得る．

$$a_3 = a_5 = \cdots = a_{2n-1} = \cdots = 0,$$
$$(2n+1) a_{2n+2} = (2n-1) a_{2n} = \cdots = 1 \cdot a_2 = -a_0$$
$$\iff a_{2n} = -\frac{a_0}{2n-1} \quad (n \geq 1).$$

したがって，

$$y = y(x) = a_0 + a_1 x - a_0 x^2 - \frac{a_0}{3} x^4 - \frac{a_0}{5} x^6 - \cdots - \frac{a_0}{2n-1} x^{2n} - \cdots$$
$$= a_1 x + a_0 \left(1 - \frac{1}{1} x^2 - \frac{1}{3} x^4 - \frac{1}{5} x^6 - \cdots - \frac{1}{2n-1} x^{2n} - \cdots \right)$$

を得る．ここで，$|x| < 1$ の範囲で，

$$\frac{x}{2} \log \frac{1+x}{1-x} = x^2 + \frac{1}{3} x^4 + \frac{1}{5} x^6 + \cdots + \frac{1}{2n-1} x^{2n} + \cdots$$

なので，

$$y = y(x) = a_1 x + a_0 \left(1 - \frac{x}{2} \log \frac{1+x}{1-x} \right) \quad (|x| < 1). \qquad \square$$

＊＊＊ 演習問題 ＊＊＊

5.1 以下の微分方程式を考える.

$$x^2 \frac{d^2 y}{dx^2} - x(x+2)\frac{dy}{dx} + (x+2)y = 0$$

(1) べき級数解法によって求めよ.

(2) 解析解を求めよ.

5.2＊ 以下の**ガウス (Gauss) の微分方程式**を考える.

$$x(x-1)\frac{d^2 y}{dx^2} + \{(\alpha+\beta+1)x - \gamma\}\frac{dy}{dx} + \alpha\beta y = 0$$

ただし α, β, γ は定数であり, $\gamma \neq 0, -1, -2, \ldots$ とする.

(1) $\alpha = \beta = \gamma = 1$ である以下の微分方程式の解をべき級数解法によって求めよ.

$$x(x-1)\frac{d^2 y}{dx^2} + (3x-1)\frac{dy}{dx} + y = 0$$

(2) 任意の α, β, γ に対して, ガウスの微分方程式は次の解をもつことを示せ.

$$F(\alpha, \beta, \gamma; x) = 1 + \sum_{n=1}^{\infty} \frac{\alpha(\alpha+1)\cdots(\alpha+n-1)\beta(\beta+1)\cdots(\beta+n-1)}{n!\,\gamma(\gamma+1)\cdots(\gamma+n-1)} x^n$$

この $F(\alpha, \beta, \gamma; x)$ を**超幾何関数**という.

5.3＊ 以下の**ベッセル (Bessel) の微分方程式**を考える.

$$x^2 \frac{d^2 y}{dx^2} + x\frac{dy}{dx} + (x^2 - \nu^2)y = 0$$

ただし, $\nu\,(\geq 0)$ は定数である. 定数 λ に対して,

$$y = y(x) = a_0 x^\lambda + a_1 x^{\lambda+1} + a_2 x^{\lambda+2} + \cdots = x^\lambda \sum_{n=0}^{\infty} a_n x^n$$

と仮定して, 以下の問いに答えよ.

(1) $\lambda^2 - \nu^2 = 0$, $a_1 = 0$, $\big((\lambda+n+2)^2 - \nu^2\big)a_{n+2} + a_n = 0\ (n \geq 0)$ を示せ.

(2) $a_0 = \dfrac{1}{2^\nu \Gamma(\nu+1)}$, 任意の定数 a_+, a_- として

$$y = a_+ J_\nu(x) + a_- J_{-\nu}(x),$$

ただし,

$$J_\nu(x) = \sum_{n=0}^{\infty} \frac{(-1)^n}{2^{2n+\nu} n!\,\Gamma(n+\nu+1)} x^{2n+\nu}, \quad J_{-\nu}(x) = \sum_{n=0}^{\infty} \frac{(-1)^n}{2^{2n-\nu} n!\,\Gamma(n-\nu+1)} x^{2n-\nu}$$

であることを示せ. ここで, $J_\nu(x)$ を ν **次の第1種ベッセル関数**, $J_{-\nu}(x)$ を負の ν 次の**第1種ベッセル関数**という. ただし $\Gamma(s) = \displaystyle\int_0^\infty t^{s-1} e^{-t}\,dt\ (s>0)$ は**ガンマ関数**である.

6

安定論

　本来，微分方程式が理学・工学・情報科学・生物学・経済学などで応用されるのは，微分方程式をつくることにより (これを一般に**モデル化**とよぶ)，現象を把握することや将来の挙動の予測を行うほかに，微分方程式で表されるシステムの安定性などを議論するためである．特に**安定性**は，工学において重要な役割を担っている．本章では，簡単な微分方程式を対象に，安定性についての解説を行う．

6.1　リアプノフの安定論

安定性について，以下の定義を与える．

> **定義 6.1 (リアプノフ (Lyapunov) の安定性)**　非線形微分方程式 (6.1) を考える．
>
> $$\dot{\boldsymbol{x}}(t) = f(\boldsymbol{x}(t)), \quad \boldsymbol{x}(t) = \begin{pmatrix} x_1(t) \\ x_2(t) \\ \vdots \\ x_n(t) \end{pmatrix}, \quad (t \geq 0,\ \boldsymbol{x}(0) = \boldsymbol{x}_0 \in \mathbb{R}^n). \tag{6.1}$$
>
> このとき，任意の $\rho\,(>0)$ に対して，ある $\delta = \delta(\rho)\,(>0)$ が存在し，$\|\boldsymbol{x}_0\| \leq \delta$ を満たす任意の初期状態に対して，解 $\boldsymbol{x}(t) = \boldsymbol{x}^*(t, \boldsymbol{x}_0)$ が
>
> $$\|\boldsymbol{x}^*(t, \boldsymbol{x}_0)\| < \rho \quad (t \geq 0) \tag{6.2}$$
>
> を満たすとき，非線形微分方程式 (6.1) の**平衡解**は**安定**という．ここで $\boldsymbol{x}(t) = \boldsymbol{x}^*(t, \boldsymbol{x}_0)$ は，非線形微分方程式 (6.1) の解 $\boldsymbol{x}(t)$ が $t = 0$ で $\boldsymbol{x}(0) = \boldsymbol{x}_0$ から出発したことを表す．さらに，$\delta = \delta(\rho)$ が初期時刻 $t = 0$ に依存しない場合を**一様安定**，一方，安定でないとき**不安定**という．

また，平衡解が安定で，かつ，ある $\delta\,(>0)$ が存在し，$\|\boldsymbol{x}_0\| \le \delta$ を満たす任意の初期状態に対して

$$\lim_{t\to\infty} \|\boldsymbol{x}^*(t,\boldsymbol{x}_0)\| = 0 \tag{6.3}$$

が成り立つとき，非線形微分方程式 (6.1) の平衡解は**漸近安定**という．ただし，$\|\cdot\|$ はどのようなベクトルノルムであってもかまわない．本書では特に断らない限り，ベクトルの大きさを表す．すなわち，以下のとおりである．

$$\|\boldsymbol{x}(t)\| = \sqrt{\big(x_1(t)\big)^2 + \big(x_2(t)\big)^2 + \cdots + \big(x_n(t)\big)^2}$$

ここで，定常解を平衡解という場合もあることに注意されたい．

▷ **例 6.1** A を n 次の正方行列とする．以下の線形微分方程式を考える．

$$\dot{\boldsymbol{x}}(t) = A\boldsymbol{x}(t), \quad \boldsymbol{x}(0) \ne 0, \quad \boldsymbol{x}(t) \in \mathbb{R}^n. \tag{6.4}$$

この線形微分方程式 (6.4) が漸近安定であるためには，A のすべての固有値 α_i の実部が負であればよい．すなわち，

$$\mathrm{Re}\big(\alpha_i\big) < 0 \quad (i = 1, \dots, n) \tag{6.5}$$

が成立すればよい． □

以下の例題を考える．

例題 6.1 以下の連立型微分方程式を考える．

$$\dot{\boldsymbol{x}}(t) = A\boldsymbol{x}(t), \quad A = \begin{pmatrix} -1 & 1 \\ -1 & -1 \end{pmatrix}, \quad \boldsymbol{x}(0) = \begin{pmatrix} x_1(0) \\ x_2(0) \end{pmatrix} (\ne 0). \tag{6.6}$$

このとき，$\boldsymbol{x}(t)$ を具体的に求め，$\displaystyle\lim_{t\to\infty} \|\boldsymbol{x}(t)\| = 0$ であることを示せ．

《解答》 まず，A の固有値・固有ベクトルを計算する．固有方程式を計算すれば，以下となる．

$$|\lambda I_2 - A| = \lambda^2 + 2\lambda + 2 = (\lambda + 1 + i)(\lambda + 1 - i) = 0$$

したがって，固有値・固有ベクトルは，以下のとおり求めることができる．

$$\lambda = -1 + i, \quad \vec{v}_1 = \begin{pmatrix} 1 \\ i \end{pmatrix}; \quad \lambda = -1 - i, \quad \vec{v}_2 = \begin{pmatrix} 1 \\ -i \end{pmatrix}.$$

したがって，任意の定数 C_1, C_2 を用いて，

$$\boldsymbol{x}(t) = C_1 e^{(-1+i)t} \begin{pmatrix} 1 \\ i \end{pmatrix} + C_2 e^{(-1-i)t} \begin{pmatrix} 1 \\ -i \end{pmatrix}$$

$$= \begin{pmatrix} C_1 + C_2 \\ i(C_1 - C_2) \end{pmatrix} e^{-t} \cos t + \begin{pmatrix} i(C_1 - C_2) \\ -(C_1 + C_2) \end{pmatrix} e^{-t} \sin t.$$

さらに，$D_1 = C_1 + C_2, D_2 = i(C_1 - C_2)$ とおけば，

$$\boldsymbol{x}(t) = \begin{pmatrix} D_1 \\ D_2 \end{pmatrix} e^{-t} \cos t + \begin{pmatrix} D_2 \\ -D_1 \end{pmatrix} e^{-t} \sin t$$

を得る．これは，$\displaystyle\lim_{t\to\infty} e^{-t} \cos t = \lim_{t\to\infty} e^{-t} \sin t = 0$ より漸近安定を表している．
すなわち，解が原点

$$\boldsymbol{x}(\infty) = 0 \iff \lim_{t\to\infty} \|\boldsymbol{x}(t)\| = 0$$

へ，時間の経過とともに指数関数的に収束する．　　　　　　　　　　　　□

例題 6.2 以下の連立型微分方程式の安定性を調べよ．

$$\begin{pmatrix} \dot{x}(t) \\ \dot{y}(t) \end{pmatrix} = \begin{pmatrix} -2 & -1 \\ 1 & 0 \end{pmatrix} \begin{pmatrix} x(t) \\ y(t) \end{pmatrix} + \begin{pmatrix} 0 \\ 1 \end{pmatrix}, \quad \begin{pmatrix} x(0) \\ y(0) \end{pmatrix} = \begin{pmatrix} 0 \\ 0 \end{pmatrix}$$

《**解答**》　$y(t)$ を消去すれば，任意の定数 C_1, C_2 を用いて，

$$(D^2 + 2D + 1)x(t) = -1 \implies x(t) = (C_1 t + C_2)e^{-t} - 1.$$

よって，

$$y(t) = -\dot{x}(t) - 2x(t) = -(C_1 t + C_1 + C_2)e^{-t} + 2.$$

このとき，$x(0) = C_2 - 1 = 0$ かつ $y(0) = -(C_1 + C_2) + 2 = 0$ なので，$C_1 = C_2 = 1$
を得る．以上より

$$\begin{pmatrix} x(t) \\ y(t) \end{pmatrix} = \begin{pmatrix} (t+1)e^{-t} - 1 \\ -(t+2)e^{-t} + 2 \end{pmatrix} \implies \lim_{t\to\infty} \begin{pmatrix} x(t) \\ y(t) \end{pmatrix} = \begin{pmatrix} -1 \\ 2 \end{pmatrix}$$

となり，解は安定であるが漸近安定ではない．　　　　　　　　　　　　□

〇**問 6.1** 以下の微分方程式の安定性を調べよ．

(1)　$\dot{x}(t) + x(t) = 2\cos^2 t, \ x(0) = 1.$

(2)　$\begin{pmatrix} \dot{x}(t) \\ \dot{y}(t) \end{pmatrix} = \begin{pmatrix} 0 & 1 \\ -1 & -2 \end{pmatrix} \begin{pmatrix} x(t) \\ y(t) \end{pmatrix} + \begin{pmatrix} 0 \\ e^{-t} \end{pmatrix}, \ \begin{pmatrix} x(0) \\ y(0) \end{pmatrix} = \begin{pmatrix} 1 \\ 0 \end{pmatrix}.$

引き続き，指数安定性について考える．

> **定義 6.2** 以下の不等式
> $$\|x^*(t, x_0)\| \le \alpha \|x(0)\| e^{-\beta t}$$
> $$(t \ge 0, \ x(0) = x_0 \in \{ x(t) \in \mathbb{R}^n \mid \|x(t)\| \le r \}) \tag{6.7}$$
> を満たす正定数 α, β, r が存在するならば，微分方程式 (6.1) は**指数漸近安定**，あるいは単に**指数安定**という．

次が成り立つ．

> **定理 6.1** 同次 2 階定数係数線形微分方程式
> $$y'' + ay' + by = 0$$
> の解 $y = y(x)$ について，漸近安定となる必要十分条件は $a > 0, b > 0$ である．

《証明》 $\lim_{x \to \infty} |y(x)| = 0$ となる条件を求める．特性方程式 $\lambda^2 + a\lambda + b = 0$ の判別式 $D = a^2 - 4b$ の符号によって，場合分けが必要となる．

(i) 判別式 $D > 0$ のとき，異なる 2 つの解を $\lambda = \alpha, \lambda = \beta$ として，
$$y = C_1 e^{\alpha x} + C_2 e^{\beta x} \quad (C_1, C_2 \text{ は任意の定数}).$$

このとき，$\lim_{x \to \infty} |y(x)| = 0$ となる必要十分条件は $\alpha < 0, \beta < 0$ である．つまり，特性方程式の 2 つの解がともに負の実数解をもてばよい．これは，$-a < 0$ かつ $b > 0$ なので，$a > 0, b > 0$ を得る．

(ii) 判別式 $D = 0$ のとき，重解 $\lambda = \alpha = -\dfrac{a}{2}$ として，
$$y = (C_1 + C_2 x) e^{\alpha x} \quad (C_1, C_2 \text{ は任意の定数}).$$

このとき，$\alpha < 0$ であれば漸近安定となる．したがって，$\alpha = -\dfrac{a}{2} < 0$ であり $a > 0$ を得る．さらに，$4b = a^2 > 0$ となり $b > 0$ を得る．以上より，$a > 0, b > 0$ を得る．

(iii) 判別式 $D < 0$ のとき，共役複素数解 $\lambda = p \pm qi$ (ただし，$i = \sqrt{-1}$, p, $q(\ne 0)$ は実数) として，
$$y = e^{px}(C_1 \cos qx + C_2 \sin qx) \quad (C_1, C_2 \text{ は任意の定数}).$$

このとき,

$$|y| = |e^{px}(C_1 \cos qx + C_2 \sin qx)| \le e^{px}(|C_1| + |C_2|)$$

である. したがって, 漸近安定となるには $p < 0$ であればよい. ここで, 解と係数の関係から $p = -\dfrac{a}{2} < 0$ である. 一方, $D < 0$ から $4b > a^2 > 0$ となり, $a > 0$, $b > 0$ を得る. □

例題 6.3 以下の線形微分方程式は漸近安定か. すなわち, $\lim\limits_{x \to \infty} |y(x)| = 0$ を満たすか. ただし, D は微分演算子 $D = \dfrac{d}{dx}$ を表す.

(1) $(D^2 + 4D + 3)y = 0$ (2) $(D^2 + 2D + 2)y = 0$

(3) $(4D^2 + 4D + 1)y = 0$ (4) $(D^3 + 2D^2 + 2D + 1)y = 0$

《解答》 (1) $D^2 + 4D + 3 = (D + 1)(D + 3) = 0$ を解けば, $y = C_1 e^{-x} + C_2 e^{-3x}$ (C_1, C_2 は任意の定数) を得るので漸近安定である. さらに, $|y| \le |C_1 + C_2|e^{-x}$ を満たすので指数漸近安定である.

(2) $D^2 + 2D + 2 = 0 \iff D = -1 \pm i$ と求まり, $y = e^{-x}(C_1 \cos x + C_2 \sin x)$ (C_1, C_2 は任意の定数) を得るので漸近安定である. さらに, $|y| \le \sqrt{C_1^2 + C_2^2}\, e^{-x}$ を満たすので指数漸近安定である.

(3) $4D^2 + 4D + 1 = (2D + 1)^2 = 0$ を解けば, $|y| = |C_1 + C_2 x|e^{-\frac{1}{2}x}$ (C_1, C_2 は任意の定数) を得るので漸近安定である. さらに, $|y| \le \alpha|y(0)|e^{-\beta t}$ を満たす α, β が存在するので, 指数漸近安定である.

(4) $D^3 + 2D^2 + 2D + 1 = (D + 1)(D^2 + D + 1) = 0$ と因数分解できる. したがって,

$$y = C_1 e^{-x} + e^{-\frac{1}{2}x}\Big(C_2 \cos \frac{\sqrt{3}}{2}x + C_3 \sin \frac{\sqrt{3}}{2}x\Big) \quad (C_1, C_2, C_3 \text{ は任意の定数})$$

を得るので漸近安定である. さらに, $|y| \le \big(|C_1| + \sqrt{C_2^2 + C_3^2}\big)e^{-\frac{1}{2}x}$ を満たすので指数漸近安定である. □

○**問 6.2** 以下の線形微分方程式は安定か. ただし, D は微分演算子 $D = \dfrac{d}{dt}$ を表す.

(1) $(D^2 + 6D + 5)x(t) = 0$ (2) $(D^2 + 6D + 10)x(t) = 0$

(3) $(D^2 + 1)x(t) = 0$ (4) $(D^3 + 4D^2 + D + 4)x(t) = 0$

6.2 ばねの運動

　質量 m [kg] のおもりをばね定数 k [N/m] のばねにつないだ運動を考える．すなわち，自然長 ℓ から x 軸方向の正の方向に静かに $\Delta\ell$ だけ伸ばして，時刻 $t = 0$ [s] で離す運動を考える．ここで，床との摩擦は考えないものとする．図6.1 のように座標をとる．

　このとき，運動方程式は，

$$m\frac{d^2}{dt^2}x(t) = m\ddot{x}(t) = -kx,$$

$$x(0) = \Delta\ell, \quad \dot{x}(0) = 0.$$

ここで $\omega = \sqrt{\dfrac{k}{m}}$ とおけば，**2 階定数係数線形微分方程式**

$$\ddot{x}(t) + \omega^2 x(t) = 0$$

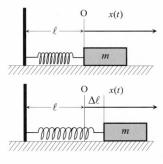

図 6.1　ばねの運動

が得られる．**初期条件** $x(0) = \Delta\ell, \dot{x}(0) = 0$ のもと，この微分方程式を解く．

　D を微分演算子とすると，$(D^2+\omega^2)x(t) = 0$ なので，$D^2+\omega^2 = 0 \iff D = \pm\omega i$．したがって，

$$x(t) = C_1\cos\omega t + C_2\sin\omega t \quad (C_1, C_2 \text{ は任意の定数}).$$

ここで，初期条件 $x(0) = \Delta\ell, \dot{x}(0) = 0$ より，$C_1 = \Delta\ell, C_2 = 0$ となるので，

$$x(t) = \Delta\ell\cos\omega t$$

を得る．

　この解の物理的な解釈としては，ばねは時間がいくら経過しようが振動し続けることになる．しかし，これは現実的でない．すなわち，時間が十分経過すれば振動しなくなるはずである．では，現実問題では，与えられた微分方程式のどこを変更すればよいのであろうか？　結論からいえば，摩擦があるときのばねに働く力は，実験によっておもりの速度 $\dot{x}(t)$ に比例し反対向きに働く．したがって，定数係数を $\alpha\,(> 0)$ として，運動方程式は，

$$m\ddot{x}(t) = -kx - \alpha\dot{x}(t)$$

となる．$2\gamma = \dfrac{\alpha}{m} > 0$ とおけば，

$$\ddot{x}(t) + 2\gamma\dot{x}(t) + \omega^2 x(t) = 0$$

となる. $\omega > 0, \gamma > 0$ であることを考えれば, 定理 6.1 より, 特性方程式の解は, どの場合でも実数部分は負となる. したがって, どのような初期値から出発しても $x(t)$ は $t \to \infty$ で 0 に収束する. すなわち, 時間が十分に経過すれば振動が停止することがわかる.

> **例題 6.4** $\gamma > 0, \omega > 0$ を与えられた定数とする. 同次微分方程式
>
> $$\ddot{x}(t) + 2\gamma \dot{x}(t) + \omega^2 x(t) = 0 \tag{6.8}$$
>
> を解いて, $x(t)$ が漸近安定であることを確かめよ.

《**解答**》 D を微分演算子とする. $D^2 + 2\gamma D + \omega^2 = 0$ を解き, $D = -\gamma \pm \sqrt{\gamma^2 - \omega^2}$ を得る. ここで, 2 つの解を α, β とおく.

(i) $\gamma > \omega$ のとき：$\alpha = -\gamma + \sqrt{\gamma^2 - \omega^2} < 0$, $\beta = -\gamma - \sqrt{\gamma^2 - \omega^2} < 0$ で漸近安定.

(ii) $\gamma = \omega$ のとき：$\alpha = -\gamma < 0$ (重解) で漸近安定.

(iii) $\gamma < \omega$ のとき：$\alpha = -\gamma + \sqrt{\omega^2 - \gamma^2} i$, $\beta = -\gamma - \sqrt{\omega^2 - \gamma^2} i$ であり,

$$x(t) = e^{-\gamma t}\left(C_1 \cos\sqrt{\omega^2 - \gamma^2}\, t + C_2 \sin\sqrt{\omega^2 - \gamma^2}\, t\right) \quad (C_1, C_2 \text{ は任意の定数})$$

より, 漸近安定である. □

> **例題 6.5** $\gamma = 0$ の条件のもと, 同次微分方程式 (6.8) の右辺に外力 $F(t) = \sin\omega t$ を加えた. すなわち, 以下の非同次微分方程式の解 $x(t)$ の挙動を調べよ.
>
> $$\ddot{x}(t) + \omega^2 x(t) = F(t) = \sin\omega t$$

《**解答**》 特殊解を求める. $\eta(t) = At\cos\omega t + Bt\sin\omega t$ とおいて代入し, 係数比較を行えば, $A = -\dfrac{1}{2\omega}, B = 0$ を得る. したがって,

$$\eta(t) = -\frac{1}{2\omega} t \cos\omega t$$

なので, 発散することがわかる. □

〇**問 6.3** 以下の微分方程式の安定性を調べよ. ここで D は微分演算子である.

$$(D^4 + 5D^3 + 8D^2 + 5D + 1)y = e^{-x}\sin x$$

〇**問 6.4** 以下の微分方程式が漸近安定であるための a の値の範囲を求めよ. ここで, D は微分演算子である.

$$(D^3 + (a+1)D^2 + 2D + 2 - a)x(t) = 0$$

＊＊＊　演習問題　＊＊＊

6.1　微分方程式 $y''' + 2y'' + 2y' + y = e^{-x}\sin x$ の安定性を調べよ.

6.2　微分方程式 $(D^4 + D^3 + 7D^2 + D - 1)x(t) = te^{-t}$ の安定性を調べよ. ただし, D は微分演算子である.

6.3　以下の微分方程式を考える.

$$\begin{pmatrix} \dot{x}_1(t) \\ \dot{x}_2(t) \\ \dot{x}_3(t) \end{pmatrix} = \begin{pmatrix} -1 & 1 & 0 \\ -1 & -1 & 1 \\ 0 & 0 & -1 \end{pmatrix} \begin{pmatrix} x_1(t) \\ x_2(t) \\ x_3(t) \end{pmatrix}, \quad \begin{pmatrix} x_1(0) \\ x_2(0) \\ x_3(0) \end{pmatrix} = \begin{pmatrix} 0 \\ 1 \\ 1 \end{pmatrix}.$$

(1) この微分方程式は漸近安定かどうかを調べよ.

(2) 微分方程式の解析解を求めよ.

6.4*　雨粒が空気中を落下するとき, 空気の抵抗をうけることにより, 一定の速さ (この速さを**終端速度**という) で地面に到達することを示せ. 以下, それぞれの場合を考えよ. ただし, m は質量 [kg], g は重力加速度 ($g = 9.8$ [m/s^2]), $\gamma > 0, \varepsilon > 0$ はそれぞれ抵抗係数を表し, 座標は下向きを正にとる. さらに, $v(t) = \dot{x}(t)$ として, $v(t)$ に関する微分方程式を考えよ.

(1) 速度に比例する抵抗をうけるとき.

$$m\ddot{x}(t) = -\gamma\dot{x}(t) + mg$$

(2) 速度の 2 乗に比例する抵抗をうけるとき.

$$m\ddot{x}(t) = -\varepsilon\left(\dot{x}(t)\right)^2 + mg$$

7

微分方程式を解くための数値解法

　本章では，微分方程式の初期値問題の近似解を，コンピュータを用いて数値計算によって求める方法について考える．通常，微分方程式の解析解を得ることは困難であり，実際の場面では，微分方程式の近似解をコンピュータを用いて求めることのほうが一般的である．

7.1　離 散 化

　本書で紹介してきたように，1階微分方程式における初期値問題は一般的に次のような形をしていた．

$$\dot{x}(t) = f(x(t), t), \quad x(t_0) = x_0. \tag{7.1}$$

ここで，独立変数は時刻 t であり，微分方程式の初期値問題を解くとは，与えられた方程式と初期条件 $x(t_0) = x_0$ を満たす未知関数 $x = x(t)$ を求めることであった．本書で扱ってきた微分方程式は，不定積分を求めることにより解析解を得ることができた．しかし，実際の場面では不定積分を求めることができないことが多く，解析解を求めることができない．そのため，コンピュータを用いて解析解の近似である数値解を求める**数値解法**が幅広く利用されている．

　コンピュータは連続値を扱うことはできないため，まず，近似を行うために独立変数の**離散化**が必要となる．時刻について近似したい閉区間 $[a, b]$ を N 等分した数値列 $t_0, t_1, \ldots, t_N$, ただし $a = t_0, b = t_N$ を考える．このとき，ある時刻 t_i と次の時刻 t_{i+1} の間隔 h は

$$h = \frac{b - a}{N}$$

であり，この間隔は**刻み幅**や**時間間隔**とよばれ，Δt とも表記される．刻み幅 h は十分小さな正の値として設定され，これを用いることで，ある時刻は

$t_i = t_0 + ih \ (i = 0, 1, \ldots, N)$ と書くことができ，離散化された時刻における解析解の数値列

$$x(t_i) = x(t_0 + ih) \ \ (i = 0, 1, \ldots, N)$$

を得ることができる．この表記法を使うと，初期条件は $x(t_0) = x_0$ とも書くことができる．

　数値解法の目的は，この数値列を近似するもっともらしい数値列 $x_0, \ldots, x_N$ を得ることである．ただし，x_0 は初期条件として与えられた $x(t_0)$ と等しい．以下に示す図 7.1 は，離散化された時刻 $t_1, \ldots, t_5$ における解析解の値 $x(t_1), \ldots, x(t_5)$ と近似列 $x_1, \ldots, x_5$ であり，解析解は実線，近似解は破線で示されている．

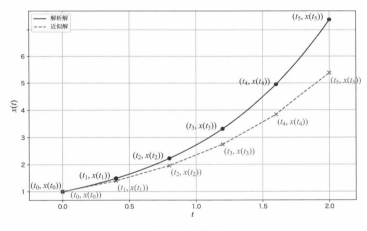

図 7.1　離散化

　ここで，良い近似とは実線の解析解に近い近似解を得ることであり，今日までに数多くのアルゴリズムが提案されている．以降では，この近似列を構成する手法であるオイラー法およびルンゲ・クッタ法を紹介する．

7.2　オイラー法

　微分方程式を数値解法で解くために利用できる情報は与えられた微分方程式 (7.1) と初期値のみである．初期時刻 t_0 から区間の終端 t_N までの離散的な近似列を得るためには，次の時刻の関数の値，いい換えると，初期条件から微小時間 h だけ遷移したときの関数の値 $x(t+h)$ を外挿することが重要である．そこ

で，この値を近似するために $x(t+h)$ をテイラー展開する．

$$x(t+h) = x(t) + h\dot{x}(t) + \frac{h^2}{2!}\ddot{x}(t) + O(h^3) \tag{7.2}$$

ただし，$\dot{x}(t), \ddot{x}(t)$ はそれぞれ未知関数 $x(t)$ の 1 階，2 階導関数である．

　ここで，与えられた微分方程式と初期条件から得られる初期時刻 t_0 での関数の傾き $\dot{x}(t) = \dfrac{dx}{dt} = f(x_0, t_0)$ を利用することを考える．関数の傾き $\dot{x}(t)$ を利用するために，近似式 (7.2) より，2 階導関数を含む項を無視すると

$$x(t+h) = x(t) + h\dot{x}(t)$$

のように，1 次近似を行うことができる．この近似式に基づいて近似された数値列 $x_0, x_1, \ldots, x_N$ を生成したいので，離散化された数値列 $t_0, t_1, \ldots, t_N$ として表記を整理すると，時刻 t_0 のとき

$$x_1 = x_0 + hf(x_0, t_0) \tag{7.3}$$

と書くことができる．更新式 (7.3) の右辺は，初期条件と与えられた微分方程式 $f(x(t), t)$ から計算できることがポイントである．同様にして，次の時刻以降も近似すると，

$$x_2 = x_1 + hf(x_1, t_0 + h) = x_1 + hf(x_1, t_1),$$
$$x_3 = x_2 + hf(x_2, t_0 + 2h) = x_2 + hf(x_2, t_2),$$
$$\vdots$$
$$x_N = x_{N-1} + hf(x_{N-1}, t_0 + (N-1)h) = x_{N-1} + hf(x_{N-1}, t_{N-1})$$

と近似列を求めることができる．これを一般化すると，$t_i = t_0 + ih$ として

$$x_{i+1} = x_i + hf(x_i, t_0 + ih), \quad x_0 = x(0) \ (i = 0, 1, \ldots, N-1) \tag{7.4}$$

となる．この近似法は**オイラー** (Euler) **法**とよばれる．オイラー法は，アルゴリズムが簡明かつプログラムの実装も容易であることがわかる．

　この漸化式 (7.4) で与えられるオイラー法は，図 7.2 に示すように幾何的に解釈できる．次の時刻 $t+h$ の外挿をするために，時刻 t での関数の値 $x(t)$ と微分方程式として与えられるその時刻での傾きを利用できる．刻み幅 $h = dt$ が非常に小さいならば，関数の変化量は，$\dfrac{dx}{dt} = \dot{x}(t)$ より $dx = \dot{x}(t)dt = h\dot{x}(t)$ なので，漸化式 (7.4) は図 7.2 に示すように，$x(t)$ に関数の変化量を足した値になっていることがわかる．

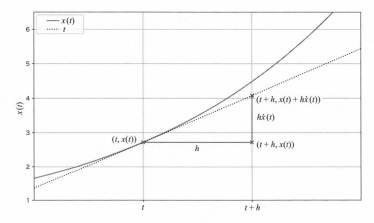

図 7.2　オイラー法の幾何的解釈

　しかし，図 7.2 を見ても明らかなように，刻み幅 h や関数の変化量が大きい場合は解析解と近似解との誤差が大きくなることに注意されたい．実際，オイラー法の精度は，関係式

$$x(t + h) = x(t) + hf(x(t), t) + O(h^2) \tag{7.5}$$

より誤差項は $O(h^2)$ であり，精度としては不十分な場合がある．したがって，一般的な数値解法として，使用されることはほとんどないことに注意されたい．

> **例題 7.1**　微分方程式 $\dot{x}(t) = -x(t)$, $x(0) = 1$ をオイラー法によって解け．

《解答》　解析解は容易に $x(t) = e^{-t}$ であることがわかる．オイラー法による数値解および解析解は図 7.3 のとおりである．ただし，解析解と数値解の軌道

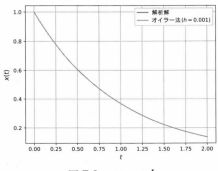

図 7.3　$x(t) = e^{-t}$

が重なって同じに見えることに注意されたい.

　また，Python によるソースコードを以下に示す.　　　　　　　　　　　　　□

ソースコード 7.1

```python
import numpy as np
import matplotlib.pyplot as plt

def euler_method(f, x0, t0, tn, h):
    """
    オイラー法を用いて常微分方程式を数値的に解く関数
    :param f: 常微分方程式の右辺の関数 f(t, x)
    :param x0: 初期値 x(t0)
    :param t0: 初期時刻
    :param tn: 最終時刻
    :param h: 刻み幅
    :return: 時刻と近似解のリスト
    """
    t_values = [t0] # t_0の値を格納したリストを作成
    x_values = [x0] # x_0の値(初期値)を格納したリストを作成

    t = t0
    x = x0

    while t < tn: # 最終時刻になるまで繰り返す
        # 時刻と式()に基づく値の更新
        x = x + h * f(t, x)
        t = t + h

        # 計算された値をリストに追加
        t_values.append(t)
        x_values.append(x)

    return t_values, x_values

# 微分方程式の右辺
def f(t, x):
    return -x # 例題：dx/dt = -x

# 解析解
def analytical_solution(t):
    return np.exp(-t)

# 初期値とパラメータ
x0 = 1 # 初期値
t0 = 0 # 開始時刻
tn = 2 # 終了時刻
h = 0.001 # 刻み幅

plt.figure() # グラフ描画
t_analytical = np.linspace(t0, tn, 500) # 区間[開始時刻，終了時刻]で
    時刻を500点サンプリング
x_analytical = analytical_solution(t_analytical) # 解析解の計算
plt.plot(t_analytical, x_analytical, label='Analytical solution') #
    解析解のプロット

t_values, x_values = euler_method(f, x0, t0, tn, h) # オイラー法の計
    算
plt.plot(t_values, x_values, label=fr"Euler's method ($h={h}$)") # オ
    イラー法の結果のプロット
```

```
52
53 plt.title("Euler's Method")
54 plt.xlabel(r'$t$')
55 plt.ylabel(r'$x(t)$')
56 plt.grid(True)
57 plt.legend()
58 plt.show()
```

○**問 7.1** 微分方程式 $\dot{x}(t) + x(t) = t + 1$, $x(0) = 1$ をオイラー法によって解け.

7.3 ルンゲ・クッタ法

ルンゲ・クッタ (Runge-Kutta) **法**は，前述したオイラー法と同様に複数の点で評価された導関数を用いた高次近似であり，微分方程式の初期値問題を解くための一般的な数値解法である．実用上，4 点の情報を利用した 4 次のルンゲ・クッタ法が利用される.

微分方程式 (7.1) を考える．通常，ルンゲ・クッタ法は 4 次のアルゴリズムをさすが，数学的な導出ならびに理解を深めるために，単純な 2 次のルンゲ・クッタ法について説明する．2 次のルンゲ・クッタ法は**ホイン** (Heun) **法**，あるいは**中点法**ともよばれる．4 次のルンゲ・クッタ法のアルゴリズムは最後に紹介する.

まず，$x(t + h)$ のテイラー展開を行い，微分方程式 (7.1) を代入する.

$$x(t + h) = x(t) + h\dot{x}(t) + \frac{h^2}{2!}\ddot{x}(t) + O(h^3)$$

$$= x(t) + hf(x, t) + \frac{h^2}{2!}\ddot{x}(t) + O(h^3) \tag{7.6}$$

一方，

$$\ddot{x}(t) = \frac{d}{dt}\dot{x}(t) = \frac{d}{dt}f(x, t)$$

$$= f_t(x, t) + f_x(x, t)\dot{x}(t) = f_t(x, t) + f_x(x, t)f(x, t). \tag{7.7}$$

したがって，(7.7) を (7.6) に代入すれば，

$$x(t + h) = x(t) + hf(x, t) + \frac{h^2}{2!}\big(f_t(x, t) + f_x(x, t)f(x, t)\big) + O(h^3)$$

$$= x(t) + \frac{h}{2}f(x, t) + \frac{h}{2}\big(f(x, t) + hf_t(x, t) + hf_x(x, t)f(x, t)\big) + O(h^3). \tag{7.8}$$

このとき，$f(x + hf(x,t), t + h)$ に 2 変数のテイラー展開 (注 1) を行う．ここでは，$hf(x,t) \dashrightarrow h, h \dashrightarrow k$ と置き換えて考えている．2 変数のテイラー展開を適用すれば，

$$f(x + hf(x,t), t + h) = f(x,t) + hf(x,t)f_x(x,t) + hf_t(x,t) + O(h^2). \quad (7.9)$$

最終的に，(7.9) を (7.8) に代入すれば，

$$x(t+h) = x(t) + \frac{h}{2}f(x,t) + \frac{h}{2}f(x + hf(x,t), t + h) + O(h^3). \quad (7.10)$$

これが，2 次のルンゲ・クッタ法 (ホイン法) のアルゴリズムの基盤となる近似式である．なお，誤差項が $O(h^{n+1})$ のとき n 次の精度という．したがってこの場合，"2 次のルンゲ・クッタ法" とよぶ．近似式 (7.10) によって，以下の差分方程式を導入する．

$$x_{i+1} = x_i + \frac{h}{2}(k_1 + k_2), \quad x_0 = x(0) \quad (i = 0, 1, \ldots, N-1). \quad (7.11)$$

ただし，$k_1 = f(x_i, t_i), k_2 = f(x_i + hk_1, t_i + h), t_i = t_0 + ih$ である．この差分方程式 (7.11) が 2 次のルンゲ・クッタ法であり，精度は $O(h^3)$ を達成する．

最後に，4 次のルンゲ・クッタ法は以下で与えられる．

$$x_{i+1} = x_i + \frac{h}{6}(k_1 + 2k_2 + 2k_3 + k_4), \quad x_0 = \alpha \quad (i = 0, 1, \ldots, N-1). \quad (7.12)$$

ただし，$k_1 = f(x_i, t_i), k_2 = f\left(x_i + \frac{h}{2}k_1, t_i + \frac{h}{2}\right), k_3 = f\left(x_i + \frac{h}{2}k_2, t_i + \frac{h}{2}\right), k_4 = f(x_i + hk_3, t_i + h)$ である．

以上より，4 次のルンゲ・クッタ法はテイラー展開の 4 次の項までを一致させるように複数時刻の係数を選んだアルゴリズムであり，$O(h^5)$ の誤差をもつすぐれた推定精度をもつ．

例題 7.2 微分方程式 $\dot{x}(t) = \left(t - x(t)\right)^2, x(0) = 0$ を 4 次のルンゲ・クッタ法によって解け．

《解答》 解析解は $x(t) = t - \tanh t$ で与えられる．4 次のルンゲ・クッタ法による数値解および解析解は図 7.4 のとおりである．ただし，軌道が重なって同じに見えることに注意されたい．

(注 1) 2 変数のテイラー展開の公式を示す．$0 < \theta < 1$ に対して，

$$f(a+h, b+k) = \sum_{i=0}^{n-1} \frac{1}{i!}\left(h\frac{\partial}{\partial x} + k\frac{\partial}{\partial y}\right)^i f(a,b) + R_n, \quad R_n = \frac{1}{n!}\left(h\frac{\partial}{\partial x} + k\frac{\partial}{\partial y}\right)^n f(a+\theta h, b+\theta k).$$

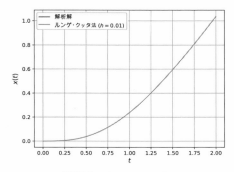

図 7.4 $x(t) = t - \tanh t$

以下に Python によるソースコードを示す. □

ソースコード 7.2

```python
import numpy as np
import matplotlib.pyplot as plt

def runge_kutta_method(f, x0, t0, tn, h):
    """
    ルンゲ・クッタ法を用いて常微分方程式を数値的に解く関数
    :param f: 常微分方程式の右辺の関数 f(t, x)
    :param x0: 初期値 x(t0)
    :param t0: 初期時刻
    :param tn: 最終時刻
    :param h: 刻み幅
    :return: 時刻と近似解のリスト
    """
    t_values = [t0] # t_0の値を格納したリストを作成
    x_values = [x0] # x_0の値(初期値)を格納したリストを作成

    t = t0
    x = x0

    while t < tn: # 最終時刻になるまで繰り返す
        k1 = h * f(t, x)
        k2 = h * f(t + h/2, x + k1/2)
        k3 = h * f(t + h/2, x + k2/2)
        k4 = h * f(t + h, x + k3)

        x += (k1 + 2*k2 + 2*k3 + k4) / 6
        t += h

        # 計算された値をリストに追加
        t_values.append(t)
        x_values.append(x)

    return t_values, x_values

# 微分方程式の右辺
def f(t, x):
    return (t - x)**2
```

```
38
39  # 解析解
40  def analytical_solution(t):
41      return t - np.tanh(t)
42
43  # 初期値とパラメータ
44  x0 = 0 # 初期値
45  t0 = 0 # 開始時刻
46  tn = 2 # 終了時刻
47  h = 0.01 # 刻み幅
48
49  # ルンゲ・クッタ法での数値解の計算
50  t_values, x_values = runge_kutta_method(f, x0, t0, tn, h)
51
52  plt.figure()
53  t_analytical = np.linspace(t0, tn, 500) # 区間[開始時刻，終了時刻]で
            時刻を500点サンプリング
54  x_analytical = analytical_solution(t_analytical) # 解析解の計算
55  plt.plot(t_analytical, x_analytical, label='Analytical solution') #
            解析解のプロット
56
57  t_values, x_values = runge_kutta_method(f, x0, t0, tn, h) # ルンゲ・
            クッタ法の実行
58  plt.plot(t_values, x_values, label='Runge-Kutta Method') # 結果のプロ
            ット
59  plt.title("Runge-Kutta Method")
60  plt.xlabel(r'$t$')
61  plt.ylabel(r'$x(t)$')
62  plt.grid(True)
63  plt.legend()
64  plt.show()
```

〇問 7.2 微分方程式 $\dot{x}(t) + x(t) = \sin t + \cos t$, $x(0) = 1$ を 4 次のルンゲ・クッタ法に
よって解け.

＊＊＊ 演習問題 ＊＊＊

7.1 微分方程式 $\dot{x}(t) = 1 - \bigl(x(t)\bigr)^2$, $x(0) = 0$ を考える.

(1) 解析解を求めよ.

(2) 4 次のルンゲ・クッタ法により数値解を求め, (1) の解析解と比較せよ.

7.2[*] 微分方程式 $\dot{x}(t) = f(x(t), t)$, $x(0) = x_0$ の数値解法として**中点法**がある. 中点法
は, 中点での傾きを利用するアルゴリズムであり, 以下のように表される.

$$x_{i+1} = x_i + hf\left(x_i + \frac{h}{2}f(x_i, t_i), t_i + \frac{h}{2}\right), \quad x_0 = x(t_0) \quad (i = 0, 1, \ldots, N-1).$$

(1) このアルゴリズムは, 2 次の近似精度 $O(h^3)$ を達成することを示せ.

(2) 微分方程式 $\dot{x}(t) = \dfrac{x(t)+1}{t}$, $x(1) = 0$ の解析解を求めよ. さらに, 中点法によっ
て解け. ただし, $t_0 = 1$ に注意せよ.

第 II 部

フーリエ解析

8

ラプラス変換

　本章では，ラプラス変換を利用して微分方程式を解く方法を解説する．工学，特に電気・電子工学において，複素領域での代数・微分積分による計算がよく現れるが，このとき，現象を理解するために微分方程式が頻繁に利用される．一般に微分方程式の初期値問題は，一般解を求めて初期値から任意の定数を決定する．しかし，初期値が与えられたときにラプラス変換を利用すれば，微分方程式が代数計算によって解けるなど多くのメリットがある．そこで本章では，さまざまな例題をとおしてこれらを確認する．以下，工学での応用を意識して，特に断らない限り独立変数は時間を表す t を用いる．

8.1 ラプラス変換の性質

まず，ラプラス変換の定義を行う．

定義 8.1 区間 $t \geq 0$ で定義された関数 $f(t)$ に対して，$f(t)$ の**ラプラス** (Laplace) **変換** $\mathscr{L}\big(f(t)\big)$ を

$$\mathscr{L}\big(f(t)\big) = \int_0^\infty f(t)e^{-st}dt = F(s) \tag{8.1}$$

と定義する．ただし，s は複素数である．

　一方，関数 $F(s)$ からもとの関数 $f(t)$ を計算することを**逆ラプラス変換**といい，以下によって計算できる．

$$f(t) = \mathscr{L}^{-1}\big(F(s)\big) = \lim_{p \to \infty} \frac{1}{2\pi i} \int_{c-ip}^{c+ip} F(s)e^{st}ds \quad (c > 0) \tag{8.2}$$

ここで，$i = \sqrt{-1}$ は虚数単位を表す．

●**注意 8.1** xy 座標平面上で，点集合 $P(t) = \{P(x, y) \mid x = x(t), y = y(t) \ (\alpha \leq t \leq \beta)\}$ (ただし，$x(t), y(t)$ は連続関数) は一般に曲線を表し，特に，$P(\alpha) = P(\beta)$ であるとき**閉曲**

線という. また，$t_1 \neq t_2 \implies \mathrm{P}(t_1) \neq \mathrm{P}(t_2)$ を満たす閉曲線を**単純閉曲線**という.

●**注意 8.2** 複素関数 $f(z)$ が領域 D の各点で微分可能かつ導関数 $f'(z)$ が D で連続のとき，関数 $f(z)$ は領域 D で**正則**であるという.

●**注意 8.3** 通常，定義式 (8.1) や (8.2) を用いてラプラス変換や逆ラプラス変換は計算しない. これらは表 8.2 で与えられる結果を利用する.

▷ **例 8.1** $f(t) = e^{at}$ であるとき，**コーシー** (Cauchy) の積分公式

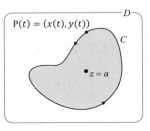

図 8.1 単純閉曲線

$$f(a) = \frac{1}{2\pi i} \int_C \frac{f(z)}{z-a} dz$$

が，C 内の任意の 1 点 $z = a$ に対して成り立つ. ただし，$f(z)$ は領域 D で正則であり，C はその周および内部が D に含まれる正方向の単純閉曲線である (図 8.1). したがって，$s > a$ のとき

$$\mathcal{L}(e^{at}) = \int_0^\infty e^{at} e^{-st} dt$$

$$= \int_0^\infty e^{-(s-a)t} dt = \left[-\frac{1}{s-a} e^{-(s-a)t} \right]_0^\infty = \frac{1}{s-a},$$

$$\mathcal{L}^{-1}\left(\frac{1}{s-a}\right) = \lim_{p \to \infty} \frac{1}{2\pi i} \int_{c-ip}^{c+ip} \frac{e^{st}}{s-a} ds = e^{at}. \qquad \square$$

以下では，区間 $t \geq 0$ で定義された関数 $f(t), g(t)$ に対して，ラプラス変換のさまざまな公式を与える. なお，特に断らない限り $s > 0$ とする.

まず，以下のように定義する.

$$\mathcal{L}(f(t)) = \int_0^\infty f(t) e^{-st} dt = F(s), \quad \mathcal{L}(g(t)) = \int_0^\infty g(t) e^{-st} dt = G(s).$$

定理 8.1 (線形性) 任意の定数 α, β に対して，以下が成り立つ.

$$\mathcal{L}(\alpha f(t) + \beta g(t)) = \alpha \mathcal{L}(f(t)) + \beta \mathcal{L}(g(t)) = \alpha F(s) + \beta G(s)$$

《証明》 ラプラス変換の線形性を示すもので，以下のとおり成り立つ.

$$\mathcal{L}(\alpha f(t) + \beta g(t))$$

$$= \int_0^\infty (\alpha f(t) + \beta g(t)) e^{-st} dt = \alpha \int_0^\infty f(t) e^{-st} dt + \beta \int_0^\infty g(t) e^{-st} dt$$

$$= \alpha F(s) + \beta G(s) \qquad \square$$

定理 8.2 (相似性) $a > 0$ とする. $\mathscr{L}(f(at)) = \dfrac{1}{a}F\left(\dfrac{s}{a}\right)$

《証明》 $z = at$ とおけば, $dt = \dfrac{dz}{a}$, $\begin{array}{c|c} t & 0 \to \infty \\ \hline z & 0 \to \infty \end{array}$ となるので,

$$\mathscr{L}(f(at)) = \int_0^\infty f(at)e^{-st}dt = \frac{1}{a}\int_0^\infty f(z)e^{-\frac{s}{a}z}dz = \frac{1}{a}F\left(\frac{s}{a}\right). \qquad \square$$

定理 8.3 (平行移動) $\mathscr{L}(e^{at}f(t)) = \displaystyle\int_0^\infty f(t)e^{-(s-a)t}dt = F(s-a)$

《証明》 $\displaystyle\int_0^\infty f(t)e^{-zt}dt = F(z)$ とみる.

$$\mathscr{L}(e^{at}f(t)) = \int_0^\infty e^{at}f(t)e^{-st}dt = \int_0^\infty f(t)e^{-(s-a)t}dt = F(s-a) \qquad \square$$

以下では, 話を簡単にするために $\displaystyle\lim_{t\to\infty} f(t)e^{-st} = \lim_{t\to\infty} f'(t)e^{-st} = \cdots = 0$ を仮定する.

定理 8.4 ($F(s)$ の微分) $\dfrac{d}{ds}F(s) = \mathscr{L}(-tf(t))$

《証明》 $\dfrac{d}{ds}F(s) = \dfrac{d}{ds}\displaystyle\int_0^\infty f(t)e^{-st}dt = \int_0^\infty f(t)\left(\dfrac{d}{ds}e^{-st}\right)dt$

$$= \int_0^\infty \big(-tf(t)\big)e^{-st}dt \qquad\qquad \square$$

定理 8.5 (1 階微分) $\mathscr{L}(f'(t)) = sF(s) - f(0)$

《証明》 部分積分を利用する.

$$\mathscr{L}(f'(t)) = \int_0^\infty f'(t)e^{-st}dt = \Big[f(t)e^{-st}\Big]_0^\infty + s\int_0^\infty f(t)e^{-st}dt = sF(s) - f(0)$$

$$\square$$

定理 8.6 (n 階微分)

$$\mathscr{L}(f''(t)) = s^2 F(s) - f'(0) - sf(0),$$

$$\mathscr{L}(f'''(t)) = s^3 F(s) - f''(0) - sf'(0) - s^2 f(0),$$

$$\vdots$$

$$\mathscr{L}(f^{(n)}(t)) = s^n F(s) - f^{(n-1)}(0) - sf^{(n-2)}(0) - \cdots - s^{n-2}f'(0) - s^{n-1}f(0).$$

《証明》 数列 $\{I_n(s)\}_{n=1}$ を以下のように定義する.

$$I_n(s) = \mathscr{L}\big(f^{(n)}(t)\big) = \int_0^\infty f^{(n)}(t)e^{-st}\,dt$$

部分積分を利用すれば,

$$I_n(s) = \Big[f^{(n-1)}(t)e^{-st}\Big]_0^\infty + s\int_0^\infty f^{(n-1)}(t)e^{-st}\,dt = sI_{n-1}(s) - f^{(n-1)}(0)$$

を得る. この漸化式を利用すれば,帰納的に以下を得る.

$$
\begin{aligned}
I_n(s) &= sI_{n-1}(s) - f^{(n-1)}(0) = s\big(sI_{n-2}(s) - f^{(n-2)}(0)\big) - f^{(n-1)}(0)\\
&= s^2 I_{n-2}(s) - sf^{(n-2)}(0) - f^{(n-1)}(0)\\
&= s^2\big(sI_{n-3}(s) - f^{(n-3)}(0)\big) - sf^{(n-2)}(0) - f^{(n-1)}(0)\\
&= s^3 I_{n-3}(s) - s^2 f^{(n-3)}(0) - sf^{(n-2)}(0) - f^{(n-1)}(0)\\
&\quad\vdots\\
&= s^n F(s) - f^{(n-1)}(0) - sf^{(n-2)}(0) - \cdots - s^{n-2}f'(0) - s^{n-1}f(0) \qquad \square
\end{aligned}
$$

定理 8.7 (積分) $\quad \mathscr{L}\left(\int_0^t f(x)\,dx\right) = \dfrac{1}{s}F(s)$

《証明》 以下のように,重積分の変数変換を行う.

$$
\begin{aligned}
\mathscr{L}\left(\int_0^t f(x)\,dx\right) &= \int_0^\infty \left(\int_0^t f(x)\,dx\right)e^{-st}\,dt\\
&= \int_0^\infty \int_0^t f(x)e^{-st}\,dx\,dt\\
&= \int_0^\infty f(x)\left(\int_x^\infty e^{-st}\,dt\right)dx\\
&= \int_0^\infty f(x)\left[-\frac{1}{s}e^{-st}\right]_x^\infty dx\\
&= \frac{1}{s}\int_0^\infty f(x)e^{-sx}\,dx = \frac{1}{s}F(s) \qquad \square
\end{aligned}
$$

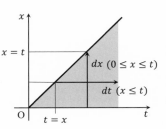

図 8.2 重積分の変数変換

定理 8.8 (たたみ込み積分)

$$\mathscr{L}\left(\int_0^t f(t-x)g(x)\,dx\right) = \mathscr{L}\left(\int_0^t f(x)g(t-x)\,dx\right) = F(s)G(s)$$

《証明》 まず，$z = t - x$ とおけば，$dz = -dx$，$\dfrac{x}{z} \begin{array}{|c} 0 \to t \\ \hline t \to 0 \end{array}$ となるので，

$$\int_0^t f(t-x)g(x)dx = \int_t^0 f(z)g(t-z)(-dz)$$
$$= \int_0^t f(z)g(t-z)dz = \int_0^t f(x)g(t-x)dx.$$

続いて，定理 8.7 と同様に，重積分の変数変換を行う．

$$\mathscr{L}\left(\int_0^t f(t-x)g(x)dx\right)$$
$$= \int_0^\infty \left(\int_0^t f(x)g(t-x)dx\right)e^{-st}dt = \int_0^\infty \int_0^t f(x)g(t-x)e^{-st}dxdt$$
$$= \int_0^\infty f(x)\left(\int_x^\infty g(t-x)e^{-st}dt\right)dx = \int_0^\infty f(x)\left(\int_0^\infty g(u)e^{-s(u+x)}du\right)dx$$
$$= \left(\int_0^\infty f(x)e^{-sx}dx\right)\left(\int_0^\infty g(u)e^{-su}du\right) = F(s)G(s) \qquad \square$$

> **定理 8.9 (初期値定理，最終値定理)**
>
> $$f(0) = \lim_{s\to\infty} sF(s), \quad f(\infty) = \lim_{s\to+0} sF(s).$$

《証明》 定義に従って計算を行う．

$$\lim_{s\to\infty} sF(s) = \lim_{s\to\infty} s\int_0^\infty f(t)e^{-st}dt = \lim_{s\to\infty}\int_0^\infty f(t)se^{-st}dt$$
$$= \lim_{s\to\infty}\left[-f(t)e^{-st}\right]_0^\infty + \lim_{s\to\infty}\int_0^\infty f'(t)e^{-st}dt = f(0),$$
$$\lim_{s\to+0} sF(s) = \lim_{s\to+0}\int_0^\infty f(t)se^{-st}dt$$
$$= \lim_{s\to+0}\left[-f(t)e^{-st}\right]_0^\infty + \lim_{s\to+0}\int_0^\infty f'(t)e^{-st}dt$$
$$= f(0) - \int_0^\infty f'(t)dt = f(0) + \left[f(t)\right]_0^\infty = f(\infty). \qquad \square$$

●**注意 8.4** ただし，簡易的に以下の性質を証明抜きで利用した．

$$\lim_{s\to\infty}\int_0^\infty f'(t)e^{-st}dt = \int_0^\infty f'(t)\left(\lim_{s\to\infty} e^{-st}\right)dt = \int_0^\infty f'(t)\times 0\, dt = 0,$$
$$\lim_{s\to 0}\int_0^\infty f'(t)e^{-st}dt = \int_0^\infty f'(t)\left(\lim_{s\to 0} e^{-st}\right)dt = \int_0^\infty f'(t)\times 1\, dt = f(\infty) - f(0).$$

定理 8.10 (1/t 倍) $\displaystyle\lim_{t\to+0}\frac{f(t)}{t}$ が存在すれば,

$$\mathscr{L}\left(\frac{f(t)}{t}\right)=\int_s^\infty F(\alpha)d\alpha.$$

《証明》 定義に従って計算を行う.

$$\int_s^\infty F(\alpha)d\alpha=\int_s^\infty\int_0^\infty f(t)e^{-\alpha t}dtd\alpha=\int_0^\infty\left(\int_s^\infty f(t)e^{-\alpha t}d\alpha\right)dt$$

$$=\int_0^\infty\left[f(t)\cdot\frac{e^{-\alpha t}}{-t}\right]_s^\infty dt=\int_0^\infty\frac{f(t)}{t}e^{-st}dt=\mathscr{L}\left(\frac{f(t)}{t}\right)\qquad\square$$

以下に,ラプラス変換の性質をまとめておく.

表 8.1 ラプラス変換の性質

$\mathscr{L}\big(\alpha f(t)+\beta g(t)\big)=\alpha F(s)+\beta G(s)$
$\mathscr{L}\big(f(at)\big)=\dfrac{1}{a}F\left(\dfrac{s}{a}\right)$
$\mathscr{L}\big(e^{at}f(t)\big)=\displaystyle\int_0^\infty f(t)e^{-(s-a)t}dt=F(s-a)$
$\dfrac{d}{ds}F(s)=\mathscr{L}\big(-tf(t)\big)$
$\mathscr{L}\big(f'(t)\big)=sF(s)-f(0)$
$\mathscr{L}\big(f''(t)\big)=s^2F(s)-f'(0)-sf(0)$
$\mathscr{L}\big(f'''(t)\big)=s^3F(s)-f''(0)-sf'(0)-s^2f(0)$
$\mathscr{L}\left(\displaystyle\int_0^t f(x)dx\right)=\dfrac{1}{s}F(s)$
$\mathscr{L}\left(\displaystyle\int_0^t f(t-x)g(x)dx\right)=\mathscr{L}\left(\displaystyle\int_0^t f(x)g(t-x)dx\right)=F(s)G(s)$
$f(0)=\displaystyle\lim_{s\to\infty}sF(s)$
$f(\infty)=\displaystyle\lim_{s\to+0}sF(s)$

8.2 基本的なラプラス変換の計算

続いて，具体的な関数のラプラス変換を計算する．

> **定理 8.11** n を自然数とする．このとき，
> $$\mathscr{L}(1) = \frac{1}{s}, \quad \mathscr{L}(t) = \frac{1}{s^2}, \quad \ldots, \quad \mathscr{L}(t^n) = \frac{n!}{s^{n+1}}.$$

《証明》 $\mathscr{L}(t^n) = \dfrac{n!}{s^{n+1}}$ を示す．$st = z$ とおけば，$s\,dt = dz$, $\begin{array}{c|c} t & 0 \to \infty \\ \hline z & 0 \to \infty \end{array}$ となる．したがって，部分積分を繰り返し適用すれば，

$$\mathscr{L}(t^n) = \int_0^\infty t^n e^{-st}\,dt = \frac{1}{s^{n+1}} \int_0^\infty z^n e^{-z}\,dz$$

$$= \frac{1}{s^{n+1}} \left[-(z^n + nz^{n-1} + \cdots + n!)e^{-z} \right]_0^\infty = \frac{n!}{s^{n+1}}. \qquad \square$$

> **定理 8.12** a を実数の定数とする．
> $$\mathscr{L}(e^{at}) = \frac{1}{s-a} \quad (s > a)$$

《証明》 定義に従って計算を行う．

$$\mathscr{L}(e^{at}) = \int_0^\infty e^{at} e^{-st}\,dt = \int_0^\infty e^{-(s-a)t}\,dt = \left[-\frac{1}{s-a} e^{-(s-a)t} \right]_0^\infty = \frac{1}{s-a} \qquad \square$$

> **定理 8.13** ω を実数の定数とする．
> $$\mathscr{L}(\cos\omega t) = \frac{s}{s^2 + \omega^2}, \quad \mathscr{L}(\sin\omega t) = \frac{\omega}{s^2 + \omega^2}.$$

《証明》 簡易な証明を行う．オイラーの公式 $e^{i\theta} = \cos\theta + i\sin\theta$ $(i = \sqrt{-1})$ を利用すれば，実部と虚部どうしを比較して以下を得る．

$$\mathscr{L}(e^{i\omega t}) = \mathscr{L}(\cos\omega t) + i\mathscr{L}(\sin\omega t)$$

$$\implies \frac{1}{s - i\omega} = \frac{s}{s^2 + \omega^2} + i\frac{\omega}{s^2 + \omega^2}$$

$$\implies \mathscr{L}(\cos\omega t) = \frac{s}{s^2 + \omega^2}, \quad \mathscr{L}(\sin\omega t) = \frac{\omega}{s^2 + \omega^2}. \qquad \square$$

●**注意 8.5** ラプラス変換の定義に従えば, 以下となる.

$$\mathscr{L}(\cos\omega t) = \int_0^\infty e^{-st}\cos\omega t\,dt = \left[\frac{e^{-st}}{s^2+\omega^2}(-s\cos\omega t+\omega\sin\omega t)\right]_0^\infty = \frac{s}{s^2+\omega^2},$$

$$\mathscr{L}(\sin\omega t) = \int_0^\infty e^{-st}\sin\omega t\,dt = \left[\frac{e^{-st}}{s^2+\omega^2}(-s\sin\omega t-\omega\cos\omega t)\right]_0^\infty = \frac{\omega}{s^2+\omega^2}.$$

定理 8.14 p,ω を実数の定数とする.

$$\mathscr{L}\big(e^{pt}\cos\omega t\big) = \frac{s-p}{(s-p)^2+\omega^2}, \quad \mathscr{L}\big(e^{pt}\sin\omega t\big) = \frac{\omega}{(s-p)^2+\omega^2}.$$

《証明》 p,ω を実数の定数とする. $s > \alpha$ のとき $\mathscr{L}\big(f(t)\big) = F(s)$ ならば, $\mathscr{L}\big(e^{pt}f(t)\big) = F(s-p)$ $(s > p+\alpha)$. このことから与式が成り立つ. $\square$

定理 8.15 $\varepsilon > 0$ を満たす定数に対して, **ディラック (Dirac) のデルタ関数** $\delta(t)$ **(単位インパルス関数)** を

$$\delta_\varepsilon(t) = \begin{cases} \dfrac{1}{\varepsilon} & (0 \le t \le \varepsilon) \\ 0 & (\text{それ以外}) \end{cases}, \quad \delta(t) = \lim_{\varepsilon\to 0}\delta_\varepsilon(t), \quad \int_0^\infty f(t)\delta(t)\,dt = f(0)$$

と定義するとき, ラプラス変換は以下となる.

$$\mathscr{L}\big(\delta(t)\big) = 1$$

《証明》 $\displaystyle\lim_{x\to+0}\frac{1-e^{-x}}{x} = 1$ であるので,

$$\mathscr{L}\big(\delta(t)\big) = \lim_{\varepsilon\to+0}\int_0^\infty \frac{1}{\varepsilon}e^{-st}\,dt$$

$$= \lim_{\varepsilon\to+0}\frac{1}{\varepsilon}\int_0^\varepsilon e^{-st}\,dt$$

$$= \lim_{\varepsilon\to+0}\frac{1-e^{-s\varepsilon}}{s\varepsilon} = 1. \qquad \square$$

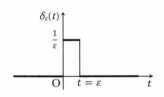

図 8.3 ディラックのデルタ関数
(単位インパルス関数)

定理 8.16 $\tau > 0$ を満たす定数に対して, **ヘビサイド (Heaviside) の単位階段関数**を

$$U(t-\tau) = \begin{cases} 0 & (0 \le t < \tau) \\ 1 & (\tau \le t) \end{cases}$$

と定義する. このとき, 以下が成り立つ.

$$\mathscr{L}\big(U(t-\tau)f(t-\tau)\big) = e^{-\tau s}F(s)$$

《証明》 $z = t - \tau$ とおけば，$dz = dt$,

$$\frac{t}{z}\begin{array}{|c} \tau \to \infty \\ \hline 0 \to \infty \end{array} \text{となるので,}$$

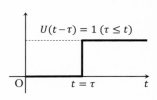

図 8.4 ヘビサイドの
単位階段関数

$$\mathscr{L}\big(U(t-\tau)f(t-\tau)\big)$$
$$= \int_0^\tau 0 \cdot f(t-\tau)e^{-st}dt + \int_\tau^\infty 1 \cdot f(t-\tau)e^{-st}dt$$
$$= \int_0^\infty f(z)e^{-s(z+\tau)}dz$$
$$= e^{-\tau s}\int_0^\infty f(z)e^{-sz}dz = e^{-\tau s}F(s). \qquad \square$$

以上をまとめると，表 8.2 のとおりになる.

表 8.2 ラプラス変換表

$f(t)$	$\mathscr{L}\big(f(t)\big)$	$f(t)$	$\mathscr{L}\big(f(t)\big)$
t^n	$\dfrac{n!}{s^{n+1}}$	$e^{pt}\cos\omega t$	$\dfrac{s-p}{(s-p)^2+\omega^2}$
e^{at}	$\dfrac{1}{s-a}$	$e^{pt}\sin\omega t$	$\dfrac{\omega}{(s-p)^2+\omega^2}$
$\cos\omega t$	$\dfrac{s}{s^2+\omega^2}$	$\delta(t)$	1
$\sin\omega t$	$\dfrac{\omega}{s^2+\omega^2}$	$U(t-\tau)f(t-\tau)$	$e^{-\tau s}F(s)$

例題 8.1 以下のラプラス変換を求めよ.

(1) $\mathscr{L}\big(t^2\big)$ (2) $\mathscr{L}\big(e^{2t}\big)$ (3) $\mathscr{L}\big(\cos 3t\big)$

(4) $\mathscr{L}\big(e^{-t}\sin 2t\big)$ (5) $\mathscr{L}\big(t^3 e^t\big)$ (6) $\mathscr{L}\big(te^{-t}\big)$

《解答》 (1) $\mathscr{L}\big(t^n\big) = \dfrac{n!}{s^{n+1}}$ を利用する. $\mathscr{L}\big(t^2\big) = \dfrac{2}{s^3}$

(2) $\mathscr{L}\big(e^{at}\big) = \dfrac{1}{s-a}$ を利用する. $\mathscr{L}\big(e^{2t}\big) = \dfrac{1}{s-2}$

(3) $\mathscr{L}\big(\cos\omega t\big) = \dfrac{s}{s^2+\omega^2}$ を利用する. $\mathscr{L}\big(\cos 3t\big) = \dfrac{s}{s^2+9}$

(4) $\mathscr{L}\big(e^{pt}\sin\omega t\big) = \dfrac{\omega}{(s-p)^2+\omega^2}$ を利用する. $\mathscr{L}\big(e^{-t}\sin 2t\big) = \dfrac{2}{(s+1)^2+4}$

(5) $\mathscr{L}\big(t^n\big) = \dfrac{n!}{s^{n+1}}$, $\mathscr{L}\big(e^{at}f(t)\big) = F(s-a)$ を利用する. $\mathscr{L}\big(t^3 e^t\big) = \dfrac{6}{(s-1)^4}$

(6) $\mathcal{L}(-tf(t)) = \dfrac{d}{ds}F(s)$ を利用する. $\mathcal{L}(te^{-t}) = -\dfrac{d}{ds}\dfrac{1}{s+1} = \dfrac{1}{(s+1)^2}$

あるいは (5) と同様にして, $\mathcal{L}(te^{-t}) = \dfrac{1}{(s+1)^2}$. □

▷ **例 8.2** $\mathcal{L}\left(\displaystyle\int_0^t e^{t-x}f(x)dx\right) = \dfrac{1}{s-1}F(s)$ を証明せよ.

《解答》 $g(x) = e^x$ として, たたみ込み積分のラプラス変換を利用する.

$$\mathcal{L}\left(\int_0^t f(x)g(t-x)dx\right) = F(s)G(s) = \frac{1}{s-1}F(s)$$ □

▷ **例 8.3** ω を実数の定数とする. 以下を証明せよ.

$$\mathcal{L}(\cosh\omega t) = \frac{s}{s^2-\omega^2}, \quad \mathcal{L}(\sinh\omega t) = \frac{\omega}{s^2-\omega^2}.$$

《解答》 $\cosh\omega t = \dfrac{e^{\omega t}+e^{-\omega t}}{2}$, $\sinh\omega t = \dfrac{e^{\omega t}-e^{-\omega t}}{2}$ であることから,

$$\mathcal{L}(\cosh\omega t) = \frac{1}{2}\left(\mathcal{L}(e^{\omega t})+\mathcal{L}(e^{-\omega t})\right) = \frac{1}{2}\left(\frac{1}{s-\omega}+\frac{1}{s+\omega}\right) = \frac{s}{s^2-\omega^2},$$

$$\mathcal{L}(\sinh\omega t) = \frac{1}{2}\left(\mathcal{L}(e^{\omega t})-\mathcal{L}(e^{-\omega t})\right) = \frac{1}{2}\left(\frac{1}{s-\omega}-\frac{1}{s+\omega}\right) = \frac{\omega}{s^2-\omega^2}.$$ □

〇**問 8.1** 以下のラプラス変換を求めよ.

(1) $\mathcal{L}(6t^3)$ (2) $\mathcal{L}(e^{-2t})$ (3) $\mathcal{L}(\sin 2t)$

(4) $\mathcal{L}(e^{-t}\cos t)$ (5) $\mathcal{L}(t^2 e^{-t})$ (6) $\mathcal{L}(t\sin t)$

例題 8.2 以下の関数の逆ラプラス変換を求めよ.

(1) $\dfrac{1}{s} - \dfrac{1}{s^2}$ (2) $\dfrac{1}{s^2-1}$ (3) $\dfrac{s-1}{s^2+1}$

(4) $\dfrac{s}{s^2+2s+2}$ (5) $\dfrac{1}{(s+1)^4}$ (6) $\dfrac{1}{(s^2+1)^2}$

《解答》 (1) $\mathcal{L}(t^n) = \dfrac{n!}{s^{n+1}}$ を利用する.

$$\mathcal{L}^{-1}\left(\frac{1}{s}-\frac{1}{s^2}\right) = \mathcal{L}^{-1}\left(\frac{1}{s}\right) - \mathcal{L}^{-1}\left(\frac{1}{s^2}\right) = 1-t$$

(2) $\mathcal{L}(e^{at}) = \dfrac{1}{s-a}$ を利用する.

$$\mathcal{L}^{-1}\left(\frac{1}{s^2-1}\right) = \frac{1}{2}\mathcal{L}^{-1}\left(\frac{1}{s-1}\right) - \frac{1}{2}\mathcal{L}^{-1}\left(\frac{1}{s+1}\right) = \frac{e^t-e^{-t}}{2} = \sinh t$$

(3) $\mathcal{L}(\cos\omega t) = \dfrac{s}{s^2+\omega^2}$, $\mathcal{L}(\sin\omega t) = \dfrac{\omega}{s^2+\omega^2}$ を利用する.

$$\mathcal{L}^{-1}\left(\frac{s-1}{s^2+1}\right) = \mathcal{L}^{-1}\left(\frac{s}{s^2+1}\right) - \mathcal{L}^{-1}\left(\frac{1}{s^2+1}\right) = \cos t - \sin t$$

(4) $\mathcal{L}(e^{pt}\cos\omega t) = \dfrac{s-p}{(s-p)^2+\omega^2}$, $\mathcal{L}(e^{pt}\sin\omega t) = \dfrac{\omega}{(s-p)^2+\omega^2}$ を利用する.

$$\mathcal{L}^{-1}\left(\frac{s}{s^2+2s+2}\right) = \mathcal{L}^{-1}\left(\frac{s+1-1}{(s+1)^2+1}\right) = e^{-t}(\cos t - \sin t)$$

(5) $\mathcal{L}(t^n) = \dfrac{n!}{s^{n+1}}$, $\mathcal{L}(e^{at}f(t)) = F(s-a)$ を利用する.

$$\mathcal{L}^{-1}\left(\frac{1}{(s+1)^4}\right) = \frac{1}{3!}\mathcal{L}^{-1}\left(\frac{3!}{(s+1)^4}\right) = \frac{1}{6}t^3 e^{-t}$$

(6) $\mathcal{L}(-tf(t)) = \dfrac{d}{ds}F(s)$ を利用する.

$$\mathcal{L}(t\cos t) = -\frac{d}{ds}\frac{s}{s^2+1} = \frac{s^2-1}{(s^2+1)^2} = \frac{s^2+1-2}{(s^2+1)^2} = \frac{1}{s^2+1} - \frac{2}{(s^2+1)^2}$$

したがって,

$$\mathcal{L}(t\cos t) = \mathcal{L}(\sin t) - \frac{2}{(s^2+1)^2} \implies \mathcal{L}^{-1}\left(\frac{1}{(s^2+1)^2}\right) = \frac{\sin t - t\cos t}{2}. \qquad \square$$

○問 8.2　次の関数の逆ラプラス変換を求めよ.

(1) $\dfrac{s-s^2}{s^4}$　　　　　(2) $\dfrac{s}{s^2-1}$　　　　　(3) $\dfrac{s-1}{s^2+4}$

(4) $\dfrac{1}{s^2-2s+2}$　　　　(5) $\dfrac{s}{(s+1)^4}$　　　　(6) $\dfrac{2s}{(s^2+1)^2}$

8.3　ラプラス変換を利用した微分方程式の解法

　ラプラス変換を利用した微分方程式の解法は,初期値問題や特殊解を求める場合,第2種ボルテラ型積分方程式を解く場合に威力を発揮する. 以下に例題をとおして解説する.

1) 初期値問題を解く

例題 8.3　初期値問題 $\dot{x}(t) + x(t) = t$, $x(0) = 0$ をラプラス変換を利用して解け.

《解答》 $\mathscr{L}(\dot{x}(t)) = sX(s) - x(0) = sX(s)$ を利用する.

$$(s+1)X(s) = \mathscr{L}(t) = \frac{1}{s^2} \implies X(s) = \frac{1}{s^2(s+1)} = \frac{1}{s^2} - \frac{1}{s} + \frac{1}{s+1}$$

したがって, 逆ラプラス変換を行い

$$x(t) = \underline{t - 1 + e^{-t}}. \qquad\qquad \square$$

●**注意 8.6** $x(0) = 0$ に注意すれば, 公式 (2.4) を用いて,

$$\frac{d}{dt}\left(e^t x(t)\right) = te^t \implies e^t x(t) = \int_0^t te^t\,dt = (t-1)e^t + 1 \implies x(t) = \underline{t - 1 + e^{-t}}.$$

例題 8.4 初期値問題 $\ddot{x}(t) + 3\dot{x}(t) + 2x(t) = 0,\ x(0) = 0,\ \dot{x}(0) = 1$ をラプラス変換を利用して解け.

《解答》 $x(0) = 0,\ \dot{x}(0) = 1$ を考慮すれば, 以下の結果を得る.

$$\mathscr{L}(\ddot{x}(t)) = s^2 X(s) - sx(0) - \dot{x}(0) = s^2 X(s) - 1,$$
$$\mathscr{L}(\dot{x}(t)) = sX(s) - x(0) = sX(s).$$

両辺をラプラス変換すれば,

$$(s^2 + 3s + 2)X(s) = 1 \implies X(s) = \frac{1}{s^2 + 3s + 2} = \frac{1}{(s+1)(s+2)} = \frac{1}{s+1} - \frac{1}{s+2}.$$

したがって, 逆ラプラス変換を行い

$$x(t) = \underline{e^{-t} - e^{-2t}}. \qquad\qquad \square$$

●**注意 8.7** 別解を紹介する. $\ddot{x}(t) + 3\dot{x}(t) + 2x(t) = 0$ より, 特性方程式 $\lambda^2 + 3\lambda + 2 = 0$ を解いて $\lambda = -1, -2$. したがって, $x(t) = C_1 e^{-t} + C_2 e^{-2t}$ を得る. ただし, C_1, C_2 は任意の定数である. 次に, $x(0) = 0,\ \dot{x}(0) = 1$ に注意すれば, $x(0) = C_1 + C_2 = 0$, $\dot{x}(0) = -C_1 - 2C_2 = 1$ が成り立ち, $C_1 = 1, C_2 = -1$. 以上より, $x(t) = \underline{e^{-t} - e^{-2t}}$.

○**問 8.3** 初期値問題 $\ddot{x}(t) + 6\dot{x}(t) + 5x(t) = 0,\ x(0) = 0,\ \dot{x}(0) = 4$ をラプラス変換を利用して解け.

例題 8.5 例題 3.21 の非同次微分方程式 $\ddot{x}(t) + x(t) = \sin t$ に対して, $x(0) = \dot{x}(0) = 0$ である初期値問題をラプラス変換を利用して解け.

《解答》 $x(0) = \dot{x}(0) = 0$ を考慮すれば, 以下の結果を得る.

$$\mathscr{L}\left(\ddot{x}(t)\right) = s^2 X(s) - sx(0) - \dot{x}(0) = s^2 X(s)$$

したがって，両辺をラプラス変換すれば，

$$s^2 X(s) + X(s) = \frac{1}{s^2+1} \implies X(s) = \mathscr{L}\big(x(t)\big) = \frac{1}{(s^2+1)^2}.$$

ここで，例題 8.2 (6) より，

$$\mathscr{L}^{-1}\left(\frac{1}{(s^2+1)^2}\right) = \frac{\sin t - t\cos t}{2}$$

を用いて，

$$x(t) = \mathscr{L}^{-1}\left(\frac{1}{(s^2+1)^2}\right) = \underline{\frac{\sin t - t\cos t}{2}}. \qquad\Box$$

●**注意 8.8** 初期値問題でない場合，ラプラス変換を行えば，

$$(s^2+1)X(s) = sx(0) + \dot{x}(0) + \frac{1}{s^2+1} \implies X(s) = \frac{s}{s^2+1}x(0) + \frac{1}{s^2+1}\dot{x}(0) + \frac{1}{(s^2+1)^2}.$$

したがって，逆ラプラス変換を行えば，

$$x(t) = x(0)\cos t + \dot{x}(0)\sin t + \mathscr{L}^{-1}\left(\frac{1}{(s^2+1)^2}\right) = \underline{x(0)\cos t + \left(\dot{x}(0)+\frac{1}{2}\right)\sin t - \frac{1}{2}t\cos t}.$$

〇**問 8.4** 微分方程式 $\ddot{x}(t) = x(t) + e^t$ をラプラス変換を利用して解け.

例題 8.6 微分方程式の初期値問題 $\ddot{x}(t) - x(t) = te^t$, $x(0) = \dot{x}(0) = 0$ をラプラス変換を利用して解け.

《解答》 これは，例題 3.20 で $a = 1$ の場合である. 両辺をラプラス変換する.

$$(s^2-1)X(s) = \frac{1}{(s-1)^2} \implies X(s) = \frac{1}{(s+1)(s-1)^3}$$

続いて $X(s)$ を部分分数に分ける. すなわち，恒等式になるように A, B, C, D を決定する.

$$X(s) = \frac{1}{(s+1)(s-1)^3} = \frac{A}{s+1} + \frac{B}{s-1} + \frac{C}{(s-1)^2} + \frac{D}{(s-1)^3}$$

$$\implies A(s-1)^3 + B(s+1)(s-1)^2 + C(s+1)(s-1) + D(s+1) = 1$$

係数比較を行い，$A = -\dfrac{1}{8}, B = \dfrac{1}{8}, C = -\dfrac{1}{4}, D = \dfrac{1}{2}$. 以上より，

$$X(s) = -\frac{1}{8}\cdot\frac{1}{s+1} + \frac{1}{8}\cdot\frac{1}{s-1} - \frac{1}{4}\cdot\frac{1}{(s-1)^2} + \frac{1}{2}\cdot\frac{1}{(s-1)^3}$$

$$\iff x(t) = \underline{-\frac{1}{8}e^{-t} + \frac{1}{8}e^t - \frac{1}{4}te^t + \frac{1}{4}t^2 e^t}. \qquad\Box$$

例題 8.7 以下の初期値問題

$$\dddot{x}(t) + 3\ddot{x}(t) + 3\dot{x}(t) + x(t) = e^{-t}, \quad x(0) = \dot{x}(0) = \ddot{x}(0) = 0$$

をラプラス変換を利用して解け.

《**解答**》 $x(0) = \dot{x}(0) = \ddot{x}(0) = 0$ を考慮すれば,以下の結果を得る.

$$\mathscr{L}\big(\dddot{x}(t)\big) = s^3 X(s) - s^2 x(0) - s\dot{x}(0) - \ddot{x}(0) = s^3 X(s),$$

$$\mathscr{L}\big(\ddot{x}(t)\big) = s^2 X(s) - s x(0) - \dot{x}(0) = s^2 X(s),$$

$$\mathscr{L}\big(\dot{x}(t)\big) = s X(s) - x(0) = s X(s).$$

両辺をラプラス変換すれば,

$$\mathscr{L}\big(\dddot{x}(t)\big) + 3\mathscr{L}\big(\ddot{x}(t)\big) + 3\mathscr{L}\big(\dot{x}(t)\big) + \mathscr{L}\big(x(t)\big) = \frac{1}{s+1}$$

$$\implies (s+1)^3 \mathscr{L}\big(x(t)\big) = \frac{1}{s+1} \iff \mathscr{L}\big(x(t)\big) = \frac{1}{(s+1)^4}.$$

したがって,逆ラプラス変換を行えば,

$$x(t) = \mathscr{L}^{-1}\left(\frac{1}{(s+1)^4}\right) = \frac{1}{3!} t^3 e^{-t} = \underline{\frac{1}{6} t^3 e^{-t}}. \qquad \square$$

2) 特殊解を求める

例題 8.7 にみられるように特殊解 $\eta(t)$ は,初期値問題で,

$$x(0) = \dot{x}(0) = \ddot{x}(0) = \cdots = \frac{d^n}{dt^n} x(0) = 0$$

とした場合に相当する.ただし,同次方程式から得られる基本解は除外する.

例題 8.8 微分方程式 $(D^2+1)^2 x(t) = \cos t$ の特殊解 $\eta(t)$ を求めよ.ただし,D は微分演算子である.

《**解答**》 $x(0) = \dot{x}(0) = \ddot{x}(0) = x^{(4)}(0) = 0$ とすれば,特殊解 $\eta(t)$ を求めることができる.したがって,この条件のもとラプラス変換を行えば,

$$\mathscr{L}\big(\eta(t)\big) = \frac{1}{(s^2+1)^2} \cdot \frac{s}{s^2+1} = \frac{s}{(s^2+1)^3}.$$

ここで $F(s) = \dfrac{1}{(s^2+1)^2} = \mathscr{L}\big(f(t)\big), f(t) = \dfrac{\sin t - t \cos t}{2}, \dfrac{d}{ds} F(s) = -\mathscr{L}\big(t f(t)\big)$ を用いて,

$$\frac{d}{ds} \frac{1}{(s^2+1)^2} = -4 \frac{s}{(s^2+1)^3}.$$

したがって,

$$\frac{1}{2}t^2\cos t - \frac{1}{2}t\sin t = -4\mathscr{L}^{-1}\left(\frac{s}{(s^2+1)^3}\right).$$

以上より,

$$\eta(t) = \mathscr{L}^{-1}\left(\frac{s}{(s^2+1)^3}\right) = -\frac{1}{8}t^2\cos t + \frac{1}{8}t\sin t.$$

ここで, $t\sin t$ は同次方程式 $(D^2+1)^2 x(t) = 0$ の一般解を構成する基本解であるので, この部分の項を除外して以下が答えとなる.

$$\eta(t) = \underline{-\frac{1}{8}t^2\cos t} \qquad\qquad\qquad\square$$

3) 第2種ボルテラ型積分方程式を解く

続いて, **第2種ボルテラ (Volterra) 型積分方程式**をラプラス変換を利用して解く方法について解説する. 第2種ボルテラ型積分方程式の特徴は,

$$(\text{積分方程式}) = (\text{微分方程式}) + (\text{初期値})$$

という形に表されることである.

> **例題 8.9** 積分方程式 $f(t) - 1 = \displaystyle\int_0^t f(t-x)dx$ をラプラス変換を利用して解け.

《解答》 まず,

$$\mathscr{L}\left(\int_0^t f(t-x)dx\right) = \frac{1}{s}F(s)$$

に注意する. さらに, $\mathscr{L}(e^t) = \dfrac{1}{s-1}$ である. したがって,

$$F(s) - \frac{1}{s} = \frac{1}{s}F(s) \implies F(s) = \frac{1}{s-1} \implies f(t) = \underline{e^t}. \qquad\square$$

> **例題 8.10** 関数 $y = f(x)$ は, 任意の実数 x に対して
> $$f(x) = (1-x)\cos x + x\sin x - \int_0^x e^{x-t}f(t)dt$$
> を満たす. ラプラス変換を用いて関数 $y = f(x)$ を求めよ.

《解答》 $f(0) = 1$ である. ここで, 公式 $\mathscr{L}(-tf(t)) = \dfrac{d}{ds}F(s)$ を用いる.

ラプラス変換および逆ラプラス変換を行えば,

$$F(s) = \frac{s}{s^2+1} + \frac{d}{ds}\left(\frac{s}{s^2+1} - \frac{1}{s^2+1}\right) - \frac{1}{s-1}F(s)$$

$$= \frac{s}{s^2+1} + \frac{-s^2+2s+1}{(s^2+1)^2} - \frac{1}{s-1}F(s)$$

$$= \frac{s}{s^2+1} - \frac{1}{s^2+1} + \frac{2s}{(s^2+1)^2} + \frac{2}{(s^2+1)^2} - \frac{1}{s-1}F(s)$$

$$\Longrightarrow F(s) = \frac{s-1}{s^2+1} - \frac{s-1}{s(s^2+1)} + \frac{2(s-1)}{(s^2+1)^2} + \frac{2(s-1)}{s(s^2+1)^2}$$

$$= -\frac{2}{s^2+1} + \frac{2s}{s^2+1} - 2\frac{d}{ds}\left(\frac{1}{s^2+1}\right) - \frac{1}{s}$$

$$\Longrightarrow f(x) = \underline{2(x-1)\sin x + 2\cos x - 1}. \qquad \square$$

○**問 8.5** 積分方程式 $f(t) = 1 - \cos t + \displaystyle\int_0^t f(x)\sin(t-x)\,dx$ を解け.

8.4 行列型ラプラス変換

いままではスカラーの場合を扱ってきたが,行列に対しても同様の結果が成り立つ.以下では,具体的な例題をとおして確認を行う.

例題 8.11 以下の連立型微分方程式を解け.

$$\begin{pmatrix} \dot{x}(t) \\ \dot{y}(t) \end{pmatrix} = \begin{pmatrix} -1 & -1 \\ 6 & 4 \end{pmatrix}\begin{pmatrix} x(t) \\ y(t) \end{pmatrix} \iff \begin{cases} \dot{x}(t) = -x(t) - y(t) \\ \dot{y}(t) = 6x(t) + 4y(t) \end{cases}$$

《**解答**》 ラプラス変換を利用する.

$$\begin{pmatrix} sX - x(0) \\ sY - y(0) \end{pmatrix} = \begin{pmatrix} -1 & -1 \\ 6 & 4 \end{pmatrix}\begin{pmatrix} X \\ Y \end{pmatrix} \Longrightarrow \begin{pmatrix} X \\ Y \end{pmatrix} = \begin{pmatrix} s+1 & 1 \\ -6 & s-4 \end{pmatrix}^{-1}\begin{pmatrix} x(0) \\ y(0) \end{pmatrix}$$

よって, $\begin{pmatrix} X \\ Y \end{pmatrix} = \dfrac{1}{s^2-3s+2}\begin{pmatrix} s-4 & -1 \\ 6 & s+1 \end{pmatrix}\begin{pmatrix} x(0) \\ y(0) \end{pmatrix}$

$$= \begin{pmatrix} \dfrac{3}{s-1} - \dfrac{2}{s-2} & \dfrac{1}{s-1} - \dfrac{1}{s-2} \\ -\dfrac{6}{s-1} + \dfrac{6}{s-2} & -\dfrac{2}{s-1} + \dfrac{3}{s-2} \end{pmatrix}\begin{pmatrix} x(0) \\ y(0) \end{pmatrix}$$

$$\Longrightarrow \begin{pmatrix} x_1(t) \\ x_2(t) \end{pmatrix} = \begin{pmatrix} 3e^t - 2e^{2t} & e^t - e^{-2t} \\ -6e^t + 6e^{2t} & -2e^t + 3e^{2t} \end{pmatrix} \begin{pmatrix} x(0) \\ y(0) \end{pmatrix}$$

$$= \Big(3x(0) + y(0)\Big) \begin{pmatrix} 1 \\ -2 \end{pmatrix} e^t - \Big(2x(0) + y(0)\Big) \begin{pmatrix} 1 \\ -3 \end{pmatrix} e^{2t}. \qquad \square$$

次に，行列の指数関数である遷移行列のラプラス変換について考える．

▷ **例 8.4** A を n 次の正方行列とする．このとき，$\mathscr{L}\big(e^{At}\big)$ を求める．

《**解答**》 微分方程式 $\dot{\boldsymbol{x}}(t) = A\boldsymbol{x}(t)$, $\boldsymbol{x}(0) = \boldsymbol{x}_0$ をラプラス変換する．$\mathscr{L}\big(\boldsymbol{x}(t)\big) = \boldsymbol{X}(s)$ として，

$$\mathscr{L}\big(\dot{\boldsymbol{x}}(t)\big) = s\boldsymbol{X}(s) - \boldsymbol{x}(0) = A\boldsymbol{X}(s)$$

$$\Longrightarrow (sI_n - A)\boldsymbol{X}(s) = \boldsymbol{x}(0) \Longrightarrow \boldsymbol{X}(s) = (sI_n - A)^{-1}\boldsymbol{x}(0) \Longrightarrow \boldsymbol{x}(t) = e^{At}\boldsymbol{x}(0).$$

ただし，I_n は n 次の単位行列である．したがって，

$$\mathscr{L}\big(e^{At}\big) = (sI_n - A)^{-1}. \qquad \square$$

2 次の正方行列に対する具体的な計算は以下のとおりである．

$\mathscr{L}\big(x(t)\big) = X(s) = X$, $\mathscr{L}\big(y(t)\big) = Y(s) = Y$ と定義する．

$$\begin{pmatrix} \dot{x}(t) \\ \dot{y}(t) \end{pmatrix} = \begin{pmatrix} a & b \\ c & d \end{pmatrix} \begin{pmatrix} x(t) \\ y(t) \end{pmatrix} \Longrightarrow \begin{pmatrix} sX(s) - x(0) \\ sY(s) - y(0) \end{pmatrix} = \begin{pmatrix} a & b \\ c & d \end{pmatrix} \begin{pmatrix} X(s) \\ Y(s) \end{pmatrix}$$

よって，

$$\begin{pmatrix} X(s) \\ Y(s) \end{pmatrix} = \begin{pmatrix} s-a & -b \\ -c & s-d \end{pmatrix}^{-1} \begin{pmatrix} x(0) \\ y(0) \end{pmatrix}.$$

したがって，

$$\mathscr{L}\big(e^{At}\big) = (sI_2 - A)^{-1} = \begin{pmatrix} s-a & -b \\ -c & s-d \end{pmatrix}^{-1}$$

$$= \frac{1}{s^2 - (a+d)s + ad - bc} \begin{pmatrix} s-d & b \\ c & s-a \end{pmatrix}.$$

● **注意 8.9** $\mathscr{L}\big(e^{at}\big) = \dfrac{1}{s-a}$ において，$a \dashrightarrow A$ と置き換えたものに相当する．

例題 8.12 $A = \begin{pmatrix} -1 & 1 \\ 0 & -2 \end{pmatrix}$ であるとき，$e^{At} = \begin{pmatrix} e^{-t} & e^{-t} - e^{-2t} \\ 0 & e^{-2t} \end{pmatrix}$ を示せ．

《証明》 $\mathscr{L}(e^{At})$ を計算し，逆ラプラス変換を用いる．

$$\mathscr{L}(e^{At}) = (sI_2 - A)^{-1} = \begin{pmatrix} s+1 & -1 \\ 0 & s+2 \end{pmatrix}^{-1} = \begin{pmatrix} \dfrac{1}{s+1} & \dfrac{1}{s+1} - \dfrac{1}{s+2} \\ 0 & \dfrac{1}{s+2} \end{pmatrix}$$

$$\implies e^{At} = \begin{pmatrix} e^{-t} & e^{-t} - e^{-2t} \\ 0 & e^{-2t} \end{pmatrix} \qquad\qquad\qquad \square$$

○問 8.6 問 4.4 で与えられた行列 $A = \begin{pmatrix} 0 & 0 \\ -1 & -1 \end{pmatrix}$ に対して，ラプラス変換を利用して e^{At} を求めよ．

例題 8.13 以下の連立型微分方程式を解け．

$$\begin{pmatrix} \dot{x}_1(t) \\ \dot{x}_2(t) \end{pmatrix} = \begin{pmatrix} -1 & -1 \\ 5 & 1 \end{pmatrix} \begin{pmatrix} x_1(t) \\ x_2(t) \end{pmatrix} + \begin{pmatrix} 0 \\ -4 \end{pmatrix}, \quad \begin{pmatrix} x_1(0) \\ x_2(0) \end{pmatrix} = \begin{pmatrix} 1 \\ 3 \end{pmatrix}.$$

《解答》 ラプラス変換を利用する．

$$\begin{pmatrix} sX - 1 \\ sY - 3 \end{pmatrix} = \begin{pmatrix} -1 & -1 \\ 5 & 1 \end{pmatrix} \begin{pmatrix} X \\ Y \end{pmatrix} + \begin{pmatrix} 0 \\ -\dfrac{4}{s} \end{pmatrix} \Longleftrightarrow \begin{pmatrix} X \\ Y \end{pmatrix} = \begin{pmatrix} s+1 & 1 \\ -5 & s-1 \end{pmatrix}^{-1} \begin{pmatrix} 1 \\ 3 - \dfrac{4}{s} \end{pmatrix}$$

よって，$\begin{pmatrix} X \\ Y \end{pmatrix} = \dfrac{1}{s^2+4} \begin{pmatrix} s-1 & -1 \\ 5 & s+1 \end{pmatrix} \begin{pmatrix} 1 \\ 3 - \dfrac{4}{s} \end{pmatrix} = \begin{pmatrix} \dfrac{1}{s} - \dfrac{4}{s^2+4} \\ -\dfrac{1}{s} + \dfrac{4}{s^2+4} + \dfrac{4s}{s^2+4} \end{pmatrix}$

$$\implies \begin{pmatrix} x_1(t) \\ x_2(t) \end{pmatrix} = \begin{pmatrix} 1 - 2\sin 2t \\ -1 + 2\sin 2t + 4\cos 2t \end{pmatrix}. \qquad\qquad \square$$

○問 8.7 以下の連立型微分方程式をラプラス変換を利用して解け．

$$\begin{pmatrix} \dot{x}(t) \\ \dot{y}(t) \end{pmatrix} = \begin{pmatrix} -2 & -4 \\ 1 & 3 \end{pmatrix} \begin{pmatrix} x(t) \\ y(t) \end{pmatrix} + \begin{pmatrix} 1 \\ 0 \end{pmatrix}, \quad \begin{pmatrix} x(0) \\ y(0) \end{pmatrix} = \begin{pmatrix} 0 \\ 0 \end{pmatrix}.$$

＊＊＊ 演習問題 ＊＊＊

8.1 以下のラプラス変換を求めよ.

(1) $\mathscr{L}\left(te^t\cos t\right)$ (2) $\mathscr{L}\left(\sqrt{t}\right)$

(3) $\mathscr{L}\left(\int_0^t \sin(t-x)\cos x\,dx\right)$ (4) $\mathscr{L}\left(|\sin t|\right)$

(5) $\mathscr{L}\left(\dfrac{\sinh t}{t}\right)$ (6) $\mathscr{L}\left(\dfrac{\sin t}{t}\right)$

8.2 以下の逆ラプラス変換を求めよ.

(1) $\mathscr{L}^{-1}\left(\dfrac{s-2}{s^3}\right)$ (2) $\mathscr{L}^{-1}\left(\dfrac{1}{s^2(s+1)}\right)$

(3) $\mathscr{L}^{-1}\left(\dfrac{s-1}{s^2+2s+1}\right)$ (4) $\mathscr{L}^{-1}\left(\dfrac{s^2-1}{(s^2+1)^2}\right)$

(5) $\mathscr{L}^{-1}\left(\dfrac{se^{-s}}{s^2+1}\right)$ (6) $\mathscr{L}^{-1}\left(\dfrac{s-1}{s}\right)$

8.3* 以下の初期値問題を解け. ただし, 一般解を先に求め, 初期条件から微分方程式における任意の定数を決定せよ. その後, ラプラス変換による解と一致することを確認せよ. ただし D は微分演算子である.

(1) $(D^3+8)x(t)=12e^{-2t}, \quad x(0)=1, \dot{x}(0)=-1, \ddot{x}(0)=0.$

(2) $(D^3-7D^2+15D-9)x(t)=2e^{3t}, \quad x(0)=1, \dot{x}(0)=2, \ddot{x}(0)=8.$

(3) $(D^3-D^2+2)x(t)=2e^t\cos t+4e^t\sin t, \quad x(0)=1, \dot{x}(0)=0, \ddot{x}(0)=-2.$

(4) $(D^4+8D^2+16)x(t)=9\sin t, \quad x(0)=0, \dot{x}(0)=2, \ddot{x}(0)=4, \dddot{x}(0)=-13.$

(5) $(D^4-4D^3+8D^2-8D+4)x(t)=25e^{-t}, \quad x(0)=2, \dot{x}(0)=1, \ddot{x}(0)=3, \dddot{x}(0)=-1.$

8.4 微分方程式 $\dddot{x}(t)+3\ddot{x}(t)+3\dot{x}(t)+x(t)=t^2e^{-t}$ の特殊解をラプラス変換を利用して求めよ.

8.5 以下の積分方程式を解け.

(1) $f(t)=1+\displaystyle\int_0^t (x-t)f(x)dx$ (2) $x(t)=e^{-t}+\displaystyle\int_0^t x(t-y)\sin y\,dy$

8.6* n を自然数とし, 微分可能な関数 $f_n(x)$ が等式

$$f_n(x)=e^{-x}x^{n+1}+\int_0^x e^{-t}f_n(x-t)dt$$

を満たすとする. $\displaystyle\lim_{x\to\infty}f_n(x)$ を求めよ.

8.7 以下の連立型微分方程式を解け.

$$\begin{pmatrix}\dot{x}(t)\\\dot{y}(t)\end{pmatrix}=\begin{pmatrix}-3 & 1\\1 & -3\end{pmatrix}\begin{pmatrix}x(t)\\y(t)\end{pmatrix}+\begin{pmatrix}0\\e^{-t}\end{pmatrix}, \quad \begin{pmatrix}x(0)\\y(0)\end{pmatrix}=\begin{pmatrix}0\\0\end{pmatrix}.$$

9
フーリエ級数とフーリエ変換

　本章では，三角関数を用いた級数表現であるフーリエ級数およびそれらの性質や応用，さらに，フーリエ級数展開の考え方を拡張して非周期関数に適用する際に用いられるフーリエ変換について説明する．特に，不連続点，連続性，一様収束，および微分可能性など数学的に厳密性を要する部分もあるが，工学での適用を考えて詳細な証明などは割愛する．

9.1　周　期　関　数

　定数 $p\,(>0)$ に対して，以下の等式

$$f(x+p) = f(x) \tag{9.1}$$

が任意の x について成り立つとき，関数 $f(x)$ は**周期関数**であるという．さらに，そのような正の定数 p のうち，最小値を $f(x)$ の**基本周期**[注1]という．周期関数の例は，正弦関数と余弦関数である．実際，

$$\sin(x+2\pi) = \sin x, \quad \cos(x+2\pi) = \cos x$$

が成り立つ．このとき，$p = 2\pi$ が周期である．さらに例えば，例 1.3 の単振り子に対しては，

$$\theta(t) = \theta_0 \cos\omega t = \theta_0 \cos\sqrt{\frac{g}{\ell}}\,t$$

であり，周期 T は，$\omega = \dfrac{2\pi}{T}$ より $T = 2\pi\sqrt{\dfrac{\ell}{g}}$ である．

　また，a, b を定数とし，$f(x)$ と $g(x)$ が周期 p をもつとき，

$$h(x) = af(x) + bg(x)$$

も周期 p をもつことが示される．

[注1] 単に "周期" ということもある．以後，特に断りがない限り**周期**とよぶ．

〇問 **9.1**　以下の関数の周期を求めよ．ただし，$n \neq 0$ である．

(1)　$\cos 2x$　　　(2)　$\sin nx$　　　(3)　$\cos \dfrac{x}{3}$　　　(4)　$\sin(\sin x)$

9.2　三 角 級 数

以下で表される周期 2π の三角関数を基底と考える．

$$1,\ \cos x,\ \sin x,\ \cos 2x,\ \sin 2x,\ \ldots,\ \cos nx,\ \sin nx,\ \ldots \tag{9.2}$$

このとき，実定数 $a_0, a_1, a_2, \ldots, b_1, b_2, \ldots$ を用いて線形結合でつくられる級数

$$f(x) = a_0 + a_1 \cos x + b_1 \sin x + a_2 \cos 2x + b_2 \sin 2x + \cdots \tag{9.3}$$

は**三角級数**とよばれる．ここで，$a_0, a_i, b_i\ (i = 1, 2, \ldots)$ は級数の**係数**とよばれる．さらに，上の級数 (9.3) は，

$$f(x) = a_0 + \sum_{n=1}^{\infty} (a_n \cos nx + b_n \sin nx) \tag{9.4}$$

と書ける．この三角級数 (9.4) は，$f(x + 2\pi) = f(x)$ を満たす．したがって，もし級数 (9.4) が収束するならば，周期 2π の関数である．この級数は $f(x)$ の**フーリエ (Fourier) 級数展開**[注2]とよばれる．

9.3　フーリエ級数

本節では，与えられた周期関数 $f(x)$ を，フーリエ級数 (9.4) として表すことを考える．すなわち，具体的な計算方法を説明する．まず，話を簡単にするために，周期 2π の関数 $f(x)$ について考える．(9.4) を具体的に書けば (9.3) となるが，この級数の右辺が収束して，その和が $f(x)$ で表されると仮定する．ここでの問題は，与えられた $f(x)$ に対して，係数 a_n, b_n を求めることである．

9.3.1　フーリエ係数

まず，定数項 a_0 を求める．三角関数における定積分について，

$$\int_{-\pi}^{\pi} \cos nx\, dx = \int_{-\pi}^{\pi} \sin nx\, dx = 0 \quad (n = 1, 2, \ldots)$$

(注2)　単に "フーリエ級数" ということもある．以後，特に断りがない限り**フーリエ級数**とよぶ．

が成り立つことが簡単な計算によってわかる。したがって，この定積分の値に注意して，フーリエ級数 (9.4) の両辺を $-\pi$ から π まで積分すれば以下を得る．

$$\int_{-\pi}^{\pi} f(x)\,dx = \int_{-\pi}^{\pi}\left[a_0 + \sum_{n=1}^{\infty}(a_n\cos nx + b_n\sin nx)\right]dx$$

ここで，級数が項別積分できるとすれば，

$$\int_{-\pi}^{\pi} f(x)\,dx = a_0\int_{-\pi}^{\pi}dx + \sum_{n=1}^{\infty}\left(a_n\int_{-\pi}^{\pi}\cos nx\,dx + b_n\int_{-\pi}^{\pi}\sin nx\,dx\right)$$
$$= 2\pi a_0$$

となる．したがって，

$$a_0 = \frac{1}{2\pi}\int_{-\pi}^{\pi} f(x)\,dx \tag{9.5}$$

を得る．

続いて，a_n について考える．定数 m をある自然数として，フーリエ級数 (9.4) の両辺に $\cos mx$ をかけて，$-\pi$ から π まで積分すれば以下を得る．

$$\int_{-\pi}^{\pi} f(x)\cos mx\,dx = \int_{-\pi}^{\pi}\left[a_0 + \sum_{n=1}^{\infty}(a_n\cos nx + b_n\sin nx)\right]\cos mx\,dx \tag{9.6}$$

同様に，右辺において項別積分を行えば，以下となる．

$$\int_{-\pi}^{\pi} f(x)\cos mx\,dx = a_0\int_{-\pi}^{\pi}\cos mx\,dx$$
$$+ \sum_{n=1}^{\infty}\left[a_n\int_{-\pi}^{\pi}\cos nx\cos mx\,dx + b_n\int_{-\pi}^{\pi}\sin nx\cos mx\,dx\right]$$

ここで，三角関数の和積公式

$$\cos nx\cos mx = \frac{1}{2}\{\cos(n+m)x + \cos(n-m)x\},$$
$$\sin nx\cos mx = \frac{1}{2}\{\sin(n+m)x + \sin(n-m)x\}$$

を利用して，

$$I_a(m,n) = \int_{-\pi}^{\pi}\cos nx\cos mx\,dx = \frac{1}{2}\int_{-\pi}^{\pi}\{\cos(n+m)x + \cos(n-m)x\}dx,$$
$$I_b(m,n) = \int_{-\pi}^{\pi}\sin nx\cos mx\,dx = \frac{1}{2}\int_{-\pi}^{\pi}\{\sin(n+m)x + \sin(n-m)x\}dx$$

とおく．m, n はともに自然数であり，$n = m$ のときだけ $I_a(m,m) = \pi$ になる．つまり，それ以外の定積分は $I_a(m,n) = I_b(m,n) = 0\ (m \neq n)$, $I_b(m,m) = 0$ で

ある. 以上より,

$$a_m = \frac{1}{\pi} \int_{-\pi}^{\pi} f(x) \cos mx \, dx \quad (m = 1, 2, \dots) \tag{9.7}$$

を得る.

同様に, b_n について考える. フーリエ級数 (9.4) の両辺に $\sin mx$ をかけて, $-\pi$ から π まで項別積分すれば以下を得る.

$$\int_{-\pi}^{\pi} f(x) \sin mx \, dx = a_0 \int_{-\pi}^{\pi} \sin mx \, dx$$
$$+ \sum_{n=1}^{\infty} \left[a_n \int_{-\pi}^{\pi} \cos nx \sin mx \, dx + b_n \int_{-\pi}^{\pi} \sin nx \sin mx \, dx \right]$$

ここで, 三角関数の和積公式

$$\cos nx \sin mx = \frac{1}{2} \{ \sin(n+m)x - \sin(n-m)x \},$$
$$\sin nx \sin mx = \frac{1}{2} \{ -\cos(n+m)x + \cos(n-m)x \}$$

を利用して,

$$J_a(m, n) = \int_{-\pi}^{\pi} \cos nx \sin mx \, dx = \frac{1}{2} \int_{-\pi}^{\pi} \{ \sin(n+m)x - \sin(n-m)x \} dx,$$
$$J_b(m, n) = \int_{-\pi}^{\pi} \sin nx \sin mx \, dx = \frac{1}{2} \int_{-\pi}^{\pi} \{ -\cos(n+m)x + \cos(n-m)x \} dx$$

とおく. 先と同様に, $n = m$ のときだけ $J_b(m, m) = \pi$ になる. つまり, それ以外の定積分は $J_a(m, n) = J_b(m, n) = 0 \ (m \neq n)$, $J_a(m, m) = 0$ である. したがって,

$$b_m = \frac{1}{\pi} \int_{-\pi}^{\pi} f(x) \sin mx \, dx \quad (m = 1, 2, \dots). \tag{9.8}$$

以上より, m を n で置き換えれば, いわゆる次の (9.10) で与えられるフーリエ係数に関する**オイラーの公式** [注3] を得る.

オイラーの公式   周期 2π の関数 $f(x)$ のフーリエ級数展開

$$f(x) = a_0 + \sum_{n=1}^{\infty} (a_n \cos nx + b_n \sin nx) \tag{9.9}$$

におけるフーリエ係数は, 以下の (9.10) で与えられる.

(注3) 複素関数論にでてくるオイラーの公式 $e^{i\theta} = \cos\theta + i\sin\theta$ とは異なることに注意が必要である.

$$a_0 = \frac{1}{2\pi} \int_{-\pi}^{\pi} f(x)\,dx, \tag{9.10a}$$

$$a_n = \frac{1}{\pi} \int_{-\pi}^{\pi} f(x) \cos nx\,dx \quad (n = 1, 2, \ldots), \tag{9.10b}$$

$$b_n = \frac{1}{\pi} \int_{-\pi}^{\pi} f(x) \sin nx\,dx \quad (n = 1, 2, \ldots). \tag{9.10c}$$

(9.10) で与えられた値 a_0, a_n, b_n を $f(x)$ の**フーリエ係数**という.三角級数 (9.4) において,係数が (9.10) の結果で与えられるものを $f(x)$ の**フーリエ級数**という.

例題 9.1 図 9.1 によって表される以下の周期関数 $f(x)$ のフーリエ級数を求めよ.

$$f(x) = \begin{cases} -1 & (-\pi < x < 0) \\ 1 & (0 \le x \le \pi) \end{cases},$$

$$f(x + 2\pi) = f(x).$$

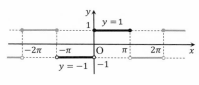

図 9.1

《解答》 この関数は一般に**矩形波**とよばれ,力学系の外力による入力や電気回路の外部電力による入力などとして現れる.

(9.10) で与えられたオイラーの公式によって計算する.

$$a_0 = \frac{1}{2\pi} \int_{-\pi}^{\pi} f(x)\,dx = \frac{1}{2\pi} \left(\int_{-\pi}^{0} (-1)\,dx + \int_{0}^{\pi} 1\,dx \right) = 0,$$

$$a_n = \frac{1}{\pi} \int_{-\pi}^{\pi} f(x) \cos nx\,dx = \frac{1}{\pi} \left(\int_{-\pi}^{0} (-1) \cos nx\,dx + \int_{0}^{\pi} 1 \cdot \cos nx\,dx \right)$$

$$= \frac{1}{\pi} \left(\left[-\frac{\sin nx}{n} \right]_{-\pi}^{0} + \left[\frac{\sin nx}{n} \right]_{0}^{\pi} \right) = 0,$$

$$b_n = \frac{1}{\pi} \int_{-\pi}^{\pi} f(x) \sin nx\,dx = \frac{1}{\pi} \left(\int_{-\pi}^{0} (-1) \sin nx\,dx + \int_{0}^{\pi} 1 \cdot \sin nx\,dx \right)$$

$$= \frac{1}{\pi} \left(\left[\frac{\cos nx}{n} \right]_{-\pi}^{0} + \left[-\frac{\cos nx}{n} \right]_{0}^{\pi} \right) = \frac{2}{\pi} \cdot \frac{1 - (-1)^n}{n}.$$

ここで,整数 n に対して $\cos(\pm n\pi) = (-1)^n$ である.したがって,

$$b_n = \begin{cases} \dfrac{4}{n\pi} = \dfrac{4}{\pi(2m-1)} & (n = 2m-1,\ m = 1, 2, \ldots) \\ 0 & (n = 2m,\ m = 1, 2, \ldots) \end{cases}$$

となる. 以上より, $f(x)$ のフーリエ級数は,

$$f(x) = \frac{4}{\pi}\left(\sin x + \frac{1}{3}\sin 3x + \frac{1}{5}\sin 5x + \cdots + \frac{1}{2m-1}\sin(2m-1)x + \cdots\right)$$

$$= \frac{4}{\pi}\sum_{m=1}^{\infty}\frac{1}{2m-1}\sin(2m-1)x \tag{9.11}$$

となる.   □

9.3.2 偶関数と奇関数

関数 $y = f(x)$ が, すべての x に対して,

$$f(-x) = f(x)$$

を満たすとき, $f(x)$ は**偶関数**とよばれる. そのグラフは y 軸について対称である. 一方, 関数 $y = g(x)$ がすべての x に対して,

$$g(-x) = -g(x)$$

を満たすとき, $g(x)$ は**奇関数**とよばれる. そのグラフは原点について対称である.

▷ **例 9.1** 例えば, 関数 $\cos nx$ は偶関数であるが, 関数 $\sin nx$ は奇関数である. その他, $f(x) = \sin x \sin 3x$ は

$$f(-x) = \sin(-x)\sin(-3x) = \sin x \sin 3x = f(x)$$

となるため偶関数であり, $g(x) = x^2 \sin x$ は,

$$g(-x) = (-x)^2 \sin(-x) = -x^2 \sin x = -g(x)$$

となるため, 奇関数である.   □

$a > 0$ とし, 閉区間 $[-a, a]$ で連続な関数 $f(x)$ について, 次が成り立つ.

命題 9.1 (1) $f(x)$ が偶関数のとき, $\displaystyle\int_{-a}^{a}f(x)\,dx = 2\int_{0}^{a}f(x)\,dx$.

(2) $f(x)$ が奇関数のとき, $\displaystyle\int_{-a}^{a}f(x)\,dx = 0$.

(3) 偶関数と奇関数の積は奇関数である. また, 奇関数と奇関数の積は偶関数である.

(3) に対しては, 例えば $f(x)$ を偶関数, $g(x)$ を奇関数と仮定すれば,

$$h(-x) = f(-x)g(-x) = f(x)(-g(x)) = -f(x)g(x) = -h(x)$$

であるから奇関数となり成り立つ．後半も同様な証明によって示される．これ
らの性質は，積分計算の簡略化に貢献する．

　ここで，視覚的なイメージをもつために，例題 9.1 で求めたフーリエ級数
(9.11) のさまざまな m に対するグラフを図 9.2 に示す．図より，m の値が増加
していくにつれて，フーリエ級数が関数 $y = f(x)$ に収束していく様子がわか
る．特徴として，関数 $f(x)$ に対して，$x = 0, x = \pm\pi$ は不連続点であるが，そ
の不連続点で恒等的に $f(x) = 0$ になる．

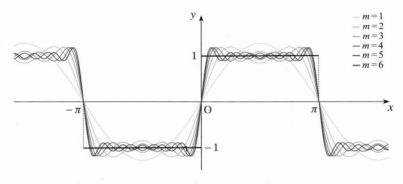

図 9.2 　m の変化による $y = f(x)$ のフーリエ級数のグラフ

なお，厳密ではないが，(9.11) において $x = \dfrac{\pi}{2}$ を代入すれば，

$$f\left(\frac{\pi}{2}\right) = 1 = \frac{4}{\pi}\left(1 - \frac{1}{3} + \frac{1}{5} - \frac{1}{7} + \cdots + \frac{(-1)^{m-1}}{2m-1} + \cdots\right)$$

を得る．したがって，

$$1 - \frac{1}{3} + \frac{1}{5} - \frac{1}{7} + \cdots + \frac{(-1)^{m-1}}{2m-1} + \cdots = \frac{\pi}{4} \tag{9.12}$$

となる．これは**ライプニッツ (Leibniz) の公式**とよばれ，円周率の値を求める
ための公式の一つである．

●**注意 9.1** 　無限等比級数より，$|x| < 1$ の範囲で，

$$\frac{1}{1+x} = 1 - x + x^2 - x^3 + \cdots + (-x)^n + \cdots,$$

$$\frac{1}{1+x^2} = 1 - x^2 + x^4 - x^6 + \cdots + (-1)^n x^{2n} + \cdots.$$

この恒等式で，0 から x まで項別積分すれば以下を得る．

$$\arctan x = x - \frac{1}{3}x^3 + \frac{1}{5}x^5 - \frac{1}{7}x^7 + \cdots + \frac{(-1)^n}{2n+1}x^{2n+1} + \cdots \qquad (9.13)$$

厳密ではないが，(9.13) に $x = 1$ を代入すれば，同様に (9.12) を得る.

以上の考察より，ある特定の点でのフーリエ級数を計算すれば，このように種々の級数の値が得られることがある.

〇**問 9.2** 図 9.3 によって表される以下の周期関数 $f(x)$ のフーリエ級数を求めよ. この関数は一般に**パルス波**とよばれる.

$$f(x) = \begin{cases} 0 & (-\pi < x < 0) \\ k & (0 \le x \le \pi) \end{cases},$$

$$f(x + 2\pi) = f(x).$$

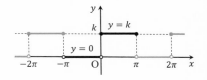

図 9.3 パルス波

例題 9.2 図 9.4 によって表される以下の周期関数 $f(x)$ のフーリエ級数を求めよ.

$$f(x) = x^2 \quad (-\pi < x \le \pi), \quad f(x + 2\pi) = f(x).$$

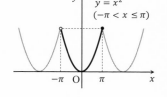

図 9.4

《**解答**》 $f(-x) = f(x)$ を満たすので，偶関数である.

$$a_0 = \frac{1}{2\pi}\int_{-\pi}^{\pi} f(x)\,dx = \frac{1}{\pi}\int_0^{\pi} x^2\,dx = \frac{\pi^2}{3},$$

$$a_n = \frac{1}{\pi}\int_{-\pi}^{\pi} f(x)\cos nx\,dx = \frac{2}{\pi}\int_0^{\pi} x^2\cos nx\,dx$$

$$= \frac{2}{\pi}\left[\frac{1}{n}x^2\sin nx + \frac{2}{n^2}x\cos nx - \frac{2}{n^3}\sin nx\right]_0^{\pi} = \frac{4(-1)^n}{n^2},$$

$$b_n = \frac{1}{\pi}\int_{-\pi}^{\pi} f(x)\sin nx\,dx = \frac{2}{\pi}\int_0^{\pi} x^2\sin nx\,dx = 0.$$

以上より，$f(x)$ のフーリエ級数は，

$$f(x) = \frac{\pi^2}{3} - 4\left(\frac{\cos x}{1^2} - \frac{\cos 2x}{2^2} + \frac{\cos 3x}{3^2} - \frac{\cos 4x}{4^2} + \cdots + \frac{(-1)^{n+1}}{n^2}\cos nx + \cdots\right)$$

$$= \frac{\pi^2}{3} - 4\sum_{n=1}^{\infty}\frac{(-1)^{n+1}}{n^2}\cos nx \qquad (9.14)$$

となる.   □

例題 9.3 図 9.5 によって表される以下の周期関数 $f(x)$ のフーリエ級数を求めよ．この関数は一般に**のこぎり波**とよばれる．

$$f(x) = \frac{k}{\pi}x \quad (-\pi \le x < \pi),$$

$$f(x + 2\pi) = f(x).$$

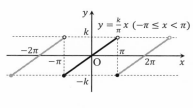

図 9.5

《**解答**》 例題 9.1 と同様に，(9.10) で与えられたオイラーの公式によって計算する．ただし，$f(-x) = -f(x)$ を満たすので，奇関数であることに注意して積分を行う．

$$a_0 = \frac{1}{2\pi}\int_{-\pi}^{\pi} f(x)\,dx = 0, \quad a_n = \frac{1}{\pi}\int_{-\pi}^{\pi} f(x)\cos nx\,dx = \frac{1}{\pi}\int_{-\pi}^{\pi}\frac{k}{\pi}x\cos nx\,dx = 0,$$

$$b_n = \frac{1}{\pi}\int_{-\pi}^{\pi} f(x)\sin nx\,dx = \frac{2}{\pi}\int_{0}^{\pi}\frac{k}{\pi}x\sin nx\,dx$$

$$= \frac{2k}{\pi^2}\left[-x\frac{\cos nx}{n} + \frac{\sin nx}{n^2}\right]_{0}^{\pi} = \frac{2k(-1)^{n+1}}{\pi n}.$$

以上より，$f(x)$ のフーリエ級数は以下のようになる．

$$f(x) = \frac{2k}{\pi}\left(\sin x - \frac{1}{2}\sin 2x + \frac{1}{3}\sin 3x + \cdots + \frac{(-1)^{n+1}}{n}\sin nx + \cdots\right)$$

$$= \frac{2k}{\pi}\sum_{n=1}^{\infty}\frac{(-1)^{n+1}}{n}\sin nx \qquad\qquad\qquad \square$$

●**注意 9.2** 厳密ではないが，同様に $k = 1, x = \pi/2$ を代入すれば，

$$f\left(\frac{\pi}{2}\right) = \frac{1}{2} = \frac{2}{\pi}\left(1 - \frac{1}{3} + \frac{1}{5} - \frac{1}{7} + \cdots + \frac{(-1)^{m-1}}{2m-1} + \cdots\right)$$

を得る．結果として (9.12) を得る．

○**問 9.3** 図 9.6 によって表される以下の周期関数 $f(x)$ のフーリエ級数を求めよ．この関数は一般に**三角波**とよばれる．

$$f(x) = \begin{cases} -(2k/\pi)x - 2k & (-\pi < x < -\pi/2) \\ (2k/\pi)x & (-\pi/2 \le x \le \pi/2), \\ -(2k/\pi)x + 2k & (\pi/2 < x \le \pi) \end{cases}$$

$$f(x + 2\pi) = f(x).$$

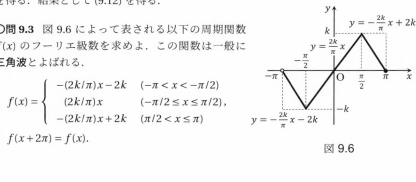

図 9.6

◯問 9.4 以下の周期関数 $f(x)$ のフーリエ級数を求めよ.

$$f(x) = \begin{cases} x + \pi/2 & (-\pi < x < 0) \\ -x + \pi/2 & (0 \leq x \leq \pi) \end{cases}, \quad f(x + 2\pi) = f(x).$$

9.4 ギブス現象

区分的に連続 (p.144) 微分可能な周期関数のフーリエ級数において, その関数の不連続点付近では, フーリエ級数の第 N 部分和が大きく振動して, 部分和の最大値が関数自体の最大値より大きくなってしまう. この不連続点周辺で発生する振動を一般に**ギブス (Gibbs) 現象**とよび, フーリエ級数の有限部分和の総和項数をいくら大きくしてもこの振動がなくなることはない. 以下で, 不連続点におけるギブス現象について確認する.

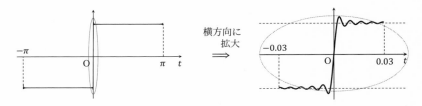

図 9.7 (9.11) の関数 $y = f(x)$

図 9.7 は, (9.11) で与えられる矩形波において $N = 500$ としたときの様子を描いたものである. $x = 0, x = \pm\pi, \ldots$ で不連続であるが, 特に $x = 0$ の近くを横方向に拡大すれば, 振動していることが容易に観測できる. これがギブス現象である. ここで, N を大きくしてもこの振動がなくなることはない.

簡単な議論を行うため, 図 9.1 で与えられる矩形波を考える. (9.11) より, 周期 2π のフーリエ級数は,

$$f(x) = \frac{4}{\pi}\left(\sin x + \frac{1}{3}\sin 3x + \frac{1}{5}\sin 5x + \cdots + \frac{1}{2m-1}\sin(2m-1)x + \cdots\right)$$
$$= \frac{4}{\pi}\sum_{m=1}^{\infty}\frac{1}{2m-1}\sin(2m-1)x$$

である. ここで第 N 部分和 $S_N(x)$ は,

$$S_N(x) = \frac{4}{\pi}\left(\sin x + \frac{1}{3}\sin 3x + \frac{1}{5}\sin 5x + \cdots + \frac{1}{2N-1}\sin(2N-1)x\right)$$

$$= \frac{4}{\pi} \int_0^x \{\cos t + \cos 3t + \cos 5t + \cdots + \cos(2N-1)t\} dt$$

$$= \frac{2}{\pi} \int_0^x \frac{\sin 2Nt}{\sin t} dt$$

のように表すことができる．ただし，関係式

$$\sin t \{\cos t + \cos 3t + \cos 5t + \cdots + \cos(2N-1)t\}$$

$$= \frac{1}{2} \{\sin 2t + \sin 4t - \sin 2t + \sin 6t - \sin 4t + \cdots + \sin 2Nt - \sin 2(N-1)t\}$$

$$= \frac{1}{2} \sin 2Nt$$

を利用している．ここで，ギブス現象を引き起こす点は，上記の第 N 部分和 $S_N(x)$ の極値と考えられる．したがって，$S_N(x)$ が極大または極小となる点は

$$\frac{d}{dx} S_N(x) = 0$$

として与えられるため，極値を与えるのは，

$$\frac{d}{dx} \int_0^x \frac{\sin 2Nt}{\sin t} dt = \frac{\sin 2Nx}{\sin x} = 0$$

を満たす必要がある．したがって，$\ell = 0, \pm 1, \pm 2, \ldots$ としたとき

$$x = \frac{\pi \ell}{2N}$$

がギブス現象を引き起こす点であることがわかる．ここで，不連続点付近の x 軸の正部分におけるギブス現象のうち，特に $\ell = 1$ とした場合の極値 $\xi_N = \frac{\pi}{2N}$ を計算する．このとき，$z = 2Nt$ と置換することによって，

$$S_N(\xi_N) = \frac{2}{\pi} \int_0^{\frac{\pi}{2N}} \frac{\sin 2Nt}{\sin t} dt = \frac{2}{\pi} \int_0^{\pi} \frac{\frac{z}{2N}}{\sin\left(\frac{z}{2N}\right)} \cdot \frac{\sin z}{z} dz$$

と書け，$N \to \infty$ のとき，

$$\xi_N \to 0, \quad \lim_{N \to \infty} \frac{\frac{z}{2N}}{\sin\left(\frac{z}{2N}\right)} = 1$$

となるので，次式が成立する．

$$\lim_{N \to \infty} S_N(\xi_N) = \frac{2}{\pi} \int_0^{\pi} \frac{\sin z}{z} dz = \frac{2}{\pi} \times 1.85194\cdots = 1.17898\cdots$$

　ここで，N が十分大きい場合の ξ_N は 0 に近いので，$f(\xi_N) = 1$ である．しか
し，観測値は $S_N(\xi_N)$ であることから，ギブス現象によって発生する誤差 $R(\xi_N)$
は，

$$R(\xi_N) = \left| f(\xi_N) - S_N(\xi_N) \right|$$

$$= \left| 1 - \frac{2}{\pi} \int_0^\pi \frac{\sin z}{z} dz \right| \fallingdotseq |1 - 1.17898| = 0.17898$$

となる．

　以上より，真値と比べて約 17.898% の誤差が発生することがわかり，フーリ
エ級数の有限部分和の総和項数をいくら大きくしても，ギブス現象が消失しな
いことが示された．

9.5　直交関数

　まず，関数空間について簡単に説明しておく．

　閉区間 $[a, b]$ で定義された区分的に連続な関数全体の集合を**関数空間**という．
この関数空間において，閉区間 $[a, b]$ で区分的に連続な 2 つの関数 $f(x)$, $g(x)$
に対して，**内積**を以下のように定義する．

$$(f, g) = \int_a^b f(x)g(x)dx \tag{9.15}$$

また，

$$\|f\|^2 = (f, f) = \int_a^b \{f(x)\}^2 dx, \quad \|f\| = \sqrt{(f, f)} \tag{9.16}$$

と定義するとき，$\|f\|$ を関数 $f(x)$ の**ノルム** (norm) とよぶ．なお，

$$(f, g) = 0 \tag{9.17}$$

のとき，$f(x)$ と $g(x)$ は**直交**するという．

　閉区間 $[a, b]$ で区分的に連続な関数の列

$$\phi_1(x), \phi_2(x), \ldots, \phi_n(x), \ldots$$

に対して，これらの関数が互いに直交しているとき，この関数列を閉区間 $[a, b]$
における**直交関数系**，あるいは単に**直交系**とよぶ．さらに，

$$\|\phi_n\| = 1 \quad (n = 1, 2, \ldots) \tag{9.18}$$

が成立すれば，**正規直交関数系**とよぶ．

▷ **例 9.2** (直交関数系)

$$1, \cos x, \sin x, \cos 2x, \sin 2x, \ldots, \cos nx, \sin nx, \ldots$$

が，閉区間 $[-\pi, \pi]$ で直交関数系であることを確かめる.

《証明》 m, n を自然数とする. まず，

$$(1, \cos mx) = \int_{-\pi}^{\pi} 1 \cdot \cos mx \, dx = \left[\frac{\sin mx}{m} \right]_{-\pi}^{\pi} = 0,$$

$$(1, \sin mx) = \int_{-\pi}^{\pi} 1 \cdot \sin mx \, dx = \left[-\frac{\cos mx}{m} \right]_{-\pi}^{\pi} = 0$$

が成り立つ. 続いて，関数系から任意の異なる 2 つの関数を選び，それらの積を $-\pi$ から π まで積分する.

$$\int_{-\pi}^{\pi} \cos mx \cos nx \, dx = \frac{1}{2} \int_{-\pi}^{\pi} \{\cos(m+n)x + \cos(m-n)x\} dx$$

$$= \frac{1}{2} \left[\frac{\sin(m+n)x}{m+n} + \frac{\sin(m-n)x}{m-n} \right]_{-\pi}^{\pi} = 0 \quad (m \neq n),$$

$$\int_{-\pi}^{\pi} \sin mx \sin nx \, dx = \frac{1}{2} \int_{-\pi}^{\pi} \{-\cos(m+n)x + \cos(m-n)x\} dx$$

$$= \frac{1}{2} \left[-\frac{\sin(m+n)x}{m+n} + \frac{\sin(m-n)x}{m-n} \right]_{-\pi}^{\pi} = 0 \quad (m \neq n)$$

となる. 一方，

$$\int_{-\pi}^{\pi} \cos mx \sin nx \, dx = \frac{1}{2} \int_{-\pi}^{\pi} \{\sin(m+n)x - \sin(m-n)x\} dx$$

$$= \frac{1}{2} \left[-\frac{\cos(m+n)x}{m+n} + \frac{\cos(m-n)x}{m-n} \right]_{-\pi}^{\pi} = 0 \quad (m \neq n)$$

となる. 最後に，

$$\int_{-\pi}^{\pi} 1^2 \, dx = 2\pi,$$

$$\int_{-\pi}^{\pi} \cos^2 mx \, dx = \frac{1}{2} \int_{-\pi}^{\pi} (1 + \cos 2mx) dx = \frac{1}{2} \left[x + \frac{\sin 2mx}{2m} \right]_{-\pi}^{\pi} = \pi,$$

$$\int_{-\pi}^{\pi} \sin^2 mx \, dx = \frac{1}{2} \int_{-\pi}^{\pi} (1 - \cos 2mx) dx = \frac{1}{2} \left[x - \frac{\sin 2mx}{2m} \right]_{-\pi}^{\pi} = \pi. \qquad \square$$

以上の考察から，次の結果を得る.

▷ **例 9.3** (正規直交関数系)

$$\frac{1}{\sqrt{2\pi}}, \frac{\cos x}{\sqrt{\pi}}, \frac{\sin x}{\sqrt{\pi}}, \frac{\cos 2x}{\sqrt{\pi}}, \frac{\sin 2x}{\sqrt{\pi}}, \ldots, \frac{\cos nx}{\sqrt{\pi}}, \frac{\sin nx}{\sqrt{\pi}}, \ldots$$

は，閉区間 $[-\pi, \pi]$ で正規直交関数系である. $\qquad \square$

9.6　フーリエ級数の収束

　本節では，フーリエ級数の収束について議論する．基本的に，整数 n を含む関数で表される性質上，解析学における**一様収束**[注4]などの厳密な議論を必要とするが，直感的理解を優先する．まず，収束の結果を与えるための準備を行う．

> **定義 9.1 (区分的に連続)**　関数 $f(x)$ が閉区間 $[a, b]$ で**区分的に連続**とは，閉区間 $[a, b]$ 内で有限個の点 $a \le x_1, \ldots, x_n \le b$ を除いて，連続かつ極限値
>
> $$\lim_{\varepsilon \to +0} f(x_i + \varepsilon) = f(x_i + 0) \quad (i = 1, \ldots, n), \tag{9.19a}$$
>
> $$\lim_{\varepsilon \to +0} f(x_i - \varepsilon) = f(x_i - 0) \quad (i = 1, \ldots, n) \tag{9.19b}$$
>
> が存在するときをいう．ここで，(9.19a) を**右極限値**，(9.19b) を**左極限値**という．

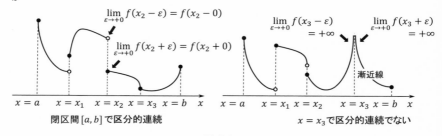

図 9.8

> **例題 9.4**　n を整数とする．図 9.9 で表される以下の関数 $y = f(x)$ は，閉区間 $[0.5, 1.5]$ で，区分的に連続であることを確認せよ．
>
> $$y = f(x) = [x] = n \quad (n \le x < n + 1)$$
>
> この関数は一般に**床関数**とよばれる．床関数は，実数 x に対して，x を超えない最大の整数と定義される[注5]．

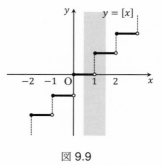

図 9.9

《解答》 閉区間内では，図 9.9 より $x = 1$ を除いて連続である．さらに，右極限値，左極限値をそれぞれ計算すれば，

$$\lim_{\varepsilon \to +0} f(1 + \varepsilon) = 1, \quad \lim_{\varepsilon \to +0} f(1 - \varepsilon) = 0$$

が存在するので，区分的に連続である． □

定義 9.2 (微分係数) 以下の極限を考える．

$$f'(x + 0) = \lim_{\varepsilon \to +0} \frac{f(x + \varepsilon) - f(x + 0)}{\varepsilon}, \tag{9.20a}$$

$$f'(x - 0) = \lim_{\varepsilon \to +0} \frac{f(x - \varepsilon) - f(x - 0)}{-\varepsilon}. \tag{9.20b}$$

ここで，(9.20a) を**右微分係数**，(9.20b) を**左微分係数**という．

定義 9.3 (区分的に滑らか) 関数 $f(x)$ が閉区間 $[a, b]$ で**区分的に滑らか**とは，閉区間 $[a, b]$ 内で有限個の点 $a \le x_1, \ldots, x_n \le b$ を除いて $f(x)$ が微分可能であり，$f'(x)$ が区分的に連続，つまり連続かつ以下の右極限値，左極限値

$$\lim_{\varepsilon \to +0} f'(x_i + \varepsilon) = f'(x_i + 0) \quad (i = 1, \ldots, n), \tag{9.21a}$$

$$\lim_{\varepsilon \to +0} f'(x_i - \varepsilon) = f'(x_i - 0) \quad (i = 1, \ldots, n) \tag{9.21b}$$

が存在するときをいう．

例題 9.5 図 9.10 で表される以下の関数 $y = f(x)$ は，閉区間 $[0.5, 1.5]$ で区分的に滑らかであることを確認せよ．

$$y = f(x) = x - [x]$$

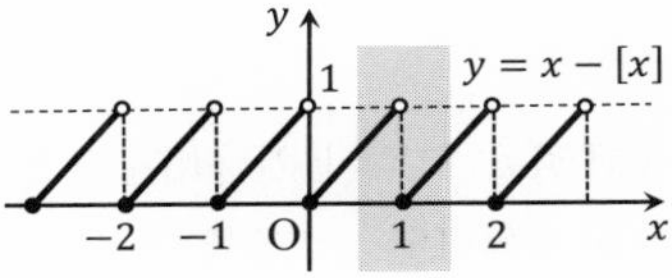

図 9.10

《解答》 閉区間内では，図 9.10 より，$x = 1$ を除いて $f(x)$ は微分可能であり，$f'(x)$ が連続である．さらに，右微分係数，左微分係数をそれぞれ計算すれば，

$$f'(1 + 0) = \lim_{\varepsilon \to +0} \frac{f(1 + \varepsilon) - f(1 + 0)}{\varepsilon} = \lim_{\varepsilon \to +0} \frac{(1 + \varepsilon - 1) - 0}{\varepsilon} = 1,$$

$$f'(1 - 0) = \lim_{\varepsilon \to +0} \frac{f(1 - \varepsilon) - f(1 - 0)}{-\varepsilon} = \lim_{\varepsilon \to +0} \frac{(1 - \varepsilon) - 1}{-\varepsilon} = 1$$

が存在するので，区分的に滑らかである[注6]． □

[注6] なお，$f'(1 + 0)$ および $f'(1 - 0)$ が存在すればよいのであって，一致する必要はないことに注意されたい．

以上の準備のもと本節の主題である次の定理を紹介する.

定理 9.2 (フーリエ級数の収束) 関数 $f(x)$ は周期 2π をもち，閉区間 $[-\pi, \pi]$ で区分的に滑らかとする．このとき，フーリエ級数

$$S(x) = a_0 + \sum_{n=1}^{\infty} (a_n \cos nx + b_n \sin nx)$$

は収束する．ただし，$f(x)$ が不連続である点 $x = x_0$ では，級数の和は左極限値と右極限値の平均値に等しい．すなわち，

$$S(x_0) = \frac{f(x_0 - 0) + f(x_0 + 0)}{2}.$$

●**注意 9.3** フーリエ級数 $S(x)$ が収束するとき，$S(x)$ を利用して，

$$f(x) = a_0 + \sum_{n=1}^{\infty} (a_n \cos nx + b_n \sin nx)$$

と表現する．なお，$f(x)$ のフーリエ級数が収束せず和 $f(x)$ をもたないときにも，近似式として，

$$f(x) \sim a_0 + \sum_{n=1}^{\infty} (a_n \cos nx + b_n \sin nx)$$

と書くことにする．定理 9.2 は，周期関数がフーリエ級数で表されるための十分条件であることに注意されたい.

《**証明**》 工学上の応用を考えて，簡易的な証明を与える．すなわち，$f(x)$ は 2 階微分可能かつ連続である場合を示す.

まず，フーリエ係数 (9.10b), (9.10c) が収束することを示す．部分積分によって計算を行う.

$$a_n = \frac{1}{\pi} \int_{-\pi}^{\pi} f(x) \cos nx \, dx = \left[\frac{f(x) \sin nx}{n\pi} \right]_{-\pi}^{\pi} - \frac{1}{n\pi} \int_{-\pi}^{\pi} f'(x) \sin nx \, dx$$

$$= \left[\frac{f'(x) \cos nx}{n^2 \pi} \right]_{-\pi}^{\pi} - \frac{1}{n^2 \pi} \int_{-\pi}^{\pi} f''(x) \cos nx \, dx$$

$$= \frac{f'(\pi)(-1)^n - f'(-\pi)(-1)^n}{n^2 \pi} - \frac{1}{n^2 \pi} \int_{-\pi}^{\pi} f''(x) \cos nx \, dx$$

となる．ただし，$\cos n\pi = \cos(-n\pi) = (-1)^n$ である.

ここで，仮定より，$f''(x)$ は積分区間で連続であるので，

$$|f''(x)| \le M$$

を満たす適当な定数 M が存在する．したがって，$|\cos nx| \le 1$ に注意して，

$$|a_n| = \left| \frac{f'(\pi)(-1)^n - f'(-\pi)(-1)^n}{n^2\pi} - \frac{1}{n^2\pi} \int_{-\pi}^{\pi} f''(x) \cos nx \, dx \right|$$

$$\le \left| \frac{f'(\pi)(-1)^n - f'(-\pi)(-1)^n}{n^2\pi} \right| + \frac{1}{n^2\pi} \left| \int_{-\pi}^{\pi} f''(x) \cos nx \, dx \right|$$

$$\le \frac{|f'(\pi)| + |f'(-\pi)|}{n^2\pi} + \frac{1}{n^2\pi} \int_{-\pi}^{\pi} |f''(x)| \cdot |\cos nx| \, dx$$

$$\le \frac{|f'(\pi)| + |f'(-\pi)|}{n^2\pi} + \frac{1}{n^2\pi} \int_{-\pi}^{\pi} M \, dx$$

$$= \frac{|f'(\pi)| + |f'(-\pi)|}{n^2\pi} + \frac{2M}{n^2} \le \frac{K}{n^2}$$

となる定数 K が存在する．同様に，すべての n に対して，

$$|b_n| \le \frac{K}{n^2}$$

が示される．以上より，

$$|S(x)| \le |a_0| + 2K\left(1 + \frac{1}{2^2} + \frac{1}{3^2} + \cdots\right)$$

$$< |a_0| + 2K\left(1 + \frac{1}{1\cdot2} + \frac{1}{2\cdot3} + \cdots + \frac{1}{n(n+1)} + \cdots\right)$$

$$= |a_0| + 2K\left(1 + \frac{1}{1} - \frac{1}{2} + \frac{1}{2} - \frac{1}{3} + \cdots + \frac{1}{n} - \frac{1}{n+1} + \cdots\right)$$

$$= |a_0| + 4K$$

となり，フーリエ級数は収束する． □

9.7　フーリエ級数の項別積分・項別微分

　フーリエ級数をある条件のもと項別に微分と積分を行うことで，他のフーリエ級数を導くことができる．本節では，その条件や，具体的な例題をとおして，級数の収束に対する応用例を紹介する．

　(9.4) で与えられた次の周期 2π の関数 $f(x)$ について考える．

$$f(x) = a_0 + \sum_{n=1}^{\infty} (a_n \cos nx + b_n \sin nx)$$

定理 9.3 (項別積分)　周期 2π の関数 $f(x)$ が閉区間 $[-\pi,\pi]$ で区分的に連続であれば，任意の $x\,(\in [-\pi,\pi])$ に対して $f(x)$ のフーリエ級数は**項別積分**可能である．すなわち，以下が成り立つ．

$$\int_0^x f(t)\,dt = a_0 x + \sum_{n=1}^{\infty} \left(\frac{a_n}{n} \sin nx + \frac{b_n}{n}(1 - \cos nx) \right) \qquad (9.22)$$

特に，$a_0 = 0$ ならばフーリエ級数となる．

定理 9.4 (項別微分)　周期 2π の関数 $f(x)$ が連続で，閉区間 $[-\pi,\pi]$ で区分的に滑らかであるとする．さらに，$f''(x)$ が区分的に連続であれば，関数 $f(x)$ のフーリエ級数は**項別微分**可能である．すなわち，以下が成り立つ．

$$f'(x) = \sum_{n=1}^{\infty} (nb_n \cos nx - na_n \sin nx) \qquad (9.23)$$

さらに，この級数は $f'(x)$ の不連続点を除いて $f'(x)$ に収束する．

一般に，

$$a_n \to 0, \quad b_n \to 0 \quad (n \to \infty)$$

であっても，フーリエ級数 (9.23) は収束するとは限らない．すなわち，区分的に滑らかな関数 $f(x)$ だけでは，項別微分が収束するとは限らないことに注意されたい．

以下の例題によって，フーリエ級数を求める方法を具体的に解説する．

例題 9.6　例題 9.3 において $k = \pi$ であるとき，以下の関数

$$f(x) = x \;\; (-\pi \le x < \pi), \;\; f(x+2\pi) = f(x)$$

のフーリエ級数は，

$$f(x) = 2\left(\sin x - \frac{1}{2}\sin 2x + \frac{1}{3}\sin 3x + \cdots + \frac{(-1)^{n+1}}{n}\sin nx + \cdots \right)$$

$$= 2\sum_{n=1}^{\infty} \frac{(-1)^{n+1}}{n}\sin nx$$

で与えられる．これを利用して，

$$g(x) = x^2 \;\; (-\pi \le x < \pi), \;\; g(x+2\pi) = g(x)$$

のフーリエ級数を求めよ．ただし，$\displaystyle\sum_{n=1}^{\infty}\frac{1}{n^2}=\frac{\pi^2}{6}$ とする．

《**解答**》 項別積分を利用する．

$$\int_0^x t\,dt = 2\sum_{n=1}^{\infty}\frac{(-1)^{n+1}}{n}\int_0^x \sin nt\,dt \implies \frac{1}{2}x^2 = 2\sum_{n=1}^{\infty}\frac{(-1)^{n+1}}{n^2}(1-\cos nx)$$

ここで，

$$\sum_{n=1}^{\infty}\frac{(-1)^{n+1}}{n^2} = \frac{1}{1^2}-\frac{1}{2^2}+\frac{1}{3^2}-\frac{1}{4^2}+\cdots$$

$$= \left(\frac{1}{1^2}+\frac{1}{2^2}+\frac{1}{3^2}+\frac{1}{4^2}+\cdots\right)-\frac{2}{2^2}\left(\frac{1}{1^2}+\frac{1}{2^2}+\frac{1}{3^2}+\frac{1}{4^2}+\cdots\right)=\frac{\pi^2}{12}$$

なので，

$$x^2 = 4\sum_{n=1}^{\infty}\frac{(-1)^{n+1}}{n^2}-4\sum_{n=1}^{\infty}\frac{(-1)^{n+1}}{n^2}\cos nx$$

$$= \frac{\pi^2}{3}-4\sum_{n=1}^{\infty}\frac{(-1)^{n+1}}{n^2}\cos nx.$$

となる．なお，これは (9.14) の結果と同一である． □

○**問 9.5** 周期関数 $f(x)=|x|\ (-\pi\le x\le\pi),\ f(x+2\pi)=f(x)$ を考える．$f(x)$ のフーリエ級数を求め，項別微分を行うことで例題 9.1 のフーリエ級数 (9.11) が得られることを確認せよ．

9.8 任意の周期をもつ関数のフーリエ級数展開

前節までに扱った関数は，簡単のため周期 2π をもつ関数に限定した．本節では，任意の周期をもつ関数におけるフーリエ級数の求め方について説明する．まず，任意の周期 2ℓ に関するオイラーの公式を以下に与える．

▍**任意の周期におけるオイラーの公式** 周期 2ℓ の関数 $f(x)$ のフーリエ級数展開

$$f(x) = a_0 + \sum_{n=1}^{\infty}\left(a_n\cos\frac{n\pi}{\ell}x + b_n\sin\frac{n\pi}{\ell}x\right) \tag{9.24}$$

におけるフーリエ係数は，以下の (9.25) で与えられる．

$$a_0 = \frac{1}{2\ell}\int_{-\ell}^{\ell}f(x)dx, \tag{9.25a}$$

$$a_n = \frac{1}{\ell} \int_{-\ell}^{\ell} f(x) \cos \frac{n\pi}{\ell} x \, dx \quad (n = 1, 2, \ldots),$$　(9.25b)

$$b_n = \frac{1}{\ell} \int_{-\ell}^{\ell} f(x) \sin \frac{n\pi}{\ell} x \, dx \quad (n = 1, 2, \ldots).$$　(9.25c)

《証明》　証明は，座標変換 $\theta = \dfrac{\pi x}{\ell}$, $\begin{array}{c|c} x & -\ell \to \ell \\ \hline \theta & -\pi \to \pi \end{array}$ を導入することによって

行われる．周期 2ℓ の関数 (9.24) に座標変換を行えば，以下を得る．

$$f(x) = f\left(\frac{\ell}{\pi}\theta\right) = g(\theta) = a_0 + \sum_{n=1}^{\infty} (a_n \cos n\theta + b_n \sin n\theta)$$

したがって，$g(\theta)$ は周期 2π をもつので，(9.10) から以下を得る．

$$g(\theta) = a_0 + \sum_{n=1}^{\infty} (a_n \cos n\theta + b_n \sin n\theta)$$　(9.26)

ただし，フーリエ係数は，

$$a_0 = \frac{1}{2\pi} \int_{-\pi}^{\pi} g(\theta) \, d\theta,$$　(9.27a)

$$a_n = \frac{1}{\pi} \int_{-\pi}^{\pi} g(\theta) \cos n\theta \, d\theta,$$　(9.27b)

$$b_n = \frac{1}{\pi} \int_{-\pi}^{\pi} g(\theta) \sin n\theta \, d\theta$$　(9.27c)

で与えられる．ここで，再び，

$$x = \frac{\ell\theta}{\pi}, \ dx = \frac{\ell}{\pi} \, d\theta, \ g(\theta) = f\left(\frac{\ell}{\pi}\theta\right) = f(x)$$

を考慮すれば，

$$a_0 = \frac{1}{2\pi} \int_{-\ell}^{\ell} f(x) \cdot \left(\frac{\pi}{\ell} dx\right) = \frac{1}{2\ell} \int_{-\ell}^{\ell} f(x) dx,$$

$$a_n = \frac{1}{\pi} \int_{-\ell}^{\ell} f(x) \cos \frac{n\pi x}{\ell} \cdot \left(\frac{\pi}{\ell} dx\right) = \frac{1}{\ell} \int_{-\ell}^{\ell} f(x) \cos \frac{n\pi x}{\ell} dx,$$

$$b_n = \frac{1}{\pi} \int_{-\ell}^{\ell} f(x) \sin \frac{n\pi x}{\ell} \cdot \left(\frac{\pi}{\ell} dx\right) = \frac{1}{\ell} \int_{-\ell}^{\ell} f(x) \sin \frac{n\pi x}{\ell} dx$$

となり，(9.25) を得る．　　　　　　　　　　　　　　　　　　　　□

例題 9.7 図 9.11 で表される以下の周期関数
$f(x)$ のフーリエ級数を求めよ.

$$f(x) = \begin{cases} 0 & (-\ell \leq x < -\ell/2) \\ 1 & (-\ell/2 \leq x \leq \ell/2) \\ 0 & (\ell/2 < x \leq \ell) \end{cases}$$

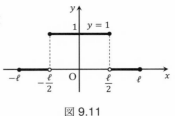

図 9.11

《解答》 フーリエ係数 (9.25) を計算する. ただし, $f(x)$ が偶関数であること
に注意すれば $b_n = 0$ である.

$$a_0 = \frac{1}{2\ell}\int_{-\ell}^{\ell} f(x)dx = \frac{1}{\ell}\int_0^{\frac{\ell}{2}} dx = \frac{1}{2},$$

$$a_n = \frac{1}{\ell}\int_{-\ell}^{\ell} f(x)\cos\frac{n\pi x}{\ell}dx = \frac{2}{\ell}\int_0^{\frac{\ell}{2}}\cos\frac{n\pi x}{\ell}dx = \frac{2}{\ell}\left[\frac{\ell}{n\pi}\sin\frac{n\pi x}{\ell}\right]_0^{\frac{\ell}{2}}$$

$$= \frac{2}{n\pi}\sin\frac{n\pi}{2} \quad (n = 1, 2, 3, 4, \ldots).$$

したがって以下を得る.

$$f(x) = \frac{1}{2} + \frac{2}{\pi}\left(\frac{1}{1}\cos\frac{1\pi}{\ell}x - \frac{1}{3}\cos\frac{3\pi}{\ell}x + \frac{1}{5}\cos\frac{5\pi}{\ell}x - \frac{1}{7}\cos\frac{7\pi}{\ell}x + \cdots\right) \qquad \square$$

例題 9.8 (半波整流器) 周期 T である
角周波数 $\omega = \frac{2\pi}{T}$ の正弦波電圧を表す
関数 $V(t)$ が半波整流器を通過すると,
正弦波の負の部分が除去される.

$$V(t) = \begin{cases} 0 & (-T/2 \leq t < 0) \\ E\sin\omega t & (0 \leq t \leq T/2) \end{cases}$$

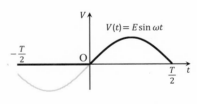

図 9.12 $V(t) = E\sin\omega t$

のフーリエ級数を求めよ.

《解答》 (9.25) において, $\ell = T/2$ として計算する.

$$a_0 = \frac{1}{T}\int_{-\frac{T}{2}}^{\frac{T}{2}} V(t)dt = \frac{1}{T}\int_0^{\frac{T}{2}} E\sin\omega t\, dt = \frac{1}{T}\left[-\frac{E}{\omega}\cos\omega t\right]_0^{\frac{T}{2}} = \frac{E}{\pi}$$

を得る. ただし $\omega T = 2\pi$ である. 同様に,

$$a_n = \frac{2}{T}\int_0^{\frac{T}{2}} E\sin\omega t\cos n\omega t\, dt = \frac{E}{T}\int_0^{\frac{T}{2}}\{\sin(n+1)\omega t - \sin(n-1)\omega t\}dt$$

となる. ここで,

(i) $n = 1$ のとき,

$$a_1 = \frac{E}{T}\int_0^{\frac{T}{2}} \sin 2\omega t\, dt = \frac{E}{T}\left[-\frac{\cos 2\omega t}{2\omega}\right]_0^{\frac{T}{2}} = 0.$$

(ii) $n > 1$ のとき,

$$a_n = \frac{E}{T}\left[-\frac{\cos(n+1)\omega t}{(n+1)\omega} + \frac{\cos(n-1)\omega t}{(n-1)\omega}\right]_0^{\frac{T}{2}}$$
$$= \frac{E}{T}\left\{-\frac{(-1)^{n+1}-1}{(n+1)\omega} + \frac{(-1)^{n-1}-1}{(n-1)\omega}\right\}.$$

したがって, $k = 1, 2, \ldots$ としたとき,

$$a_{2k} = \frac{2E}{T}\left\{\frac{1}{(2k+1)\omega} - \frac{1}{(2k-1)\omega}\right\} = -\frac{2E}{\pi(2k-1)(2k+1)},$$

$$a_{2k+1} = 0.$$

同様に,

$$b_n = \frac{2}{T}\int_0^{\frac{T}{2}} E\sin\omega t\sin n\omega t\, dt = \frac{E}{T}\int_0^{\frac{T}{2}}\left\{-\cos(n+1)\omega t + \cos(n-1)\omega t\right\}dt$$

となる. ここで,

(i) $n = 1$ のとき,

$$b_1 = \frac{E}{T}\int_0^{\frac{T}{2}}(1-\cos 2\omega t)dt = \frac{E}{T}\left[t - \frac{\sin 2\omega t}{2\omega}\right]_0^{\frac{T}{2}} = \frac{E}{2}.$$

(ii) $n > 1$ のとき,

$$b_n = \frac{E}{T}\left[-\frac{\sin(n+1)\omega t}{(n+1)\omega} + \frac{\sin(n-1)\omega t}{(n-1)\omega}\right]_0^{\frac{T}{2}} = 0.$$

以上より,

$$V(t) = \frac{E}{\pi} + \frac{E}{2}\sin\omega t - \frac{2E}{\pi}\left(\frac{1}{1\cdot 3}\cos 2\omega t + \frac{1}{3\cdot 5}\cos 4\omega t + \cdots\right). \qquad \square$$

〇**問 9.6** 図 9.13 で表される以下の周期関数 $f(x)$ のフーリエ級数を求めよ.

$$f(x) = e^{-|x|} \quad (-1 \le x \le 1),$$
$$f(x+2) = f(x).$$

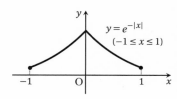

図 9.13

9.9　フーリエ余弦級数，フーリエ正弦級数

いままでの結果により，フーリエ級数展開の特徴として，$f(x)$ が偶関数であれば $b_n = 0$ となりフーリエ級数は定数項と余弦項だけをもち，正弦項は存在しない．逆に，奇関数であれば $a_n = 0$ となり正弦項のみ残る．したがって，以下の結果を得ることができる．

> **定理 9.5（奇関数・偶関数）** 周期 2ℓ の偶関数 $f(x)$ のフーリエ級数は，以下の**フーリエ余弦級数**として表される．
>
> $$f(x) = a_0 + \sum_{n=1}^{\infty} a_n \cos \frac{n\pi}{\ell} x \tag{9.28}$$
>
> ただし，
>
> $$a_0 = \frac{1}{\ell} \int_0^{\ell} f(x)\,dx, \quad a_n = \frac{2}{\ell} \int_0^{\ell} f(x) \cos \frac{n\pi}{\ell} x\,dx \quad (n = 1, 2, \ldots).$$
>
> また，周期 2ℓ の奇関数 $f(x)$ のフーリエ級数は，以下の**フーリエ正弦級数**として表される．
>
> $$f(x) = \sum_{n=1}^{\infty} b_n \sin \frac{n\pi}{\ell} x \tag{9.29}$$
>
> ただし，
>
> $$b_n = \frac{2}{\ell} \int_0^{\ell} f(x) \sin \frac{n\pi}{\ell} x\,dx \quad (n = 1, 2, \ldots).$$

《証明》 命題 9.1 を利用する．特に，「(3) 偶関数と奇関数の積は奇関数である．また，奇関数と奇関数の積は偶関数である」ことに注意する．

(i) $f(x)$ が偶関数であるとき，$f(x) \cos \dfrac{n\pi}{\ell} x$ は偶関数，$f(x) \sin \dfrac{n\pi}{\ell} x$ は奇関数であるから，

$$a_0 = \frac{1}{2\ell} \int_{-\ell}^{\ell} f(x)\,dx = \frac{1}{\ell} \int_0^{\ell} f(x)\,dx,$$

$$a_n = \frac{1}{\ell} \int_{-\ell}^{\ell} f(x) \cos \frac{n\pi}{\ell} x\,dx = \frac{2}{\ell} \int_0^{\ell} f(x) \cos \frac{n\pi}{\ell} x\,dx,$$

$$b_n = \frac{1}{\ell} \int_{-\ell}^{\ell} f(x) \sin \frac{n\pi}{\ell} x\,dx = 0.$$

(ii) $f(x)$ が奇関数であるとき，$f(x) \cos \dfrac{n\pi}{\ell} x$ は奇関数，$f(x) \sin \dfrac{n\pi}{\ell} x$ は偶関数であるから，

$$a_0 = \frac{1}{2\ell} \int_{-\ell}^{\ell} f(x)\,dx = 0,$$

$$a_n = \frac{1}{\ell} \int_{-\ell}^{\ell} f(x) \cos \frac{n\pi}{\ell} x \, dx = 0,$$

$$b_n = \frac{1}{\ell} \int_{-\ell}^{\ell} f(x) \sin \frac{n\pi}{\ell} x \, dx = \frac{2}{\ell} \int_{0}^{\ell} f(x) \sin \frac{n\pi}{\ell} x \, dx. \qquad \square$$

以下の定理は，フーリエ級数の重ね合わせについての結果である．

定理 9.6 (関数の和・定数倍)　関数の和 $f_1(x) + f_2(x)$ のフーリエ係数は，$f_1(x)$ と $f_2(x)$ のフーリエ係数の和である．また，関数の定数倍 $kf(x)$ のフーリエ係数は，$f(x)$ のフーリエ係数の k 倍である．

▷ **例 9.4**　例題 9.1 において，実数 k に対して以下の関数を考える (図 9.14).

$$f(x) = \begin{cases} -k & (-\pi < x < 0) \\ k & (0 \le x \le \pi) \end{cases}, \quad f(x + 2\pi) = f(x).$$

このとき，フーリエ級数展開 (9.11) を k 倍すれば，

$$f(x) = \frac{4k}{\pi} \sum_{m=1}^{\infty} \frac{1}{2m-1} \sin(2m-1)x$$

となる．　　　　　　　　　　　　　　　□

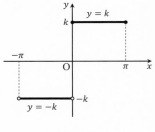

図 9.14

▷ **例 9.5**　問 9.2 の関数

$$f(x) = \begin{cases} 0 & (-\pi < x < 0) \\ k & (0 \le x \le \pi) \end{cases}, \quad f(x + 2\pi) = f(x)$$

のフーリエ級数は，

$$f_1(x) = \begin{cases} -1 & (-\pi < x < 0) \\ 1 & (0 \le x \le \pi) \end{cases}, \quad f_1(x + 2\pi) = f_1(x),$$

$$f_2(x) = 1 \quad (-\pi < x \le \pi), \quad f_2(x + 2\pi) = f_2(x)$$

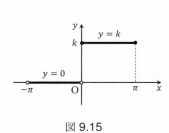

図 9.15

としたとき，$f(x) = \dfrac{k}{2}\{f_1(x) + f_2(x)\}$ のフーリエ級数と同一である．

ここで，$f_2(x)$ のフーリエ級数は偶関数であるので，

$$a_0 = \frac{1}{\pi} \int_{0}^{\pi} 1 \, dx = 1, \quad a_n = \frac{2}{\pi} \int_{0}^{\pi} 1 \cdot \cos \frac{n\pi}{\ell} x \, dx = 0.$$

したがって，$f(x)$ のフーリエ級数は以下となる.

$$f(x) = \frac{k}{2}\{f_1(x) + f_2(x)\} = \frac{k}{2}\left(\frac{4}{\pi}\sum_{m=1}^{\infty}\frac{1}{2m-1}\sin(2m-1)x + 1\right)$$

$$= \frac{k}{2} + \frac{2k}{\pi}\sum_{m=1}^{\infty}\frac{1}{2m-1}\sin(2m-1)x$$

これは問 9.2 と同一の結果である. □

○問 9.7 図 9.16 で表される以下の周期関数 $f(x)$ のフーリエ級数を例題 9.1 および例題 9.3 の結果を利用して求めよ.

$$f(x) = \begin{cases} x-1 & (-\pi \le x < 0) \\ x+1 & (0 \le x < \pi) \end{cases},$$

$$f(x+2\pi) = f(x).$$

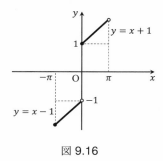

図 9.16

9.10　半区間展開

　現実の世界では，ギターの弦における振動系や有限長の金属棒における熱分布などは区間が決まっているが，周期が 2π とは限らない場合がほとんどである. 本節では，閉区間 $[0, \ell]$ における関数 $f(x)$ に対して，フーリエ級数を求めることを考える.

　閉区間 $[0, \ell]$ で与えられている関数 $f(x)$ を，偶関数として y 軸に関して対称に延長したあと，周期 2ℓ の偶周期関数に拡張した関数のフーリエ級数を**偶周期的展開**，あるいは**フーリエ余弦展開**という. 一方，関数 $f(x)$ を，奇関数として原点対称に延長したあと，周期 2ℓ の奇周期関数に拡張した関数のフーリエ級数を**奇周期的展開**，あるいは**フーリエ正弦展開**という. 偶周期的展開および奇周期的展開をあわせて**半区間展開**という.

> **例題 9.9 (三角パルスとその半区間展開)** 　以下の関数の偶周期的展開と奇周期的展開を求めよ.
>
> $$f(x) = \begin{cases} x & (0 < x \le \ell/2) \\ \ell - x & (\ell/2 < x \le \ell) \end{cases}$$

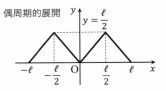

偶周期的展開

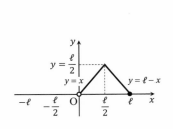

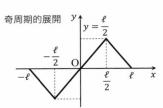

奇周期的展開

図 9.17

《**解答**》 まず，偶周期的展開の場合を考える．(9.28) を利用する．

$$a_0 = \frac{1}{\ell}\left(\int_0^{\frac{\ell}{2}} x\,dx + \int_{\frac{\ell}{2}}^{\ell}(\ell - x)\,dx\right) = \frac{\ell}{4},$$

$$a_n = \frac{2}{\ell}\left(\int_0^{\frac{\ell}{2}} x\cos\frac{n\pi}{\ell}x\,dx + \int_{\frac{\ell}{2}}^{\ell}(\ell - x)\cos\frac{n\pi}{\ell}x\,dx\right)$$

となる．a_n の積分に関して

$$\int_0^{\frac{\ell}{2}} x\cos\frac{n\pi}{\ell}x\,dx = \left[\frac{\ell}{n\pi}x\sin\frac{n\pi}{\ell}x + \frac{\ell^2}{n^2\pi^2}\cos\frac{n\pi}{\ell}x\right]_0^{\frac{\ell}{2}}$$

$$= \frac{\ell^2}{2n\pi}\sin\frac{n\pi}{2} + \frac{\ell^2}{n^2\pi^2}\left(\cos\frac{n\pi}{2} - 1\right),$$

$$\int_{\frac{\ell}{2}}^{\ell}(\ell - x)\cos\frac{n\pi}{\ell}x\,dx = \left[\frac{\ell}{n\pi}(\ell - x)\sin\frac{n\pi}{\ell}x - \frac{\ell^2}{n^2\pi^2}\cos\frac{n\pi}{\ell}x\right]_{\frac{\ell}{2}}^{\ell}$$

$$= -\frac{\ell^2}{2n\pi}\sin\frac{n\pi}{2} - \frac{\ell^2}{n^2\pi^2}\left\{(-1)^n - \cos\frac{n\pi}{2}\right\}$$

となる．以上より，

$$a_n = \frac{2\ell}{n^2\pi^2}\left\{2\cos\frac{n\pi}{2} + (-1)^{n+1} - 1\right\}.$$

したがって，n に具体的な自然数を代入すれば，

$$a_1 = a_3 = a_5 = \cdots = 0,$$

$$a_2 = -\frac{8\ell}{2^2\pi^2}, \quad a_4 = 0, \quad a_6 = -\frac{8\ell}{6^2\pi^2}, \quad a_8 = 0, \quad a_{10} = -\frac{8\ell}{10^2\pi^2}, \quad \cdots$$

となる．したがって，$f(x)$ を周期 2ℓ の偶関数としたとき，偶周期的展開は以下となる．

$$f(x) = \frac{\ell}{4} - \frac{8\ell}{\pi^2}\left(\frac{1}{2^2}\cos\frac{2\pi}{\ell}x + \frac{1}{6^2}\cos\frac{6\pi}{\ell}x + \frac{1}{10^2}\cos\frac{10\pi}{\ell}x + \cdots\right)$$

続いて，周期 2ℓ に拡張した偶関数 $f(x)$ の奇周期的展開の場合を考える．奇周期的展開なので，(9.29) によれば，$a_n = 0$ であり，

$$b_n = \frac{2}{\ell}\left(\int_0^{\frac{\ell}{2}} x\sin\frac{n\pi}{\ell}x\,dx + \int_{\frac{\ell}{2}}^{\ell}(\ell-x)\sin\frac{n\pi}{\ell}x\,dx\right)$$

となる．b_n の積分に関しては，

$$\int_0^{\frac{\ell}{2}} x\sin\frac{n\pi}{\ell}x\,dx = \left[-\frac{\ell}{n\pi}x\cos\frac{n\pi}{\ell}x + \frac{\ell^2}{n^2\pi^2}\sin\frac{n\pi}{\ell}x\right]_0^{\frac{\ell}{2}}$$

$$= -\frac{\ell^2}{2n\pi}\cos\frac{n\pi}{2} + \frac{\ell^2}{n^2\pi^2}\sin\frac{n\pi}{2},$$

$$\int_{\frac{\ell}{2}}^{\ell}(\ell-x)\sin\frac{n\pi}{\ell}x\,dx = \left[-\frac{\ell}{n\pi}(\ell-x)\cos\frac{n\pi}{\ell}x - \frac{\ell^2}{n^2\pi^2}\sin\frac{n\pi}{\ell}x\right]_{\frac{\ell}{2}}^{\ell}$$

$$= \frac{\ell^2}{2n\pi}\cos\frac{n\pi}{2} + \frac{\ell^2}{n^2\pi^2}\sin\frac{n\pi}{2}$$

のように個別に計算できる．以上より，

$$b_n = \frac{4\ell}{n^2\pi^2}\sin\frac{n\pi}{2}.$$

したがって，n に具体的な自然数を代入すれば，

$$b_2 = b_4 = b_6 = \cdots = 0,$$

$$b_1 = \frac{4\ell}{1^2\pi^2},\quad b_3 = -\frac{4\ell}{3^2\pi^2},\quad b_5 = \frac{4\ell}{5^2\pi^2},\quad b_7 = -\frac{4\ell}{7^2\pi^2},\quad \ldots$$

となる．したがって，$f(x)$ の奇周期的展開は以下となる．

$$f(x) = \frac{4\ell}{\pi^2}\left(\frac{1}{1^2}\sin\frac{1\pi}{\ell}x - \frac{1}{3^2}\sin\frac{3\pi}{\ell}x + \frac{1}{5^2}\sin\frac{5\pi}{\ell}x - \frac{1}{7^2}\sin\frac{7\pi}{\ell}x + \cdots\right)\qquad \square$$

〇問 **9.8** 図 9.18 で表される以下の関数 $f(x)$ の半区間展開 (偶周期的展開および奇周期的展開) を求めよ．

$$f(x) = \begin{cases} x & (0 \le x \le 1) \\ 1 & (1 < x < 2) \end{cases}$$

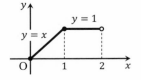

図 9.18

9.11　複素フーリエ級数

前節では，フーリエ級数

$$f(x) = a_0 + \sum_{n=1}^{\infty} (a_n \cos nx + b_n \sin nx)$$

において，式 (9.10) を利用して係数を決定していた．しかし，係数を求めるための積分計算は，これまでみてきたようにかなり大変であった．そこで，オイラーの公式 $e^{i\theta} = \cos\theta + i\sin\theta$ を利用することによって，計算の簡略化を考える．ただし，$i = \sqrt{-1}$, θ は実数であり，このとき，容易に以下の関係式が得られる．

$$\cos nx = \frac{e^{inx} + e^{-inx}}{2}, \quad \sin nx = \frac{e^{inx} - e^{-inx}}{2i}. \tag{9.30}$$

このとき，フーリエ級数 $f(x)$ は以下のように変形できる．

$$f(x) = a_0 + \sum_{n=1}^{\infty} (a_n \cos nx + b_n \sin nx)$$

$$= a_0 + \sum_{n=1}^{\infty} \left(a_n \frac{e^{inx} + e^{-inx}}{2} + b_n \frac{e^{inx} - e^{-inx}}{2i} \right)$$

$$= a_0 + \sum_{n=1}^{\infty} \left(\frac{a_n - ib_n}{2} e^{inx} + \frac{a_n + ib_n}{2} e^{-inx} \right)$$

ここで，

$$a_0 = c_0, \quad c_n = \frac{a_n - ib_n}{2}, \quad d_n = \frac{a_n + ib_n}{2}$$

とおけば，以下となる．

$$f(x) = c_0 + \sum_{n=1}^{\infty} \left(c_n e^{inx} + d_n e^{-inx} \right) \tag{9.31}$$

また，係数 $c_1, c_2, \ldots$ と $d_1, d_2, \ldots$ に対して，(9.10) の a_n, b_n より，

$$c_n = \frac{a_n - ib_n}{2} = \frac{1}{2\pi} \int_{-\pi}^{\pi} f(x)(\cos nx - i\sin nx) dx$$

$$= \frac{1}{2\pi} \int_{-\pi}^{\pi} f(x) e^{-inx} dx, \tag{9.32a}$$

$$d_n = \frac{1}{2}(a_n + ib_n) = \frac{1}{2\pi} \int_{-\pi}^{\pi} f(x)(\cos nx + i\sin nx) dx,$$

$$= \frac{1}{2\pi} \int_{-\pi}^{\pi} f(x) e^{inx} dx \tag{9.32b}$$

が得られる．最終的に $d_n = c_{-n}$ とすれば，以下のように1つにまとめることができる．

$$f(x) = \sum_{n=-\infty}^{\infty} c_n e^{inx} \tag{9.33}$$

ただし，$c_0 = a_0$,

$$c_n = \frac{1}{2\pi} \int_{-\pi}^{\pi} f(x)e^{-inx}dx, \quad c_{-n} = \frac{1}{2\pi} \int_{-\pi}^{\pi} f(x)e^{inx}dx \quad (n = 0, 1, 2, \ldots).$$

これを**フーリエ級数の複素形式**，あるいは $f(x)$ の**複素フーリエ級数**であるという．また，c_n を $f(x)$ の**複素フーリエ係数**という．

> **例題 9.10 (複素フーリエ級数)** 問 9.6 に対して，区間を変更した以下の関数 $f(x)$ の複素フーリエ級数を求めよ．
>
> $$f(x) = e^{-|x|} \quad (-\pi \le x \le \pi), \quad f(x + 2\pi) = f(x).$$
>
> さらに，複素フーリエ級数から通常のフーリエ級数を求めよ．

《**解答**》 (9.32a) を用いて c_n を計算する．

$$c_0 = a_0 = \frac{1}{2\pi} \int_{-\pi}^{\pi} f(x)dx = \frac{1}{\pi} \int_0^{\pi} e^{-x}dx = \frac{1 - e^{-\pi}}{\pi},$$

$$c_n = \frac{1}{2\pi} \int_{-\pi}^{\pi} f(x)e^{-inx}dx = \frac{1}{2\pi} \int_{-\pi}^{0} e^{-(in-1)x}dx + \frac{1}{2\pi} \int_0^{\pi} e^{-(in+1)x}dx$$

$$= \frac{1}{2\pi} \left[-\frac{1}{in-1} e^{-(in-1)x} \right]_{-\pi}^{0} + \frac{1}{2\pi} \left[-\frac{1}{in+1} e^{-(in+1)x} \right]_0^{\pi}$$

$$= \frac{1+in}{2(n^2+1)\pi}\{1 - (-1)^n e^{-\pi}\} + \frac{1-in}{2(n^2+1)\pi}\{1 - (-1)^n e^{-\pi}\}$$

$$= \frac{1 - (-1)^n e^{-\pi}}{(n^2+1)\pi}.$$

ここで，$(-1)^0 = 1$ であり $n = 0$ でも成り立つので，(9.33) から複素フーリエ級数は，

$$f(x) = \sum_{n=-\infty}^{\infty} c_n e^{inx} = \underline{\sum_{n=-\infty}^{\infty} \frac{1 - (-1)^n e^{-\pi}}{(n^2+1)\pi} e^{inx}}$$

である．

続いて，通常のフーリエ級数を求める．

$$f(x) = \sum_{n=-\infty}^{\infty} \frac{1 - (-1)^n e^{-\pi}}{(n^2+1)\pi} (\cos nx + i\sin nx) = f_1(x) + if_2(x)$$

$$= \frac{1-e^{-\pi}}{\pi} + \sum_{n=1}^{\infty} \frac{2\{1-(-1)^n e^{-\pi}\}}{\pi(n^2+1)} \cos nx$$

ただし,

$$f_1(x) = \sum_{n=-\infty}^{\infty} \frac{1-(-1)^n e^{-\pi}}{(n^2+1)\pi} \cos nx = \frac{1-e^{-\pi}}{\pi} + 2\sum_{n=1}^{\infty} \frac{1-(-1)^n e^{-\pi}}{\pi(n^2+1)} \cos nx,$$

$$f_2(x) = \sum_{n=-\infty}^{\infty} \frac{1-(-1)^n e^{-\pi}}{(n^2+1)\pi} \sin nx = 0.$$

確認のため, 公式 (9.10) による方法によって計算を行えば, $f(x) = e^{-|x|}$ が偶関数であることに注意して, a_n $(n=0,1,2,\dots)$ は,

$$a_0 = \frac{1}{2\pi} \int_{-\pi}^{\pi} f(x) dx = \frac{1}{\pi} \int_0^{\pi} e^{-x} dx = \frac{1-e^{-\pi}}{\pi},$$

$$a_n = \frac{1}{\pi} \int_{-\pi}^{\pi} f(x) \cos nx \, dx = \frac{2}{\pi} \int_0^{\pi} e^{-x} \cos nx \, dx$$

$$= \frac{2}{\pi} \left[\frac{e^{-x}}{n^2+1} (n \sin nx - \cos nx) \right]_0^{\pi} = \frac{2\{1-(-1)^n e^{-\pi}\}}{\pi(n^2+1)}$$

となり, 一致することがわかる.   □

例題 9.11 以下の関数 $f(x)$ の複素フーリエ級数を求めよ.

$$f(x) = |x| \quad (-\pi \le x \le \pi), \quad f(x+2\pi) = f(x).$$

また, 以下の等式が成り立つことを示せ.

$$\frac{\pi^2}{8} = \frac{1}{1^2} + \frac{1}{3^2} + \frac{1}{5^2} + \cdots = \sum_{m=1}^{\infty} \frac{1}{(2m-1)^2}$$

《解答》 c_n $(n=0,1,\dots)$ を計算する.

$$c_0 = \frac{1}{2\pi} \int_{-\pi}^{\pi} |x| \, dx = \frac{1}{\pi} \int_0^{\pi} x \, dx = \frac{\pi}{2},$$

$$c_n = \frac{1}{2\pi} \int_{-\pi}^{\pi} |x| e^{-inx} dx = \frac{1}{2\pi} \int_{-\pi}^{0} (-x) e^{-inx} dx + \frac{1}{2\pi} \int_0^{\pi} x e^{-inx} dx$$

$$= -\frac{1}{2\pi} \left[\frac{i}{n} x e^{-inx} + \frac{1}{n^2} e^{-inx} \right]_{-\pi}^{0} + \frac{1}{2\pi} \left[\frac{i}{n} x e^{-inx} + \frac{1}{n^2} e^{-inx} \right]_0^{\pi}$$

$$= -\frac{1}{2\pi} \left(\frac{i\pi \cos n\pi}{n} - \frac{\cos n\pi}{n^2} + \frac{1}{n^2} \right) + \frac{1}{2\pi} \left(\frac{i\pi \cos n\pi}{n} + \frac{\cos n\pi}{n^2} - \frac{1}{n^2} \right)$$

$$= \frac{\cos n\pi - 1}{\pi n^2} = \frac{(-1)^n - 1}{\pi n^2}.$$

したがって, $c_0 = \dfrac{\pi}{2}$ であることに注意して,

$$f(x) = \sum_{n=-\infty}^{\infty} c_n e^{inx} = \frac{\pi}{2} + \underline{\sum_{n=-\infty\,(n\neq 0)}^{\infty} \frac{(-1)^n - 1}{\pi n^2} e^{inx}}.$$

さらに, 通常のフーリエ級数に書き換えると,

$$f(x) = \frac{\pi}{2} + \frac{2}{\pi} \sum_{n=1}^{\infty} \frac{(-1)^n - 1}{n^2} \cos nx = \frac{\pi}{2} - \frac{4}{\pi} \sum_{m=1}^{\infty} \frac{\cos(2m-1)x}{(2m-1)^2}$$

$$= \frac{\pi}{2} - \frac{4}{\pi} \left(\frac{\cos 1x}{1^2} + \frac{\cos 3x}{3^2} + \frac{\cos 5x}{5^2} + \cdots \right)$$

となる. これは問 9.5 の結果と一致している. このとき, $x = 0$ とすれば,

$$0 = \frac{\pi}{2} - \frac{4}{\pi} \left(\frac{1}{1^2} + \frac{1}{3^2} + \frac{1}{5^2} + \cdots \right)$$

$$\Longleftrightarrow \frac{\pi^2}{8} = \frac{1}{1^2} + \frac{1}{3^2} + \frac{1}{5^2} + \cdots = \sum_{m=1}^{\infty} \frac{1}{(2m-1)^2}. \qquad \square$$

○問 9.9 以下の関数 $f(x)$ の複素フーリエ級数を求めよ.

$$f(x) = x \quad (-\pi < x \le \pi), \quad f(x + 2\pi) = f(x).$$

本節の最後に, 任意の周期 2ℓ の関数に対しての複素フーリエ級数を紹介する.

> **定理 9.7 (複素フーリエ級数)** 関数 $f(x)$ の複素フーリエ級数は, 以下で与えられる.
>
> $$f(x) = \sum_{n=-\infty}^{\infty} c_n e^{i\frac{n\pi}{\ell}x} \qquad (9.34)$$
>
> ただし,
>
> $$c_n = \frac{1}{2\ell} \int_{-\ell}^{\ell} f(x) e^{-i\frac{n\pi}{\ell}x} dx, \quad c_{-n} = \frac{1}{2\ell} \int_{-\ell}^{\ell} f(x) e^{i\frac{n\pi}{\ell}x} dx \quad (n = 0, 1, 2, \ldots)$$
>
> である.

《証明》 周期 2π のときと同様に考える. (9.24) で与えられる以下の式を考える.

$$f(x) = a_0 + \sum_{n=1}^{\infty} \left(a_n \cos \frac{n\pi}{\ell} x + b_n \sin \frac{n\pi}{\ell} x \right),$$

ただし,

$$a_0 = \frac{1}{2\ell} \int_{-\ell}^{\ell} f(x) dx, \quad a_n = \frac{1}{\ell} \int_{-\ell}^{\ell} f(x) \cos \frac{n\pi}{\ell} x \, dx,$$

$$b_n = \frac{1}{\ell} \int_{-\ell}^{\ell} f(x) \sin \frac{n\pi}{\ell} x \, dx \quad (n = 1, 2, \ldots).$$

このとき，周期 2π のときと同様に，

$$\cos \frac{n\pi}{\ell} x = \frac{1}{2} \exp\left(i\frac{n\pi}{\ell}x\right) + \frac{1}{2} \exp\left(-i\frac{n\pi}{\ell}x\right),$$

$$\sin \frac{n\pi}{\ell} x = \frac{1}{2i} \exp\left(i\frac{n\pi}{\ell}x\right) - \frac{1}{2i} \exp\left(-i\frac{n\pi}{\ell}x\right)$$

を利用すれば，(9.24) は以下のように変形できる．

$$f(x) = a_0 + \sum_{n=1}^{\infty} \left\{ \frac{a_n - ib_n}{2} \exp\left(i\frac{n\pi}{\ell}x\right) + \frac{a_n + ib_n}{2} \exp\left(-i\frac{n\pi}{\ell}x\right) \right\}$$

ここで，

$$a_0 = c_0, \quad c_n = \frac{a_n - ib_n}{2}, \quad d_n = \frac{a_n + ib_n}{2}$$

とおけば，

$$f(x) = c_0 + \sum_{n=1}^{\infty} \left\{ c_n \exp\left(i\frac{n\pi}{\ell}x\right) + d_n \exp\left(-i\frac{n\pi}{\ell}x\right) \right\} \tag{9.35}$$

となる．また，係数 $c_1, c_2, \ldots$ と $d_1, d_2, \ldots$ に対しては

$$c_n = \frac{1}{2\ell} \int_{-\ell}^{\ell} f(x) \exp\left(-i\frac{n\pi}{\ell}x\right) dx,$$

$$d_n = \frac{1}{2\ell} \int_{-\ell}^{\ell} f(x) \exp\left(i\frac{n\pi}{\ell}x\right) dx$$

が得られ，最終的に $d_n = c_{-n}$ とすれば，(9.34) のように 1 つにまとめることができる．　　　　　　　　　　　　　　　　　　　　　　　　□

例題 9.12 以下の関数 $f(x)$ の複素フーリエ級数を求めよ．

$$f(x) = x^2 \ (-1 \leq x \leq 1), \quad f(x+2) = f(x).$$

また，以下の等式が成り立つことを示せ．

$$\frac{\pi^2}{12} = \frac{1}{1^2} - \frac{1}{2^2} + \frac{1}{3^2} - \frac{1}{4^2} + \cdots = \sum_{n=1}^{\infty} \frac{(-1)^{n-1}}{n^2}$$

《解答》 $c_n \ (n = 0, 1, \ldots)$ を計算する．$e^{-in\pi} = e^{in\pi} = \cos n\pi = (-1)^n$ なので，

$$c_0 = \frac{1}{2} \int_{-1}^{1} x^2 dx = \int_0^1 x^2 dx = \frac{1}{3},$$

$$c_n = \frac{1}{2} \int_{-1}^{1} x^2 e^{-in\pi x} dx = \frac{1}{2} \left[\left(\frac{i}{n\pi} x^2 + \frac{2}{n^2\pi^2} x - \frac{2i}{n^3\pi^3} \right) e^{-in\pi x} \right]_{-1}^{1}$$

$$= \frac{2}{n^2\pi^2} (-1)^n.$$

したがって，

$$f(x) = \sum_{n=-\infty}^{\infty} c_n e^{in\pi x} = \frac{1}{3} + \sum_{n=-\infty (n\neq 0)}^{\infty} \frac{2(-1)^n}{n^2\pi^2} e^{in\pi x}.$$

続いて，通常のフーリエ級数に書き換えると，

$$f(x) = \frac{1}{3} + \frac{4}{\pi^2} \sum_{n=1}^{\infty} \frac{(-1)^n}{n^2} \cos n\pi x$$

$$= \frac{1}{3} - \frac{4}{\pi^2} \left(\frac{\cos 1\pi x}{1^2} - \frac{\cos 2\pi x}{2^2} + \frac{\cos 3\pi x}{3^2} - \frac{\cos 4\pi x}{4^2} + \cdots \right)$$

となる．このとき，$x = 0$ とすれば，

$$0 = \frac{1}{3} - \frac{4}{\pi^2} \left(\frac{1}{1^2} - \frac{1}{2^2} + \frac{1}{3^2} - \frac{1}{4^2} + \cdots \right)$$

$$\Longleftrightarrow \frac{\pi^2}{12} = \frac{1}{1^2} - \frac{1}{2^2} + \frac{1}{3^2} - \frac{1}{4^2} + \cdots = \sum_{n=1}^{\infty} \frac{(-1)^{n-1}}{n^2}. \qquad \square$$

〇**問 9.10** 以下の関数 $f(x)$ の複素フーリエ級数を求めよ．

$$f(x) = x^3 \quad (-1 < x \leq 1), \quad f(x+2) = f(x).$$

9.12　微分方程式への応用

　フーリエ級数は，微分方程式の解法において重要な役割をする．特に，非同次微分方程式の右辺が周期関数などで表される場合に解析が容易となる．以下の例をとおして，その有用性を確認する．

　図 9.19 において，ばね定数 $k\,(>0)$ [N/m] のばねにつながれた質量 m [kg] の物体の運動方程式は以下で与えられる．

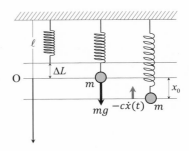

図 9.19　天井につるされた
ばねの運動

$$m\ddot{x}(t) + c\dot{x}(t) + kx(t) = F(t) \qquad (9.36)$$

ただし，$c\dot{x}(t)$ は速度に比例する抵抗力である．さらに，$c\,(>0)$ は抵抗力の比例定数 (減衰係数)，$F(t)$ は外力である．

　この微分方程式で考えられている外力 $F(t)$ は連続微分可能な関数であったが, いつもそのような入力であるとは限らない. 特に, 三角波 (問 9.3, p.139) が入力された場合, 結果として微分方程式に微分不可能な点が含まれており, いままでの知識だけでは特殊解を求めることはできなかった. そこで, フーリエ級数展開を利用して, 三角波などをあたかも連続微分可能な関数とみなすことによって, 特殊解が得られることを示す.

> **例題 9.13** 微分方程式 (9.36) を考える. 以下の外力 $F(t)$ を加えたときの**定常解**, すなわち十分時間が経過したときの解を求めよ.
>
> $$F(t) = \begin{cases} t + \pi/2 & (-\pi < t < 0) \\ -t + \pi/2 & (0 \le t \le \pi) \end{cases}, \quad F(t + 2\pi) = F(t).$$

《解答》 まず, $F(t)$ のフーリエ級数は, 問 9.4 (p.140) の結果より以下で与えられる.

$$F(t) = \frac{4}{\pi}\left(\cos t + \frac{\cos 3t}{3^2} + \frac{\cos 5t}{5^2} + \cdots\right) = \frac{2}{\pi}\sum_{n=1}^{\infty} \frac{1 - (-1)^n}{n^2}\cos nt$$

したがって,

$$m\ddot{x}(t) + c\dot{x}(t) + kx(t) = \frac{2}{\pi}\sum_{n=1}^{\infty}\frac{1 - (-1)^n}{n^2}\cos nt \tag{9.37}$$

となる. 続いて, 同次方程式

$$m\ddot{x}(t) + c\dot{x}(t) + kx(t) = 0 \iff \ddot{x}(t) + \frac{c}{m}\dot{x}(t) + \frac{k}{m}x(t) = 0 \tag{9.38}$$

は, 定理 6.1 [注7] より, $a = \dfrac{c}{m} > 0, b = \dfrac{k}{m} > 0$ なので漸近安定である. したがって, 非同次方程式の特殊解が定常解となる. そこで, 特殊解を

$$\eta(t) = \sum_{n=1}^{\infty}(a_n\cos nt + b_n\sin nt) \tag{9.39}$$

と仮定する. この (9.39) を $x(t) = \eta(t)$ として (9.38) に代入する.

$$-m\sum_{n=1}^{\infty}n^2(a_n\cos nt + b_n\sin nt) + c\sum_{n=1}^{\infty}n(-a_n\sin nt + b_n\cos nt)$$

$$+ k\sum_{n=1}^{\infty}(a_n\cos nt + b_n\sin nt) = \frac{2}{\pi}\sum_{n=1}^{\infty}\frac{1 - (-1)^n}{n^2}\cos nt$$

(注7) 2 階定数係数同次線形微分方程式 $y'' + ay' + by = 0$ の解が漸近安定となる必要十分条件は, $a > 0, b > 0$ であった.

ここで，$\cos nt,\ \sin nt$ は1次独立な関数なので，係数比較を行い

$$\begin{cases} (k - mn^2)a_n + cnb_n = \dfrac{2\{1 - (-1)^n\}}{\pi n^2} \\ -cna_n + (k - mn^2)b_n = 0 \end{cases} \iff \begin{cases} a_n = \dfrac{2\{1 - (-1)^n\}(k - mn^2)}{\pi n^2\{(k - mn^2)^2 + c^2 n^2\}} \\ b_n = \dfrac{2\{1 - (-1)^n\}cn}{\pi n^2\{(k - mn^2)^2 + c^2 n^2\}} \end{cases}$$

である．以上より，$x(t) \to \eta(t)\ (t \to \infty)$ なので，

$$\eta(t) = \sum_{n=1}^{\infty} \frac{2\{1 - (-1)^n\}}{\pi n^2\{(k - mn^2)^2 + c^2 n^2\}}\{(k - mn^2)\cos nt + cn\sin nt\}$$

$$= \frac{2}{\pi}\sum_{n=1}^{\infty} \frac{1 - (-1)^n}{n^2\sqrt{(k - mn^2)^2 + c^2 n^2}}\sin\left(nt + \phi(n)\right), \tag{9.40}$$

ただし，$\phi(n) = \arctan\dfrac{k - mn^2}{cn}$．　　　　　　　　　　　　　　□

〇問 9.11* 図 3.1 で与えられる RLC 回路 (p.72) を考え，電源の電圧 $E(t)$ をパルス波 ($k = 1$ とする) (問 9.2, p.138 参照)

$$F(t) = \begin{cases} 0 & (-\pi < t < 0) \\ 1 & (0 \le t \le \pi) \end{cases},\quad F(t + 2\pi) = F(t)$$

に変更した場合の定常解を求めよ．ただし，微分方程式は以下のとおりである．

$$LC\ddot{x}(t) + RC\dot{x}(t) + x(t) = F(t),\quad x(0) = 0,\ \dot{x}(0) = 0.$$

9.13　1次元熱伝導方程式

　本節では，フーリエ級数の応用として，簡単な**偏微分方程式**の解法について考える．特に，空間における熱の拡がり方を表す**熱伝導方程式** (拡散方程式ともよばれる) について説明する．

　以下の偏微分方程式の**境界値問題**を考える．

$$\frac{\partial u}{\partial t} = k\frac{\partial^2 u}{\partial x^2} \iff u_t = ku_{xx}\ (t > 0,\ 0 < x < \ell), \tag{9.41}$$

$$u(x, 0) = \phi(x)\ (0 \le x \le \ell),\quad u(0, t) = u(\ell, t) = 0\ (t \ge 0).$$

ただし，t は時刻，x は位置，$u(x, t) = u(X, T)$ は時刻 $t = T$，座標 $x = X\ (\in [0, \ell])$ における温度分布を表す．さらに k は正の定数とし，$\phi(x)$ は連続かつ区分的に滑らかな関数であり，$\phi(0) = \phi(\ell) = 0$ とする．

　この問題は，物理的に初期の温度分布 $u(x, 0) = \phi(x)$ が与えられたときの時刻 t における有限長の棒の座標 $x\ (\in [0, \ell])$ における温度分布を求めることと同

じである．ここでは**変数分離形**の解法を利用して，$u(x,t) = X(x)T(t)$ の形の解を求める．これを (9.41) に代入すると，$X(x)T'(t) = kX''(x)T(t)$ であるから

$$\frac{T'(t)}{kT(t)} = \frac{X''(x)}{X(x)} = -\lambda \quad (\lambda \text{ は定数})$$

と表せる．これより

$$X''(x) + \lambda X(x) = 0, \tag{9.42a}$$

$$T'(t) + k\lambda T(t) = 0 \tag{9.42b}$$

が得られる．(9.42a) の一般解は，任意の定数 C_1, C_2 を用いて容易に以下のように表される．

(i) $\lambda > 0$ のとき，$X(x) = C_1 \cos\sqrt{\lambda}x + C_2 \sin\sqrt{\lambda}x$.

(ii) $\lambda = 0$ のとき，$X(x) = C_1 + C_2 x$.

(iii) $\lambda < 0$ のとき，$X(x) = C_1 e^{\sqrt{-\lambda}x} + C_2 e^{-\sqrt{-\lambda}x}$.

ここで，境界条件 $X(0) = X(\ell) = 0$ より，(ii), (iii) をあわせて $\lambda \leq 0$ の場合は恒等的に $C_1 = C_2 = 0$ となり不適である．一方，(i) $\lambda > 0$ の場合を考えれば，

$$X(0) = C_1 \cdot 1 + C_2 \cdot 0 = 0, \quad X(\ell) = C_1 \cos\sqrt{\lambda}\ell + C_2 \sin\sqrt{\lambda}\ell = 0$$
$$\implies C_1 = 0, \, C_2 \sin\sqrt{\lambda}\ell = 0$$

より，

$$\sqrt{\lambda}\ell = n\pi \implies \lambda = \left(\frac{n\pi}{\ell}\right)^2 \quad (n = 1, 2, \ldots)$$

を得る．ここで，係数 λ を微分方程式 (9.42a) の境界条件 $u(0,0) = u(\ell,0) = 0$ に対する**固有値**という．したがって

$$X(x) = X_n(x) = \alpha_n \sin\frac{n\pi}{\ell}x \quad (\alpha_n \text{ は任意の定数}). \tag{9.43}$$

ここで，(9.43) を固有値 $\lambda = \left(\frac{n\pi}{\ell}\right)^2$ に属する**固有関数**という．

このとき，(9.42b) は

$$T'(t) + k\left(\frac{n\pi}{\ell}\right)^2 T(t) = 0$$

と表せるので，その一般解は

$$T(t) = T_n(t) = \beta_n \exp\left(-k\left(\frac{n\pi}{\ell}\right)^2 t\right) \quad (\beta_n \text{ は任意の定数}).$$

よって，$C_n = \alpha_n \beta_n$ とすると，

$$u(x,t) = X_n(x)T_n(t) = C_n \exp\left(-k\left(\frac{n\pi}{\ell}\right)^2 t\right)\sin\frac{n\pi}{\ell}x \quad (n = 1, 2, \ldots) \quad (9.44)$$

はすべての境界条件を満たす (9.41) の解となる. 一般に, (9.44) の有限個の和
で表現された解, すなわち 1 次結合による解も解となるが, これを**重ね合わせ
の原理**という.

この状態では, 初期条件 $u(x,0) = \phi(x)$ を満たすように係数 C_n を決定できな
いので, (9.44) の無限級数

$$u(x,t) = \sum_{n=1}^{\infty} C_n \exp\left(-k\left(\frac{n\pi}{\ell}\right)^2 t\right)\sin\frac{n\pi}{\ell}x$$

を考える. これが初期条件 $u(x,0) = \phi(x)$ を満たすためには

$$u(x,0) = \phi(x) = \sum_{n=1}^{\infty} C_n \sin\frac{n\pi}{\ell}x \quad (0 \le x \le \ell)$$

が成立しなければならない. ここで, フーリエ級数の考え方を利用する. 定理
9.5 で, 周期 2ℓ の奇関数 $f(x)$ のフーリエ正弦級数として表すとして (9.29) を
用いれば以下を得る.

$$C_n = \frac{2}{\ell}\int_0^{\ell} \phi(\xi)\sin\frac{n\pi}{\ell}\xi\,d\xi \quad (n = 1, 2, \ldots)$$

したがって, 熱伝導方程式 (9.41) の境界値問題の解は,

$$u(x,t) = \sum_{n=1}^{\infty}\left(\frac{2}{\ell}\int_0^{\ell} \phi(\xi)\sin\frac{n\pi}{\ell}\xi\,d\xi\right)\exp\left(-k\left(\frac{n\pi}{\ell}\right)^2 t\right)\sin\frac{n\pi}{\ell}x \quad (9.45)$$

となる.

●**注意 9.4** 初期値・境界値問題の解 (9.45) は形式的な解であることに注意されたい.
$\phi(x)$ $(\phi(0) = \phi(\ell) = 0)$ が閉区間 $[0, \ell]$ で連続かつ区分的に滑らかであるとき実際の解で
あることが示されるが, 本書ではこのような議論を省略する.

○**問 9.12** * 以下の偏微分方程式の境界値問題を解け.

$$\frac{\partial^2 u}{\partial t^2} + \frac{\partial^2 u}{\partial x^2} = 0 \iff u_{tt} + u_{xx} = 0 \ (0 < t < t_f, \, 0 < x < \ell),$$

$$u(x,0) = 0, \quad u(x,t_f) = \phi(x) \ (0 \le x \le \ell), \quad u(0,t) = u(\ell,t) = 0 \ (0 \le t \le t_f).$$

9.14 近似理論

本節では, **ベッセル (Bessel) の不等式**および**パーセバル (Parseval) の等式**に
ついて説明する. これらはフーリエ級数の係数 $\{a_n\}_{n=0}^{\infty}, \{b_n\}_{n=1}^{\infty}$ に関する近
似の結果である.

定理9.8 (ベッセルの不等式) 関数 $f(x)$ のフーリエ級数の係数 $\{a_n\}_{n=0}^{\infty}$, $\{b_n\}_{n=0}^{\infty}$ に対して，以下の不等式が成り立つ.

$$2a_0^2 + \sum_{n=1}^{N}(a_n^2 + b_n^2) \le \frac{1}{\pi}\int_{-\pi}^{\pi}\{f(x)\}^2 dx \tag{9.46}$$

《証明》 いま，関数 $f(x)$ は周期 2π の周期関数で，フーリエ級数展開された と仮定する．特に，フーリエ級数展開において，以下の (9.47) によって与えら れる $f(x)$ の第 N 部分和 $S_N(x)$ を考える．

$$S_N(x) = A_0 + \sum_{n=1}^{N}(A_n\cos nx + B_n\sin nx) \tag{9.47}$$

このとき，

$$J = \int_{-\pi}^{\pi}\{f(x) - S_N(x)\}^2 dx \tag{9.48}$$

の最小化問題を考える．すなわち，(9.48) で与えられる J を最小にする係数 $\{A_n\}_{n=0}^{N}, \{B_n\}_{n=1}^{N}$ を求める問題を考える．ここで J を $f(x)$ に対する $S_N(x)$ の 区間 $-\pi \le x \le \pi$ における**全2乗誤差**とよぶ．さらに，明らかに $J \ge 0$ であるこ とに注意されたい．この最小化問題を解くために J を計算すると，

$$J = \int_{-\pi}^{\pi}\{f(x)\}^2 dx - 2\int_{-\pi}^{\pi}f(x)S_N(x)dx + \int_{-\pi}^{\pi}\{S_N(x)\}^2 dx \ge 0 \tag{9.49}$$

となる．ここで (9.49) の右辺第2項および第3項について，

$$\int_{-\pi}^{\pi}f(x)S_N(x)dx = \int_{-\pi}^{\pi}f(x)\Big(A_0 + \sum_{n=1}^{N}(A_n\cos nx + B_n\sin nx)\Big)dx$$

$$= A_0\int_{-\pi}^{\pi}f(x)dx + \sum_{n=1}^{N}A_n\int_{-\pi}^{\pi}f(x)\cos nx\,dx + \sum_{n=1}^{N}B_n\int_{-\pi}^{\pi}f(x)\sin nx\,dx$$

$$= \pi(2A_0a_0 + A_1a_1 + \cdots + A_Na_N + B_1b_1 + \cdots + B_Nb_N),$$

$$\int_{-\pi}^{\pi}\{S_N(x)\}^2 dx$$

$$= \int_{-\pi}^{\pi}A_0^2\,dx + 2A_0\int_{-\pi}^{\pi}\sum_{n=1}^{N}(A_n\cos nx + B_n\sin nx)dx$$

$$+ \int_{-\pi}^{\pi}[A_1^2\cos^2 x + \cdots + A_N^2\cos^2 Nx]dx$$

$$+ \int_{-\pi}^{\pi}[B_1^2\sin^2 x + \cdots + B_N^2\sin^2 Nx]dx$$

$$+ 2\int_{-\pi}^{\pi} \big[A_1 B_1 \cos x \sin x + A_1 B_2 \cos x \sin 2x + \cdots + A_1 B_N \cos x \sin Nx$$
$$+ \cdots + A_{N-1} B_N \cos(N-1)x \sin Nx \big] dx$$

$$= 2\pi A_0^2 + \sum_{n=1}^{N} \int_{-\pi}^{\pi} A_n^2 \cos^2 nx \, dx + \sum_{n=1}^{N} \int_{-\pi}^{\pi} B_n^2 \sin^2 nx \, dx$$

$$+ 2 \sum_{n=i,j\,(i<j)} \int_{-\pi}^{\pi} A_i B_j \cos ix \sin jx \, dx$$

$$= \pi \big(2A_0^2 + A_1^2 + \cdots + A_N^2 + B_1^2 + \cdots + B_N^2 \big).$$

ここで，すべての自然数 i, j に対して，

$$\int_{-\pi}^{\pi} \cos ix \, dx = \int_{-\pi}^{\pi} \sin jx \, dx = 0, \quad \int_{-\pi}^{\pi} \cos^2 ix \, dx = \int_{-\pi}^{\pi} \sin^2 jx \, dx = \pi,$$
$$\int_{-\pi}^{\pi} \cos ix \sin jx \, dx = 0 \quad (i \neq j)$$

を利用している．さらに，$\{a_n\}_{n=0}^{N}, \{b_n\}_{n=0}^{N}$ はフーリエ係数である．

以上より，

$$J = \int_{-\pi}^{\pi} \{f(x)\}^2 dx - 2\pi \left[2A_0 a_0 + \sum_{n=1}^{N} (A_n a_n + B_n b_n) \right] + \pi \left[2A_0^2 + \sum_{n=1}^{N} (A_n^2 + B_n^2) \right]$$

$$= \int_{-\pi}^{\pi} \{f(x)\}^2 dx + 2\pi (A_0 - a_0)^2 + \pi \sum_{n=1}^{N} \left\{ (A_n - a_n)^2 + (B_n - b_n)^2 \right\}$$

$$- 2\pi a_0^2 - \pi \sum_{n=1}^{N} (a_n^2 + b_n^2)$$

を得る．ここで，

$$A_0 = a_0, \quad A_1 = a_1, \ldots, A_n = a_n, \quad B_1 = b_1, \ldots, B_n = b_n$$

と選べば，$J \geq 0$ に注意して，以下の不等式を得る．

$$\int_{-\pi}^{\pi} \{f(x)\}^2 dx \geq 2\pi a_0^2 + \pi \sum_{n=1}^{N} (a_n^2 + b_n^2) \qquad \qquad \square$$

不等式 (9.46) において $N \to +\infty$ の極限をとれば，以下の結果を得る．

定理 9.9 (パーセバルの等式) 関数 $f(x)$ のフーリエ級数の係数 $\{a_n\}_{n=0}^{\infty}$，$\{b_n\}_{n=0}^{\infty}$ に対して，以下の等式が成り立つ．

$$2a_0^2 + \sum_{n=1}^{\infty} (a_n^2 + b_n^2) = \frac{1}{\pi} \int_{-\pi}^{\pi} \{f(x)\}^2 dx = 2 \sum_{n=-\infty}^{\infty} |c_n|^2 \qquad (9.50)$$

ただし，$\{c_n\}_{n=-\infty}^{\infty}$ は (9.33) で与えられる複素フーリエ係数である.

《証明》 複素フーリエ係数 (9.33) より以下が成り立つ.

$$c_0 = a_0,$$

$$c_n = \frac{1}{2\pi} \int_{-\pi}^{\pi} f(x) e^{-inx} dx = \frac{a_n - i b_n}{2},$$

$$c_{-n} = \frac{1}{2\pi} \int_{-\pi}^{\pi} f(x) e^{inx} dx = \frac{a_n + i b_n}{2}.$$

したがって，

$$|c_n|^2 = \left| \frac{a_n - i b_n}{2} \right|^2 = \frac{a_n^2 + b_n^2}{4}, \quad |c_{-n}|^2 = \left| \frac{a_n + i b_n}{2} \right|^2 = \frac{a_n^2 + b_n^2}{4}$$

となるので，(9.50) が成り立つ.   □

例題 9.14 以下の定積分 I を最小にする数列 $\{a_k\}_{k=1}^{n}$ を求めよ.

$$I = \int_{-\pi}^{\pi} \left\{ x - (a_1 \sin x + a_2 \sin 2x + \cdots + a_n \sin nx) \right\}^2 dx$$

《解答》 まずは，フーリエ級数を利用せずに直接求める.

$$I = \int_{-\pi}^{\pi} \left\{ x - (a_1 \sin x + a_2 \sin 2x + \cdots + a_n \sin nx) \right\}^2 dx$$

$$= \int_{-\pi}^{\pi} \left\{ x^2 - 2(a_1 x \sin x + a_2 x \sin 2x + \cdots + a_n x \sin nx) \right.$$

$$+ a_1^2 \sin^2 x + a_2^2 \sin^2 2x + \cdots + a_n^2 \sin^2 nx$$

$$\left. + 2 \sum_{n=i,j\,(i<j)} a_i a_j \sin ix \sin jx \right\} dx$$

$$= 2 \int_0^{\pi} \left\{ x^2 - 2(a_1 x \sin x + a_2 x \sin 2x + \cdots + a_n x \sin nx) \right.$$

$$+ a_1^2 \sin^2 x + a_2^2 \sin^2 2x + \cdots + a_n^2 \sin^2 nx$$

$$\left. + 2 \sum_{n=i,j\,(i<j)} a_i a_j \sin ix \sin jx \right\} dx$$

$$= \frac{2}{3}\pi^3 - 4 \sum_{k=1}^{n} a_k \frac{(-1)^{k+1}}{k} \pi + \pi(a_1^2 + a_2^2 + \cdots + a_n^2)$$

$$= \pi \sum_{k=1}^{n} \left(a_k - \frac{2(-1)^{k+1}}{k} \right)^2 - 4\pi \sum_{k=1}^{n} \frac{1}{k^2} + \frac{2}{3}\pi^3.$$

ただし,

$$\int_0^\pi x \sin ix \, dx = \left[-\frac{1}{i} x \cos ix + \frac{1}{i^2} \sin ix \right]_0^\pi = \frac{(-1)^{i+1}}{i} \pi,$$

$$\int_0^\pi \sin^2 ix \, dx = \frac{1}{2} \int_0^\pi (1 - \cos 2ix) dx = \frac{1}{2} \left[x - \frac{1}{2i} \sin 2ix \right]_0^\pi = \frac{\pi}{2},$$

$$\int_0^\pi \sin ix \sin jx \, dx = -\frac{1}{2} \int_0^\pi \{\cos(i+j)x - \cos(i-j)x\} dx$$

$$= -\frac{1}{2} \left[\frac{1}{i+j} \sin(i+j)x - \frac{1}{i-j} \sin(i-j)x \right]_0^\pi = 0 \quad (i \neq j).$$

したがって,

$$a_n = \frac{2(-1)^{n+1}}{n} \quad (n = 1, 2, \ldots)$$

のとき,最小値

$$I \geq -4\pi \sum_{k=1}^n \frac{1}{k^2} + \frac{2}{3}\pi^3 \tag{9.51}$$

をとる.

一方,$f(x) = x \, (-\pi \leq x < \pi)$ のフーリエ級数は,例題 9.3 (p.139) で $k = \pi$ として,

$$f(x) = 2 \left(\sin x - \frac{1}{2} \sin 2x + \frac{1}{3} \sin 3x + \cdots + \frac{(-1)^{n+1}}{n} \sin nx + \cdots \right)$$

$$= 2 \sum_{n=1}^\infty \frac{(-1)^{n+1}}{n} \sin nx$$

となり,その結果と一致している.さらに,$n \to \infty$ とすることで $\dfrac{\pi^2}{6} = \displaystyle\sum_{n=1}^\infty \frac{1}{n^2}$ なので,式 (9.51) で $n \to \infty$ とすることで,I の最小値が

$$I \geq -4\pi \sum_{k=1}^n \frac{1}{k^2} + \frac{2}{3}\pi^3 \to 0 \quad (n \to \infty)$$

に漸近することからも確認できる.すなわち,

$$I = \int_{-\pi}^\pi \{x - (a_1 \sin x + a_2 \sin 2x + \cdots + a_n \sin nx)\}^2 dx \to 0 \quad (n \to \infty)$$

となることから,$\{a_k\}_{k=1}^n$ がフーリエ級数の場合に誤差が最小になることが示された. □

〇問 9.13 以下の定積分 I を最小にする数列 $\{a_k\}_{k=1}^n$ を求めよ.

$$I = \int_{-\pi}^\pi \left\{ x^2 - (a_0 + a_1 \cos x + a_2 \cos 2x + \cdots + a_n \cos nx) \right\}^2 dx$$

9.15　フーリエ積分

通常，実際の問題を考える場合，非周期関数が多いことが現実である．本節では，フーリエ級数の非周期関数への拡張を考える．基本的な考え方は，閉区間 $[-\ell, \ell]$ における周期 2ℓ の関数において，$\ell \to +\infty$ とすることである．

ℓ を正の実数として，以下の変数を用意する．

$$\Delta\omega = \frac{\pi}{\ell}$$

このとき，周期 2ℓ のフーリエ級数 (9.24) において，以下の任意の周期関数を考える．

$$f_\ell(x) = a_0 + \sum_{n=1}^{\infty} (a_n \cos n\Delta\omega x + b_n \sin n\Delta\omega x) \tag{9.52}$$

この (9.52) の a_n と b_n に (9.25) で与えられる一般の周期版であるオイラーの公式を代入して，積分変数を u とすれば

$$f_\ell(x) = \frac{1}{2\ell} \int_{-\ell}^{\ell} f_\ell(u)\,du + \frac{1}{\ell} \sum_{n=1}^{\infty} \Big[\cos n\Delta\omega x \int_{-\ell}^{\ell} f_\ell(u) \cos n\Delta\omega u\,du$$
$$+ \sin n\Delta\omega x \int_{-\ell}^{\ell} f_\ell(u) \sin n\Delta\omega u\,du \Big]$$

を得る．このとき，$\dfrac{1}{\ell} = \dfrac{\Delta\omega}{\pi}$ に注意して書き直せば

$$f_\ell(x) = \frac{1}{2\ell} \int_{-\ell}^{\ell} f_\ell(u)\,du + \frac{1}{\pi} \sum_{n=1}^{\infty} \Big[\Delta\omega \cos n\Delta\omega x \int_{-\ell}^{\ell} f_\ell(u) \cos n\Delta\omega u\,du$$
$$+ \Delta\omega \sin n\Delta\omega x \int_{-\ell}^{\ell} f_\ell(u) \sin n\Delta\omega u\,du \Big]$$

を得る．ここで，$\ell \to \infty$ として，$f(x)$ を以下のように定義する．

$$f(x) = \lim_{\ell \to \infty} f_\ell(x) \tag{9.53}$$

また，以下の広義積分が存在すると仮定する．

$$\int_{-\infty}^{\infty} |f(x)|\,dx < \infty \tag{9.54}$$

この (9.54) は関数 $f(x)$ が**絶対積分可能**といわれる条件である．この条件のもとで，区分求積法の考え方を導入することにより，以下のように計算する．

$$\lim_{\ell \to \infty} \frac{1}{2\ell} \int_{-\ell}^{\ell} f_\ell(u)\,du = 0,$$

$$\lim_{\ell \to \infty} \sum_{n=1}^{\infty} \frac{\pi}{\ell} \cos\left(\frac{\pi}{\ell} nx\right) = \lim_{\Delta\omega \to +0} \sum_{n=1}^{\infty} \Delta\omega \cos(n\Delta\omega x) = \int_0^{\infty} \cos\omega x \, d\omega,$$

$$\lim_{\ell \to \infty} \sum_{n=1}^{\infty} \frac{\pi}{\ell} \sin\left(\frac{\pi}{\ell}\right) nx = \lim_{\Delta\omega \to +0} \sum_{n=1}^{\infty} \Delta\omega \sin(n\Delta\omega x) = \int_0^{\infty} \sin\omega x \, d\omega.$$

ただし，$\Delta\omega \to d\omega, \omega_n = n\Delta\omega \to \omega \ (\ell \to \infty)$ である．以上から，$f(x)$ は次の (9.55) のように変形できる．

$$f(x) = \frac{1}{\pi} \int_0^{\infty} \left[\cos\omega x \int_{-\infty}^{\infty} f(u)\cos\omega u \, du + \sin\omega x \int_{-\infty}^{\infty} f(u)\sin\omega u \, du \right] d\omega$$

$$= \frac{1}{\pi} \int_0^{\infty} \int_{-\infty}^{\infty} f(u)\cos\omega(x-u) du d\omega \tag{9.55}$$

この (9.55) を**フーリエ積分**という．

なお，以上の結果は，機械的に (9.55) を導いただけであって，厳密に証明したのではないことに注意されたい．

> **定理 9.10 (フーリエの積分定理)** $f(x)$ が任意の有限区間で区分的に滑らかで絶対積分可能であるとする．このとき，$f(x)$ はフーリエ積分 (9.55) で表される．さらに，$f(x)$ が不連続である点では，フーリエ積分の値はその不連続点における $f(x)$ の左極限値と右極限値の平均に収束する．すなわち，以下が成り立つ．
>
> $$f(x) = \frac{1}{\pi} \int_0^{\infty} \int_{-\infty}^{\infty} f(u)\cos\omega(x-u) du d\omega = \frac{1}{2}\{f(x-0) + f(x+0)\}$$

●**注意 9.5**　右極限値と左極限値については (9.19) を参照されたい．また，この定理の証明は簡単でないため，その内容は他書 [7] にゆずる．

●**注意 9.6**　フーリエ積分 (9.55) は，以下のように複素形式 (**複素フーリエ積分**) でも書けることに注意されたい．

$$f(x) = \frac{1}{\pi} \int_0^{\infty} \int_{-\infty}^{\infty} f(u)\cos\omega(x-u) du d\omega$$

$$= \frac{1}{\pi} \int_0^{\infty} \int_{-\infty}^{\infty} f(u)\frac{e^{i\omega(x-u)} + e^{-i\omega(x-u)}}{2} du d\omega$$

$$= \frac{1}{2\pi} \int_{-\infty}^{\infty} \int_{-\infty}^{\infty} f(u)e^{i\omega(x-u)} du d\omega \quad (i = \sqrt{-1}) \tag{9.56}$$

ただし，$\omega \dashrightarrow -\omega$ と置き換えて考えれば $\int_0^{\infty} f(u)e^{-i\omega(x-u)} d\omega = \int_{-\infty}^{0} f(u)e^{i\omega(x-u)} d\omega$ である．

●**注意 9.7**　実際の計算では，以下のように $A(\omega)$ と $B(\omega)$ を定義する．

$$A(\omega) = \frac{1}{\pi}\int_{-\infty}^{\infty} f(u)\cos\omega u\, du, \quad B(\omega) = \frac{1}{\pi}\int_{-\infty}^{\infty} f(u)\sin\omega u\, du. \tag{9.57}$$

したがって，(9.55) を

$$f(x) = \int_0^{\infty}\{A(\omega)\cos\omega x + B(\omega)\sin\omega x\}d\omega \tag{9.58}$$

としてフーリエ積分公式を求めることになる．この (9.58) を**フーリエ積分表示**という．

> **例題 9.15**　フーリエ積分 (9.58) を用いて，以下の関数のフーリエ積分表示を求めよ．
>
> $$f(x) = \begin{cases} 1 & (-1 < x < 1) \\ 0 & (x \le -1, 1 \le x) \end{cases}$$

《**解答**》　(9.57) から，

$$A(\omega) = \frac{1}{\pi}\int_{-\infty}^{\infty} f(u)\cos\omega u\, du = \frac{1}{\pi}\int_{-1}^{1}\cos\omega u\, du = \left[\frac{2\sin\omega u}{\pi\omega}\right]_0^1 = \frac{2\sin\omega}{\pi\omega},$$

$$B(\omega) = \frac{1}{\pi}\int_{-\infty}^{\infty} f(u)\sin\omega u\, du = \frac{1}{\pi}\int_{-1}^{1}\sin\omega u\, du = 0$$

となる．したがって，(9.58) から，

$$f(x) = \frac{2}{\pi}\int_0^{\infty}\frac{\cos\omega x\sin\omega}{\omega}d\omega \tag{9.59}$$

となる．　　　　　　　　　　　　　　　　　　　　　　　　　　　　　□

フーリエ積分表示 (9.59) と定理 9.10 から以下の関係式を得る．

$$\int_0^{\infty}\frac{\cos\omega x\sin\omega}{\omega}d\omega = \begin{cases} \pi/2 & (0 \le x < 1) \\ \pi/4 & (x = 1) \\ 0 & (1 < x) \end{cases} \tag{9.60}$$

この積分を**ディリクレ (Dirichlet) の不連続因子**という．さらに，$x = 0$ とすることにより

$$\int_0^{\infty}\frac{\sin\omega}{\omega}d\omega = \frac{\pi}{2} \tag{9.61}$$

を得る．

〇**問 9.14**　フーリエ積分公式を用いて，以下の関数のフーリエ積分表示を求めよ．

$$f(x) = \begin{cases} 1 - |x| & (-1 < x < 1) \\ 0 & (x \le -1, 1 \le x) \end{cases}$$

さらに，$x = 0$ を考えることにより，$\displaystyle\int_0^{\infty}\left(\frac{\sin t}{t}\right)^2 dt = \frac{\pi}{2}$ を示せ．

9.16 フーリエ余弦積分とフーリエ正弦積分

フーリエ係数の計算と同様に，関数 $f(x)$ が偶関数および奇関数の場合に対しては，フーリエ積分が簡単になることを示す．

まず，$f(x)$ が偶関数であれば，

$$B(\omega) = \frac{1}{\pi} \int_{-\infty}^{\infty} f(u) \sin \omega u \, du = 0$$

である．続いて，

$$A(\omega) = \frac{2}{\pi} \int_{0}^{\infty} f(u) \cos \omega u \, du$$

となり，次の**フーリエ余弦積分**を得る．

$$f(x) = \int_{0}^{\infty} A(\omega) \cos \omega x \, d\omega \tag{9.62}$$

同様に，$f(x)$ が奇関数であれば，

$$A(\omega) = \frac{1}{\pi} \int_{-\infty}^{\infty} f(u) \cos \omega u \, du = 0, \quad B(\omega) = \frac{2}{\pi} \int_{0}^{\infty} f(u) \sin \omega u \, du$$

となり，次の**フーリエ正弦積分**を得る．

$$f(x) = \int_{0}^{\infty} B(\omega) \sin \omega x \, d\omega \tag{9.63}$$

フーリエ積分表示は，広義積分の計算にも利用される．その例を以下に示す．

例題 9.16 k を正の実数とする．次の 2 つの関数 $f(x), g(x)$ のフーリエ積分をそれぞれ求めよ．

$$f(x) = e^{-k|x|}, \quad g(x) = \begin{cases} e^{-k|x|} & (x > 0) \\ -e^{-k|x|} & (x \le 0) \end{cases}.$$

《**解答**》 $f(x)$ は偶関数である．したがって，$B(\omega) = 0$. 次に，

$$A(\omega) = \frac{2}{\pi} \int_{0}^{\infty} e^{-ku} \cos \omega u \, du$$

$$= \frac{2}{\pi} \left[-\frac{e^{-ku}}{\omega^2 + k^2} (-\omega \sin \omega u + k \cos \omega u) \right]_{0}^{\infty} = \frac{2}{\pi} \cdot \frac{k}{\omega^2 + k^2}$$

となる．これを (9.62) に代入すれば，フーリエ余弦積分

$$f(x) = e^{-kx} = \frac{2k}{\pi} \int_{0}^{\infty} \frac{\cos \omega x}{\omega^2 + k^2} d\omega$$

を得る. したがって,

$$\int_0^\infty \frac{\cos\omega x}{\omega^2 + k^2}\, d\omega = \frac{\pi}{2k} e^{-kx}. \tag{9.64}$$

一方, $g(x)$ は奇関数である. したがって, $A(\omega) = 0$. 次に, (9.63) から

$$B(\omega) = \frac{2}{\pi} \int_0^\infty e^{-ku} \sin\omega u\, du$$

$$= \frac{2}{\pi} \left[-\frac{e^{-ku}}{\omega^2 + k^2}(k\sin\omega u + \omega\cos\omega u) \right]_0^\infty = \frac{2}{\pi} \cdot \frac{\omega}{\omega^2 + k^2}$$

となる. これを (9.63) に代入すれば, フーリエ正弦積分

$$g(x) = e^{-kx} = \frac{2}{\pi} \int_0^\infty \frac{\omega\sin\omega x}{\omega^2 + k^2}\, d\omega$$

を得る. したがって,

$$\int_0^\infty \frac{\omega\sin\omega x}{\omega^2 + k^2}\, d\omega = \frac{\pi}{2} e^{-kx} \tag{9.65}$$

となる.   □

9.17 フーリエ余弦変換およびフーリエ正弦変換

本節では, 応用上の観点からフーリエ変換について議論する. フーリエ変換は, 積分に複素数を導入する分, ラプラス変換より扱いにくいが, 工学, 情報科学の分野では非常に重要な変換である. ここでは, フーリエ変換が, 先のフーリエ積分表示 (9.55) から得られることを示す.

9.17.1 フーリエ余弦変換

$f(x)$ が絶対積分可能な偶関数であるとき, フーリエ余弦積分 (9.62) に対して, $A(\omega)$ を消去すれば以下を得る.

$$f(x) = \sqrt{\frac{2}{\pi}} \int_0^\infty \left(\sqrt{\frac{2}{\pi}} \int_0^\infty f(u)\cos\omega u\, du \right) \cos\omega x\, d\omega \tag{9.66}$$

ここで (9.66) の du に関する被積分関数に対して, 積分変数を $u \dashrightarrow x$ と置き換えれば以下を得る.

$$F_c(\omega) = \sqrt{\frac{2}{\pi}} \int_0^\infty f(x)\cos\omega x\, dx \tag{9.67}$$

したがって,

$$f(x) = \sqrt{\frac{2}{\pi}} \int_0^\infty F_c(\omega) \cos \omega x \, d\omega. \tag{9.68}$$

このとき，$F_c(\omega)$ を $f(x)$ の**フーリエ余弦変換**とよび，$f(x)$ を $F_c(\omega)$ の**逆フーリエ余弦変換**とよぶ．

9.17.2　フーリエ正弦変換

先と同様に，絶対積分可能な奇関数 $f(x)$ に対してのフーリエ積分は，フーリエ正弦変換として定義できる．まず，(9.63) で与えられるフーリエ正弦積分表示に対して，$B(\omega)$ を消去し，以下のように変形する．

$$f(x) = \sqrt{\frac{2}{\pi}} \int_0^\infty \left(\sqrt{\frac{2}{\pi}} \int_0^\infty f(u) \sin \omega u \, du \right) \sin \omega x \, d\omega \tag{9.69}$$

ここで (9.69) の du に関する被積分関数に対して，積分変数を $u \dashrightarrow x$ と置き換えれば以下を得る．

$$F_s(\omega) = \sqrt{\frac{2}{\pi}} \int_0^\infty f(x) \sin \omega x \, dx \tag{9.70}$$

したがって，

$$f(x) = \sqrt{\frac{2}{\pi}} \int_0^\infty F_s(\omega) \sin \omega x \, d\omega. \tag{9.71}$$

このとき，$F_s(\omega)$ を $f(x)$ の**フーリエ正弦変換**とよび，$f(x)$ を $F_s(\omega)$ の**逆フーリエ正弦変換**とよぶ．

●**注意 9.8**　ラプラス変換同様に，フーリエ余弦変換，フーリエ正弦変換の表示法としてそれぞれ以下が使用される．

$$\mathscr{F}_c\big(f(x)\big) = \sqrt{\frac{2}{\pi}} \int_0^\infty f(x) \cos \omega x \, dx = F_c(\omega),$$

$$\mathscr{F}_s\big(f(x)\big) = \sqrt{\frac{2}{\pi}} \int_0^\infty f(x) \sin \omega x \, dx = F_s(\omega).$$

一方，$\mathscr{F}_c$ と $\mathscr{F}_s$ の逆変換に対しては，それぞれ以下のように書く．

$$\mathscr{F}_c^{-1}\big(F_c(\omega)\big) = \sqrt{\frac{2}{\pi}} \int_0^\infty F_c(\omega) \cos \omega x \, d\omega = f(x),$$

$$\mathscr{F}_s^{-1}\big(F_s(\omega)\big) = \sqrt{\frac{2}{\pi}} \int_0^\infty F_s(\omega) \sin \omega x \, d\omega = f(x).$$

例題 9.17 以下の関数のフーリエ余弦変換およびフーリエ正弦変換を求めよ.

$$f(x) = \begin{cases} k & (0 \le x \le a) \\ 0 & (a < x) \end{cases}$$

《解答》 定義 (9.67) および (9.70) の積分を行うと,それぞれ以下のように計算される.

$$F_c(\omega) = \sqrt{\frac{2}{\pi}} \int_0^a k \cos \omega x \, dx = \sqrt{\frac{2}{\pi}} \cdot \frac{k \sin a\omega}{\omega},$$

$$F_s(\omega) = \sqrt{\frac{2}{\pi}} \int_0^a k \sin \omega x \, dx = \sqrt{\frac{2}{\pi}} \cdot \frac{k(1 - \cos a\omega)}{\omega}. \qquad \square$$

例題 9.18 指数関数 $f(x) = e^{-x} \ (x \ge 0)$ のフーリエ余弦変換 $F_c(\omega)$,および
フーリエ正弦変換 $F_s(\omega)$ をそれぞれ求めよ.

《解答》 定義 (9.67) および (9.70) の積分を行うと,それぞれ以下のように計算される.

$$F_c(\omega) = \sqrt{\frac{2}{\pi}} \int_0^\infty e^{-x} \cos \omega x \, dx$$

$$= \sqrt{\frac{2}{\pi}} \left[\frac{e^{-x}}{\omega^2 + 1} (-\cos \omega x + \omega \sin \omega x) \right]_0^\infty = \sqrt{\frac{2}{\pi}} \cdot \frac{1}{\omega^2 + 1},$$

$$F_s(\omega) = \sqrt{\frac{2}{\pi}} \int_0^\infty e^{-x} \sin \omega x \, dx$$

$$= \sqrt{\frac{2}{\pi}} \left[-\frac{e^{-x}}{\omega^2 + 1} (\sin \omega x + \omega \cos \omega x) \right]_0^\infty = \sqrt{\frac{2}{\pi}} \cdot \frac{\omega}{\omega^2 + 1}. \qquad \square$$

例題 9.19 関係式 (9.64) より,$k = 1$ として

$$\int_0^\infty \frac{\cos tx}{t^2 + 1} \, dt = \frac{\pi}{2} e^{-x}$$

が成り立つことを利用して,以下の逆フーリエ余弦変換を求めよ.

$$\mathscr{F}_c^{-1} \left(\frac{1}{\omega^2 + 1} \right)$$

《解答》 定義に従って,以下のように計算される.

$$\mathscr{F}_c^{-1} \left(\frac{1}{\omega^2 + 1} \right) = \sqrt{\frac{2}{\pi}} \int_0^\infty \frac{1}{\omega^2 + 1} \cdot \cos \omega x \, d\omega = \sqrt{\frac{\pi}{2}} e^{-x} \qquad \square$$

〇問 **9.15** 関係式 (9.65) より，$k = 1$ として $\displaystyle\int_0^\infty \frac{t\sin tx}{t^2+1}\,dt = \frac{\pi}{2}e^{-x}$ が成り立つことを利用して，逆フーリエ正弦変換 $\mathscr{F}_s^{-1}\!\left(\dfrac{\omega}{\omega^2+1}\right)$ を求めよ.

9.17.3　線形性，導関数の変換

　絶対積分可能な 2 つの関数 $f(x), g(x)$ が，ともに x 軸の正の部分における任意の区間で区分的に連続ならば，$f(x), g(x)$ のフーリエ余弦変換およびフーリエ正弦変換が存在する．このとき，関数 $f(x), g(x)$ に対して，以下を得る.

定理 9.11 (フーリエ余弦変換の線形性)

$$\mathscr{F}_c\big(f(x)\big) = \sqrt{\frac{2}{\pi}}\int_0^\infty f(x)\cos\omega x\,dx = F_c(\omega),$$

$$\mathscr{F}_c\big(g(x)\big) = \sqrt{\frac{2}{\pi}}\int_0^\infty g(x)\cos\omega x\,dx = G_c(\omega)$$

であるとき，任意の定数 α, β に対して，

$$\mathscr{F}_c\big(\alpha f(x) + \beta g(x)\big) = \alpha F_c(\omega) + \beta G_c(\omega)$$

が成り立つ.

《証明》　フーリエ変換の線形性を示すもので，以下のとおり成り立つ.

$$\mathscr{F}_c\big(\alpha f(x) + \beta g(x)\big) = \sqrt{\frac{2}{\pi}}\int_0^\infty [\alpha f(x) + \beta g(x)]\cos\omega x\,dx$$

$$= \alpha\sqrt{\frac{2}{\pi}}\int_0^\infty f(x)\cos\omega x\,dx + \beta\sqrt{\frac{2}{\pi}}\int_0^\infty g(x)\cos\omega x\,dx$$

$$= F_c(\omega) + G_c(\omega) \qquad\qquad \square$$

容易に以下の結果も成り立つことが示される.

定理 9.12 (フーリエ正弦変換の線形性)

$$\mathscr{F}_s\big(f(x)\big) = \sqrt{\frac{2}{\pi}}\int_0^\infty f(x)\sin\omega x\,dx = F_s(\omega),$$

$$\mathscr{F}_s\big(g(x)\big) = \sqrt{\frac{2}{\pi}}\int_0^\infty g(x)\sin\omega x\,dx = G_s(\omega)$$

であるとき，任意の定数 α, β に対して，

$$\mathscr{F}_s\big(\alpha f(x) + \beta g(x)\big) = \alpha F_s(\omega) + \beta G_s(\omega)$$

が成り立つ.

引き続き，微分についての性質を以下に示す.

定理 9.13 (導関数の余弦変換および正弦変換) $f(x)$ は連続で x 軸上で絶対積分可能であり，$f'(x)$ はそれぞれの有限区間で区分的に連続であると仮定する．このとき，

$$\mathscr{F}_c\big(f'(x)\big) = \omega\mathscr{F}_s\big(f(x)\big) - \sqrt{\frac{2}{\pi}}f(0), \tag{9.72a}$$

$$\mathscr{F}_s\big(f'(x)\big) = -\omega\mathscr{F}_c\big(f(x)\big) \tag{9.72b}$$

が成り立つ.

《**証明**》 部分積分により示す.

$$\begin{aligned}
\mathscr{F}_c\big(f'(x)\big) &= \sqrt{\frac{2}{\pi}}\int_0^\infty f'(x)\cos\omega x\,dx \\
&= \sqrt{\frac{2}{\pi}}\left(\Big[f(x)\cos\omega x\Big]_0^\infty + \omega\int_0^\infty f(x)\sin\omega x\,dx\right) \\
&= -\sqrt{\frac{2}{\pi}}f(0) + \omega\mathscr{F}_s\big(f(x)\big)
\end{aligned}$$

同様に，

$$\begin{aligned}
\mathscr{F}_s\big(f'(x)\big) &= \sqrt{\frac{2}{\pi}}\int_0^\infty f'(x)\sin\omega x\,dx \\
&= \sqrt{\frac{2}{\pi}}\left(\Big[f(x)\sin\omega x\Big]_0^\infty - \omega\int_0^\infty f(x)\cos\omega x\,dx\right) \\
&= -\omega\mathscr{F}_c\big(f(x)\big).
\end{aligned}$$ □

●**注意 9.9** (9.72a) において，$f(x)$ の代わりに $f'(x)$ とし，(9.72b) を利用すれば以下を得る.

$$\mathscr{F}_c\big(f''(x)\big) = \omega\mathscr{F}_s\big(f'(x)\big) - \sqrt{\frac{2}{\pi}}f'(0) = -\omega^2\mathscr{F}_c\big(f(x)\big) - \sqrt{\frac{2}{\pi}}f'(0)$$

同様に，以下の関係式を得る.

$$\mathscr{F}_s\big(f''(x)\big) = -\omega\mathscr{F}_c\big(f'(x)\big) = -\omega^2\mathscr{F}_s\big(f(x)\big) + \sqrt{\frac{2}{\pi}}\omega f(0)$$

例題 9.20　$f(x) = e^{-ax}$ $(x \geq 0)$ のフーリエ余弦変換を求めよ．ただし，$a > 0$ とする．

《解答》　まず，$f(x) = e^{-ax}$ に対して，

$$f'(x) = -af(x), \quad f''(x) = a^2 f(x)$$

が成り立つ．したがって，

$$\mathscr{F}_c\big(f''(x)\big) = a^2 \mathscr{F}_c\big(f(x)\big) = -\omega^2 \mathscr{F}_c\big(f(x)\big) - \sqrt{\frac{2}{\pi}} f'(0)$$

$$= -\omega^2 \mathscr{F}_c\big(f(x)\big) + a\sqrt{\frac{2}{\pi}}$$

を得る．以上より，

$$\mathscr{F}_c(e^{-ax}) = \sqrt{\frac{2}{\pi}} \cdot \frac{a}{\omega^2 + a^2}.$$

これは例題 9.18 で $a = 1$ とした結果と一致している．　　　　　　　　□

〇問 9.16　$f(x) = e^{-ax}$ のフーリエ正弦変換を求めよ．ただし，$a > 0$ とする．

9.18　フーリエ変換

　前節では，フーリエ余弦積分およびフーリエ正弦積分を使って得られる 2 つの変換，フーリエ余弦変換ならびにフーリエ正弦変換について述べた．本節では，工学，情報科学でよく利用されるフーリエ変換を考える．

9.18.1　フーリエ変換とは

　すでに，複素形式で与えられるフーリエ積分公式は以下のように表されることを学んだ．

$$f(x) = \frac{1}{2\pi} \int_{-\infty}^{\infty} \int_{-\infty}^{\infty} f(u) e^{i\omega(x-u)} \, du \, d\omega$$

これを以下のように書き換える．

$$f(x) = \frac{1}{\sqrt{2\pi}} \int_{-\infty}^{\infty} \left(\frac{1}{\sqrt{2\pi}} \int_{-\infty}^{\infty} f(u) e^{-i\omega u} \, du \right) e^{i\omega x} \, d\omega$$

このとき，被積分関数の括弧の中は ω の関数であるから $F(\omega)$ と書き，$u \dashrightarrow x$ と置き直して，$F(\omega)$ を $f(x)$ の**フーリエ変換**という．すなわち，

$$\mathscr{F}\big(f(x)\big) = F(\omega) = \frac{1}{\sqrt{2\pi}} \int_{-\infty}^{\infty} f(x) e^{-i\omega x} dx. \tag{9.73}$$

さらに，以下を得る．

$$\mathscr{F}^{-1}\big(F(x)\big) = f(x) = \frac{1}{\sqrt{2\pi}} \int_{-\infty}^{\infty} F(\omega) e^{ix\omega} d\omega \tag{9.74}$$

この (9.74) を**フーリエ反転公式**，または $F(x)$ の**逆フーリエ変換**という．

フーリエ余弦変換・フーリエ正弦変換の存在条件と同様に，フーリエ変換 (9.73) が存在するための十分条件は，$f(x)$ は連続で x 軸上で絶対積分可能であり，$f'(x)$ はそれぞれの有限区間で区分的に連続であることである．

以下で，具体的な計算をみていくことにする．

例題 9.21 以下の関数のフーリエ変換を求めよ．

$$f(x) = \begin{cases} k & (0 \le x \le a) \\ 0 & (x < 0,\ a < x) \end{cases}$$

《**解答**》 (9.73) より，以下のように計算される．

$$F(\omega) = \frac{1}{\sqrt{2\pi}} \int_0^a k e^{-i\omega x} dx = \frac{k}{\sqrt{2\pi}} \left(\frac{e^{-i\omega a} - 1}{-i\omega} \right) = \frac{k(1 - e^{-ia\omega})}{i\omega\sqrt{2\pi}} \qquad \square$$

例題 9.22 $a > 0$ であるとき，$f(x) = e^{-ax^2}$ のフーリエ変換を求めよ．ただし，任意の複素数 z に対して $\int_{-\infty}^{\infty} e^{-a(x-z)^2} dx = \sqrt{\dfrac{\pi}{a}}$ であることを利用してよい．

《**解答**》 (9.73) より，以下のように計算される．

$$\begin{aligned}
\mathscr{F}(e^{-ax^2}) &= \frac{1}{\sqrt{2\pi}} \int_{-\infty}^{\infty} \exp(-ax^2 - i\omega x) dx \\
&= \frac{1}{\sqrt{2\pi}} \int_{-\infty}^{\infty} \exp\left[-a\left(x + \frac{i\omega}{2a}\right)^2 - \frac{\omega^2}{4a} \right] dx \\
&= \frac{1}{\sqrt{2\pi}} \exp\left(-\frac{\omega^2}{4a}\right) \int_{-\infty}^{\infty} \exp\left[-a\left(x + \frac{i\omega}{2a}\right)^2 \right] dx \\
&= \frac{1}{\sqrt{2\pi}} \exp\left(-\frac{\omega^2}{4a}\right) \sqrt{\frac{\pi}{a}} = \frac{1}{\sqrt{2a}} e^{-\frac{\omega^2}{4a}} \qquad \square
\end{aligned}$$

○**問 9.17**　以下の関数のフーリエ変換を求めよ.

(1)　$f(x) = \begin{cases} 1 & (-1 < x < 1) \\ 0 & (x \le -1, 1 \le x) \end{cases}$　　　(2)　$f(x) = \begin{cases} e^{-x} & (x \ge 0) \\ 0 & (x < 0) \end{cases}$

(3)　$f(x) = e^{-|x|}$　　　　　　　　　　(4)　$f(x) = \begin{cases} x & (0 < x < 1) \\ 0 & (x \le 0, 1 \le x) \end{cases}$

9.18.2　フーリエ変換における線形性，導関数の変換

　フーリエ余弦変換およびフーリエ正弦変換の結果と同様に，絶対積分可能な 2 つの関数 $f(x), g(x)$ がともに x 軸上において，任意の区間で区分的に連続ならば $f(x), g(x)$ のフーリエ変換が存在する. このとき，関数 $f(x), g(x)$ に対して，以下を得る.

> **定理 9.14 (フーリエ変換の線形性)**
>
> $$\mathscr{F}\big(f(x)\big) = \frac{1}{\sqrt{2\pi}} \int_{-\infty}^{\infty} f(x) e^{-i\omega x} dx = F(\omega),$$
>
> $$\mathscr{F}\big(g(x)\big) = \frac{1}{\sqrt{2\pi}} \int_{-\infty}^{\infty} g(x) e^{-i\omega x} dx = G(\omega)$$
>
> であるとき，任意の定数 α, β に対して，
>
> $$\mathscr{F}\big(\alpha f(x) + \beta g(x)\big) = \alpha F(\omega) + \beta G(\omega) \tag{9.75}$$
>
> が成り立つ.

　次に，微分についての性質を以下に示す.

> **定理 9.15 (導関数の変換)**　$f(x)$ は連続で C^n 級関数かつ x 軸上で絶対積分可能であり，$f'(x)$ はそれぞれの有限区間で区分的に連続であるとする. このとき，
>
> $$\mathscr{F}\big(f'(x)\big) = i\omega\mathscr{F}\big(f(x)\big), \quad \mathscr{F}\big(f^{(n)}(x)\big) = (i\omega)^n\mathscr{F}\big(f(x)\big) \tag{9.76}$$
>
> が成り立つ.

《**証明**》　フーリエ変換の定義から，部分積分を利用する. ただし，絶対積分可能なので，$\displaystyle\lim_{x \to \pm\infty} f(x) = 0$ であることに注意すると，

$$\mathscr{F}\big(f'(x)\big) = \frac{1}{\sqrt{2\pi}} \int_{-\infty}^{\infty} f'(x) e^{-i\omega x} dx$$

$$= \frac{1}{\sqrt{2\pi}} \left(\left[f(x) e^{-i\omega x} \right]_{-\infty}^{\infty} + i\omega \int_{-\infty}^{\infty} f(x) e^{-i\omega x} dx \right) = i\omega \mathscr{F}\big(f(x)\big)$$

が得られる. 同様に,

$$\mathscr{F}\big(f^{(n)}(x)\big) = \frac{1}{\sqrt{2\pi}} \int_{-\infty}^{\infty} f^{(n)}(x) e^{-i\omega x} dx$$

$$= \frac{1}{\sqrt{2\pi}} \left(\left[f^{(n-1)}(x) e^{-i\omega x} \right]_{-\infty}^{\infty} + i\omega \int_{-\infty}^{\infty} f^{(n-1)}(x) e^{-i\omega x} dx \right)$$

$$= i\omega \mathscr{F}\big(f^{(n-1)}(x)\big)$$

となるので, 帰納的に以下が成り立つ.

$$\mathscr{F}\big(f^{(n)}(x)\big) = i\omega \mathscr{F}\big(f^{(n-1)}(x)\big) = \cdots = (i\omega)^n \mathscr{F}\big(f(x)\big) \qquad \square$$

例題 9.23 以下の関数のフーリエ変換を求めよ.

$$f(x) = \begin{cases} xe^{-x^2} & (x > 0) \\ 0 & (x \leq 0) \end{cases}$$

《解答》 例題 9.22 の結果および微分に関する公式 (9.76) を利用する.

$$\mathscr{F}\big(xe^{-x^2}\big) = \mathscr{F}\left(-\frac{1}{2}(e^{-x^2})'\right) = -\frac{1}{2} i\omega \mathscr{F}\big(e^{-x^2}\big)$$

$$= -\frac{1}{2} i\omega \frac{1}{\sqrt{2}} e^{-\frac{\omega^2}{4}} = -\frac{iw}{2\sqrt{2}} e^{-\frac{\omega^2}{4}} \qquad \square$$

9.18.3 フーリエ変換における関連公式

ラプラス変換同様に, さまざまな公式が成り立つ.

定理 9.16 (相似性) 任意の定数 $a \, (> 0)$ に対して,

$$\mathscr{F}\big(f(ax)\big) = \frac{1}{a} F\left(\frac{\omega}{a}\right).$$

《証明》 $z = ax$ とおけば, $dx = \dfrac{dz}{a}$, $\begin{array}{c|c} x & -\infty \to \infty \\ \hline z & -\infty \to \infty \end{array}$ となるので,

$$\mathscr{F}\big(f(ax)\big) = \frac{1}{\sqrt{2\pi}} \int_{-\infty}^{\infty} f(ax) e^{-i\omega x} dx = \frac{1}{\sqrt{2\pi}} \frac{1}{a} \int_{-\infty}^{\infty} f(z) e^{-i\frac{\omega}{a}z} dz = \frac{1}{a} F\left(\frac{\omega}{a}\right).$$

$$\square$$

定理 9.17 (周波数のシフト) 任意の定数 a に対して,

$$\mathscr{F}\big(e^{iax}f(x)\big) = F(\omega - a).$$

《証明》　$\dfrac{1}{\sqrt{2\pi}}\displaystyle\int_{-\infty}^{\infty}f(x)e^{-i\omega x}dx = F(\omega)$ とみる.

$$\mathscr{F}\big(e^{iax}f(x)\big) = \frac{1}{\sqrt{2\pi}}\int_{-\infty}^{\infty}e^{iax}f(x)e^{-i\omega x}dx$$

$$= \frac{1}{\sqrt{2\pi}}\int_{-\infty}^{\infty}f(x)e^{-i(\omega-a)x}dx = F(\omega - a) \qquad \square$$

定理 9.18 (変数のシフト) 任意の定数 a に対して,

$$\mathscr{F}\big(f(x-a)\big) = e^{-i\omega a}F(\omega).$$

《証明》　$z = x - a$ と置換すれば,

$$\mathscr{F}\big(f(x-a)\big) = \frac{1}{\sqrt{2\pi}}\int_{-\infty}^{\infty}f(z)e^{-i\omega(z+a)}dz$$

$$= e^{-i\omega a}\frac{1}{\sqrt{2\pi}}\int_{-\infty}^{\infty}f(z)e^{-i\omega z}dz = e^{-i\omega a}F(\omega). \qquad \square$$

9.19　たたみ込み

本節では, 実際の応用でよく利用されるたたみ込みについて解説する. まず, 関数 $f = f(x)$ と $g = g(x)$ の**たたみ込み** $h = f * g$ は,

$$h(x) = (f * g)(x) = \int_{-\infty}^{\infty}f(t)g(x-t)dt = \int_{-\infty}^{\infty}f(x-t)g(t)dt \qquad (9.77)$$

によって定義される. ここでは, 定数倍の項 $\sqrt{2\pi}$ は省略されていることに注意されたい.

定理 9.19 (たたみ込みの定理) 2 つの関数 $f(x)$ と $g(x)$ が x 軸上で区分的に連続で, 有限かつ絶対積分可能であるとき, 次が成り立つ.

$$\mathscr{F}\big((f * g)(x)\big) = \sqrt{2\pi}\,\mathscr{F}\big(f(x)\big)\mathscr{F}\big(g(x)\big) \qquad (9.78)$$

《証明》　定義式 (9.77) から,

$$\mathscr{F}\big((f * g)(x)\big) = \frac{1}{\sqrt{2\pi}}\int_{-\infty}^{\infty}\int_{-\infty}^{\infty}f(t)g(x-t)e^{-i\omega x}dt\,dx.$$

ここで，$x - t = z$ と変数変換すれば，

$$\mathscr{F}\big((f*g)(x)\big) = \frac{1}{\sqrt{2\pi}} \int_{-\infty}^{\infty} \int_{-\infty}^{\infty} f(t)g(z)e^{-i\omega(z+t)} dt dz$$

$$= \frac{1}{\sqrt{2\pi}} \left(\int_{-\infty}^{\infty} f(t)e^{-i\omega t} dt \right) \cdot \left(\int_{-\infty}^{\infty} g(z)e^{-i\omega z} dz \right)$$

$$= \sqrt{2\pi} \mathscr{F}\big(f(x)\big) \mathscr{F}\big(g(x)\big)$$

となることから，(9.78) が得られる．   □

逆フーリエ変換についても同様な結果が示される．

定理 9.20 以下が成り立つ．

$$h(x) = (f*g)(x) = \int_{-\infty}^{\infty} \mathscr{F}\big(f(x)\big) \mathscr{F}\big(g(x)\big) e^{i\omega x} d\omega \tag{9.79}$$

《証明》 変数変換 $x - t = z$ すると，

$$h(x) = (f*g)(x) = \int_{-\infty}^{\infty} \left(\frac{1}{\sqrt{2\pi}} \int_{-\infty}^{\infty} F(\omega)e^{i\omega t} d\omega \right) g(x-t) dt$$

$$= \frac{1}{\sqrt{2\pi}} \int_{-\infty}^{\infty} \int_{-\infty}^{\infty} F(\omega)e^{i\omega t} g(x-t) d\omega dt$$

$$= \frac{1}{\sqrt{2\pi}} \int_{-\infty}^{\infty} \int_{-\infty}^{\infty} F(\omega)e^{i\omega(x-z)} g(z) d\omega dz$$

$$= \int_{-\infty}^{\infty} F(\omega)e^{i\omega x} \left(\frac{1}{\sqrt{2\pi}} \int_{-\infty}^{\infty} g(z)e^{-i\omega z} dz \right) d\omega = \int_{-\infty}^{\infty} F(\omega)G(\omega)e^{i\omega x} d\omega$$

となり，$\mathscr{F}\big(f(x)\big) = F(\omega)$, $\mathscr{F}\big(g(x)\big) = G(\omega)$ なので (9.79) が示された．   □

以上の結果を利用して，無限周期版の**パーセバルの等式**が得られる．

定理 9.21 (無限周期版のパーセバルの等式) 関数 $f(x)$ の平方 $\{f(x)\}^2$ が絶対積分可能であるとする．関数 $f(x)$ のフーリエ変換が $F(\omega)$ であるとき，以下の等式が成り立つ．

$$\int_{-\infty}^{\infty} \big|f(x)\big|^2 dx = \int_{-\infty}^{\infty} \big|F(\omega)\big|^2 d\omega \tag{9.80}$$

《証明》 たたみ込み (9.78) において，$g(x) = \overline{f(-x)}$ とすれば，

$$(f*g)(x) = \int_{-\infty}^{\infty} f(t)\overline{f(-(x-t))} dt = \int_{-\infty}^{\infty} F(\omega)\overline{F(\omega)}e^{i\omega x} d\omega.$$

このとき，$x = 0$ とすれば (9.80) を得る．ただし，$\overline{f(x)}$ は $f(x)$ の共役複素数を表す．すなわち，$\overline{f(x)}f(x) = |f(x)|^2$ となる． ☐

＊＊＊　演習問題　＊＊＊

9.1　以下の周期関数 $f(x)$ のフーリエ級数を求めよ．

$$f(x) = x(\pi - x) \ (0 \le x < \pi), \quad f(x + \pi) = f(x).$$

さらに，$x = 0$ とおくことにより，以下を示せ．

$$\sum_{n=1}^{\infty} \frac{1}{n^2} = \frac{\pi^2}{6}$$

9.2*　以下の周期関数 $f(x)$ を考える (図 9.20)．

$$f(x) = \begin{cases} x + \pi & (-\pi \le x < 0) \\ x - \pi & (0 \le x < \pi) \end{cases}, \quad f(x + 2\pi) = f(x).$$

(1) $f(x)$ のフーリエ級数を求めよ．

(2) (1) の結果を用いて以下の等式を示せ．

$$\sum_{n=1}^{\infty} \frac{\cos nx}{n^2} = \frac{3x^2 - 6\pi x + 2\pi^2}{12} \quad (-\pi < x < \pi)$$

(東北大学 (改))

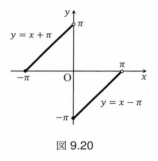

図 9.20

9.3*　以下の問いに答えよ．

(1) E を正の定数とする．図 9.21 で表される以下の全波整流 $V(t)$ のフーリエ級数を求めよ．

$$V(t) = E|\sin t| \ (0 < t < 2\pi), \quad V(t + 2\pi) = V(t).$$

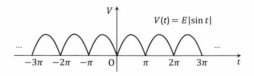

図 9.21　全波整流 $V(t) = E|\sin t|$

(2) 図 9.22 の半波整流が $V(t) = \dfrac{E}{2}(\sin t + |\sin t|)$ と表されることに注意して，(1) の結果を利用して，そのフーリエ級数を求めよ．

(3) 図 9.23 の RC 電気回路に半波整流 $V(t) = \dfrac{E}{2}(\sin t + |\sin t|)$ を印加したときの電流 $i(t) = C\dot{x}(t)$ の定常状態を求めよ．ただし，微分方程式は以下で与えられる．

$$RC\dot{x}(t) + x(t) = V(t), \quad x(t) = v_C(t).$$

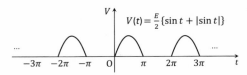

図 9.22　半波整流 $V(t) = \dfrac{E}{2}\{\sin t + |\sin t|\}$

9.4 以下の周期関数 $f(x)$ を考える.

$$f(x) = x^2 \quad (-\pi < x \le \pi), \quad f(x+2\pi) = f(x).$$

(1) $f(x)$ の複素フーリエ級数を求めよ.

(2) パーセバルの等式を用いて以下の等式を示せ.

$$\sum_{n=1}^{\infty} \frac{1}{n^4} = \frac{\pi^4}{90}$$

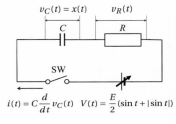

図 9.23　RC 電気回路

9.5* 以下の周期関数 $f(x)$ を考える.

$$f(x) = \pi - |x| \quad (-\pi < x \le \pi), \quad f(x+2\pi) = f(x).$$

(1) $f(x)$ のフーリエ級数を求めよ.

(2) パーセバルの等式を用いて以下の等式を示せ.

$$\sum_{n=1}^{\infty} \frac{1}{(2n-1)^4} = \frac{\pi^4}{96}$$

9.6 $x > 0$ で定義された関数 $f(x)$ について, 以下の積分方程式を解け. ただし $a > 0$ である.

$$\int_0^{\infty} f(x) \cos \omega x \, dx = e^{-a\omega} \quad (\omega > 0)$$

9.7* 以下の関数 $f(x)$ を考える.

$$f(x) = \begin{cases} 1 - x^2 & (-1 \le x \le 1) \\ 0 & (x < -1, \, 1 < x) \end{cases}$$

(1) $f(x)$ のフーリエ変換を求めよ.

(2) 無限周期版のパーセバルの等式 (9.80) を用いて以下の等式を示せ.

$$\int_{-\infty}^{\infty} \frac{(\sin x - x \cos x)^2}{x^6} \, dx = \frac{2}{15}\pi$$

（九州大学 (改)）

問 題 解 答

以下，式中に現れる $A, B, C, \ldots$ あるいは $C_1, C_2, C_3, \ldots$ などは，特に断らない限りすべて適切な積分定数，あるいは任意の定数を表す．

第 1 章

問 1.1 (1) 線形微分方程式．(2) 非線形微分方程式．

問 1.2 (例) モータ (電気システム) と回転運動 (機械システム) に関する微分方程式．

右図において，電圧と電流の関係式は，回路中の定数である抵抗 R，インダクタンス L を用いて，$L\frac{d}{dt}i(t) + Ri(t) + K_e\omega(t) = E(t)$，あるいは $\frac{d}{dt}i(t) = -\frac{R}{L}i(t) + \frac{1}{L}E(t) - \frac{K_e}{L}\omega(t)$ で表される．ただし，$i(t)$：回路を流れる電流，$\omega(t)$：モーターの角速度，K_e：逆起電力定数である．なお，トルク $T = T(t)$ はイナーシャ J と角加速度 $\dot{\omega}(t)$ に比

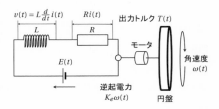

例する．モータの出力トルク $T(t)$ に関する微分方程式は $T(t) = J\frac{d}{dt}\omega(t) = J\dot{\omega}(t)$，あるいは $T(t) = K_t i(t)$ で与えられる．ただし，K_t：トルク定数，J：イナーシャである．ここでイナーシャ (inertia) とは，物体に外力が作用しない限り現在の状態を持続しようとする大きさを示す物理量のことであり，一般に回転のしやすさを表す．この値が大きいほど物体は回転しにくく，止まりにくい性質をもつ．

問 1.3 (1) $xy' = 2y$．(2) $y'' + y = 0$．

演習問題

1.1 (1) $\varepsilon = 0$．(2) $b = 0$．

1.2 (1) $x^2 y'' - xy' + y = 0$．[$\frac{xy'-y}{x^2} = \frac{C_2}{x}$ として，$\frac{xy'-y}{x} = C_2$ を微分せよ．]

(2) $(y')^3 + 2y'' = 0$．[$2(y - C_1)y' = 4$, $(y')^2 + (y - C_1)y'' = 0$ から C_1 を消去する．]

第 2 章

問 2.1 (1) $y = Cx$．(2) $y = -\log(C - x)$．

(3) $y = \frac{x+C}{1-Cx}$．[$\int \frac{dy}{y^2+1} = \int \frac{dx}{x^2+1}$ から，$\arctan y = \arctan x + C_1 \Longrightarrow$

$y = \tan(\arctan x + C_1) = \frac{x+C}{1-Cx}$ $(C = \tan C_1)$．]

(4) $y = \frac{Ce^{2x}-1}{Ce^{2x}+1}$．[$\frac{1}{2}\int \left(\frac{1}{1+y} + \frac{1}{1-y}\right)dy = \int dx \Longrightarrow \frac{1}{2}\log\left|\frac{1+y}{1-y}\right| = x + C_1, C = \pm e^{2C_1}$．]

問 2.2 $h(t) = \left(1 - \frac{3k}{2\pi} t\right)^{\frac{2}{3}}$. $[dV = \pi h\, dh$ を $\frac{dV}{dt} = -k\sqrt{h}$ に代入すれば,微分方程式 $\frac{dh}{dt} = -\frac{k}{\pi\sqrt{h}}$ を得る. 変数分離形として解き,初期条件 $h(0) = 1$ に注意して解を得る.]

問 2.3 (1) $x + Cxy - y = 0$. $[y = xu, \int\left(-\frac{1}{u} + \frac{1}{u-1}\right) du = \int \frac{dx}{x}$. あるいは,直接変数分離形として,$\int \frac{dy}{y^2} = \int \frac{dx}{x^2}$ のように解くことも可能.]

(2) $-\frac{x}{y} - \log|y| = C$. $[y = xu, \int\left(\frac{1}{u^2} - \frac{1}{u}\right) du = \int \frac{dx}{x}$.]

(3) $y^2 = x^2 \log x^2 + Cx^2$. $[u(u + xu') = 1 + u^2 \Longrightarrow \int u\, du = \int \frac{dx}{x}$.]

(4) $x^3 + y^3 + 3x^2 y = C$. $[y = xu, \int \frac{u^2+1}{u^3+3u+1} du = -\int \frac{dx}{x}$.]

問 2.4 (1) $(x-2)^2 - (x-2)(y-1) + (y-1)^2 = C \iff x^2 + y^2 - 3x - xy = D$. $[x = s + \alpha,\ y = t + \beta,$ $(\alpha, \beta) = (2, 1)$ として,$(1 - 2u)(u + su') = 2 - u \Longrightarrow \int \frac{1-2u}{u^2-u+1} du = 2\int \frac{ds}{s}$.]

(2) $(x + y + 2)^2 = 4x + C \iff x^2 + y^2 + 4y + 2xy = D$. $[u = x + y$ とおく.$\int(u+2)du = 2\int dx$.]

問 2.5 (1) $y = \frac{C}{x} + 1$. $[\exp\left(\int \frac{dx}{x}\right) = x, \int \frac{d}{dx}(xy)dx = \int dx \Longrightarrow xy = x + C$.]

(2) $y = Ce^{-x} - e^{-2x}$. $[\exp\left(\int dx\right) = e^x, \int \frac{d}{dx}\left(ye^x\right)dx = \int e^{-x} dx$.]

(3) $y = C\cos x + \sin x$. $[\exp\left(\int \tan x\, dx\right) = \frac{1}{\cos x}, \int \frac{d}{dx}\left(\frac{y}{\cos x}\right)dx = \int \frac{dx}{\cos^2 x} = \tan x + C$.]

(4) $y = \frac{x(\log x)^2}{2} + Cx$. $[\exp\left(-\int \frac{dx}{x}\right) = \frac{1}{x}, \int \frac{d}{dx}\left(\frac{y}{x}\right)dx = \int \frac{\log x}{x} dx$.]

問 2.6 $y = 0,\ y^2 = \frac{x^2}{C - x^2}$. $[z = \frac{1}{y^2} \Longrightarrow \frac{dz}{dx} = -\frac{2}{y^3} \cdot \frac{dy}{dx}, x \cdot \frac{dz}{dx} = -2(z + 1)$.]

問 2.7 (1) $(x + y)^2 + 4y = C$.   (2) $x^3 + 3xy^2 = C$.

問 2.8 (1) $x^3 y - x^2 y^2 = C$. [積分因子は x.]   (2) $x^2 y^2 + x^2 = Cy^2$. [積分因子は $\frac{x}{y^3}$.]

(3) $xy - x^2 - 1 = Cx^3$. [積分因子は $M(x) = \exp\left[\int^x \frac{P_y - Q_x}{Q} dx\right] = x^{-4}$.]

(4) $x - y^2 + 1 = Cy$. [積分因子は $M(y) = \exp\left[-\int^y \frac{P_y - Q_x}{P} dy\right] = y^{-2}$.]

問 2.9 (1) 一般解は $y = Cx + C + 1$. 特異解は $x = -1$.

(2) 一般解は $y = Cx + C^2 + 1$. 特異解は $y = -\frac{1}{4}x^2 + 1$.

問 2.10 $y = \frac{C_1}{4}(x + C_2)^2 + \frac{1}{C_1}$ (C_1 は 0 でない任意の定数,C_2 は任意の定数). [まず $(y')^2 + 1 = C_1 y\ (C_1 \neq 0)$ を導け.]

演習問題

2.1 変数分離形である.

(1) $-\frac{1}{2}y^{-2} = \frac{1}{3}x^{-3} + C$. $[\int \frac{dy}{y^3} = -\int \frac{dx}{x^4} \Longrightarrow -\frac{1}{2}y^{-2} = \frac{1}{3}x^{-3} + C$.]

(2) $y^2 = 1 + C(x + \sqrt{x^2+1})^2$. $[\int \frac{dx}{\sqrt{x^2+1}} = \frac{1}{2}\int \frac{(y^2-1)'}{y^2-1} dy \Longrightarrow \log|x + \sqrt{x^2+1}| + \log D$

$= \frac{1}{2}\log|y^2 - 1| \Longrightarrow y^2 = 1 + C(x + \sqrt{x^2+1})^2, C = \pm D^2$.]

(3) $y = \frac{Ce^{x^2} - 1}{Ce^{x^2} + 1}$. $[\int\left(\frac{1}{1+y} + \frac{1}{1-y}\right)dy = 2\int x\, dx \Longrightarrow \log\left|\frac{1+y}{1-y}\right| = x^2 + D \Longrightarrow y = \frac{Ce^{x^2} - 1}{Ce^{x^2} + 1}, C = \pm e^D$.]

(4) $2\tan y = x + \sin x \cos x + C$. $[\int \frac{dy}{\cos^2 y} = \int \cos^2 x\, dx \Longrightarrow 2\tan y = x + \sin x \cos x + C$.]

2.2 $x(t) = h\sqrt{1 - \frac{2kS}{\pi R^2} t}$. [高さ $x\ (0 \leq x \leq h)$ における断面積 $T(x)$ は,$T(x) = \pi \frac{R^2}{h^2}x^2$. このとき,$dV(t) = T(x)dx = -Sv\, dt \iff \pi \frac{R^2}{h^2}x^2 dx = -Skx\, dt$. ここで,高さ $x(t)$ の変化率は,減少を考

慮して $\frac{dx}{dt} < 0$ に注意せよ. したがって, 両辺積分を行って, $\pi \frac{R^2}{h^2} \int x \, dx = -Sk \int dt \implies$
$\pi \frac{R^2}{h^2} \frac{x^2}{2} = -Skt + C.$ このとき, $x(0) = h$ より $C = \frac{\pi R^2}{2}.$]

2.3 同次形の微分方程式である. $u = \frac{y}{x}$ として, $y' = u + xu'$ を利用する.

(1) $y = x\log|x| + Cx.$ [$\frac{dy}{dx} = \frac{y}{x} + 1 \implies u + xu' = u + 1 \implies \int du = \int \frac{dx}{x} \implies u = \log|x| + C.$]

(2) $y = Ce^{\frac{y}{x}}.$ [$u^2 + (1-u)(u + xu') = 0 \implies \int \left(\frac{1}{u} - 1\right) du = -\int \frac{dx}{x} \implies \log|u| - u = -\log|x| + D$
$\implies \log\left|\frac{y}{x}\right| - \frac{y}{x} = -\log|x| + D, \, C = \pm e^D.$]

(3) $x^2 y - y^3 = C.$ [$2u + (1 - 3u^2)(u + xu') = 0 \implies \int \frac{(1 - 3u^2)}{3(u^3 - u)} du = \int \frac{dx}{x}$
$\implies \log|u^3 - u| = -3\log|x| + 3\log D, \, $ ただし $C = \pm D^3.$]

(4) $y^3 - 3xy^2 - x^3 = C.$ [$u + xu' = \frac{1 + u^2}{u^2 - 2u} \implies x(u^2 - 2u)u' = -u^3 + 3u^2 + 1$
$\implies \int \frac{u^2 - 2u}{u^3 - 3u^2 - 1} du = -\int \frac{dx}{x} \implies \log|u^3 - 3u^2 - 1| = -3\log|x| + 3\log D, \, $ ただし $C = \pm D^3.$]

2.4 変数変換を行う. (1) $3x^2 - 3y^2 - 10(x+y) + 2xy = C.$ [$x = s + 2, \, y = t - 1$ とおく. $\frac{dt}{ds} = \frac{3s + t}{-s + 3t},$
$u = \frac{t}{s} \implies s\frac{du}{ds} + u = \frac{3 + u}{-1 + 3u} \implies \int \frac{3u - 1}{3u^2 - 2u - 3} du = -\int \frac{ds}{s} \implies \frac{1}{2}\log|3u^2 - 2u - 3| = -\log|s| + \log A$
$\implies 3t^2 - 2st - 3s^2 = B, \, $ ただし $B = \pm A^2.$]

(2) $(x - y)^2 - 4(x + y) + \log(x - y)^2 = C.$ [$u = x - y$ とおく. $1 - \frac{du}{dx} = \frac{(u-1)^2}{(u+1)^2} \implies \int \frac{(u+1)^2}{u} du$
$= 4\int dx \implies \frac{1}{2}u^2 + 2u + \log|u| = 4x + D, \, $ ただし $C = 2D.$]

2.5 $\frac{dy}{dx} + P(x)y = Q(x) \implies y = e^{-\int P(x)dx}\left(\int e^{\int P(x)dx} Q(x) dx + C\right)$ を利用する.

(1) $y = C(x + 1) + 1.$ [$\frac{d}{dx}\left(\frac{y}{x+1}\right) = -\frac{1}{(x+1)^2} \implies \frac{y}{x+1} = \frac{1}{x+1} + C \implies y = C(x+1) + 1.$]

(2) $y = x^2\log x - x^2 + Cx.$ [$\frac{d}{dx}\left(\frac{y}{x}\right) = \log x \implies \frac{y}{x} = x\log x - x + C \implies y = x^2\log x - x^2 + Cx.$]

(3) $y = \frac{-x\cos x + \sin x + C}{x^2}.$ [$\frac{d}{dx}(x^2 y) = x\sin x \implies x^2 y = -x\cos x + \int \cos x \, dx = -x\cos x + \sin x + C$
$\implies y = \frac{-x\cos x + \sin x + C}{x^2}.$]

(4) $y = \frac{1}{2}(\sin x - \cos x) + Ce^{-x}.$ [$y = e^{-x}\left(\int e^x \sin x \, dx + C\right).$]

2.6 $y^3 = -(\cos x + \sin x) + Ce^x.$ [$\frac{d}{dx}\left(e^{-x}y^3\right) = 2e^{-x}\sin x \implies e^{-x}y^3 = -e^{-x}(\cos x + \sin x) + C.$]

2.7 $y = 1 + \frac{4x}{-(2x+1) + Ce^{2x}}.$ [$\frac{dy}{dx} = \frac{d\phi}{dx} - \frac{1}{u^2} \cdot \frac{du}{dx}$ を用いる. $\phi(x) = 1$ はリカッチ型の微分方程式の
特殊解である. したがって, $y = \phi(x) + \frac{1}{u} = 1 + \frac{1}{u}$ とおく. このとき, $\frac{dy}{dx} = \frac{d\phi}{dx} - \frac{1}{u^2}\frac{du}{dx} = -\frac{u'}{u^2}$ よ
り, $u' + \left(\frac{1}{x} - 2\right)u = 1$ を得る. これを解けば $u = \frac{-(2x+1) + Ce^{2x}}{4x}.$]

2.8 いずれも完全微分方程式である.

(1) $3x^2 - 3y^2 - 10(x + y) + 2xy = C.$ [$z = \frac{3}{2}x^2 + xy - 5x + \phi(y) \implies \phi(y) = -\frac{3}{2}y^2 - 5y \implies$
$\frac{3}{2}x^2 + xy - 5x - \frac{3}{2}y^2 - 5y = C.$ なお, 問題の微分方程式は $\frac{dy}{dx} = \frac{3x + y - 5}{-x + 3y + 5}$ と変形でき, 演習問題
2.4 (1) と同一の微分方程式である.]

(2) $x^3 y - x^2 y^2 = C.$ [$z = x^3 y - x^2 y^2 + \phi(y) \implies z_y = x^3 - 2x^2 y + \phi'(y) = x^3 - 2x^2 y \implies \phi(y) = C.$]

2.9 (1) $\frac{1}{2}x^4 + \frac{1}{3}x^3 y^3 = C.$ [積分因子は $x^2.$]

(2) $\log|x| - \frac{y}{x} = C.$ [積分因子は $M(x) = \exp\left[\int \frac{P_y - Q_x}{Q} dx\right] = x^{-2}.$]

(3) $x^2 y(\log y)^2 = C.$ [積分因子は $M(y) = \exp\left[-\int \frac{P_y - Q_x}{P} dx\right] = \log y.$]

(4) $(x^2y^2+y^3)e^x=C$. [積分因子は $M(x)=\exp\left[\int\frac{P_y-Q_x}{Q}dx\right]=e^x$.]

2.10 (1) 一般解は $y=Cx+\sqrt{1+C^2}$, 特異解は $y=\sqrt{1-x^2}$. [包絡線の計算で, $x+\frac{C}{\sqrt{1+C^2}}=0$ より $Cx\le 0$. したがって, $C=-\frac{x}{\sqrt{1-x^2}}$ を利用する.]

(2) 一般解は $y=Cx+C^4$, 特異解は $y=-3\left(\frac{x}{4}\right)^{\frac{4}{3}}$.

2.11 $y^2=x^2+C_1x+C_2$. [$(y')^2-1=\frac{C}{y^2}$ を導け. あるいは, $(yy')'=(y')^2+yy''$ を利用せよ.]

2.12 $f(x)=-\sqrt{1-x^2}+\log\frac{1+\sqrt{1-x^2}}{x}$. [$y'=\frac{dy}{dx}=-\frac{\sqrt{1-x^2}}{x}$. このとき, 置換積分 $\sqrt{1-x^2}=s$ を考える. $y=-\int\frac{\sqrt{1-x^2}}{x}dx=\int\frac{s^2}{1-s^2}ds=-s+\log\frac{1+s}{\sqrt{1-s^2}}+C=-\sqrt{1-x^2}+\log\frac{1+\sqrt{1-x^2}}{x}+C$.]

2.13 $x^2+\frac{1}{2}y^2=C$. [まず, p を消去することによって微分方程式を求めると, $\frac{dy}{dx}=\frac{y}{2x}$. したがって, 求める曲線群と常に直交するので, $\frac{dy}{dx}\cdot\frac{y}{2x}=-1$. この微分方程式を解く.]

2.14 $i(t)=\frac{E}{R}\left[1-\exp\left(-\frac{R}{L}t\right)\right]$.

第3章

問 3.1 (1) $y=C_1e^{-x}+C_2e^{-4x}$. (2) $y=(C_1x+C_2)e^{-3x}$. (3) $y=e^{-\frac{1}{2}x}\left(C_1\cos\frac{\sqrt{3}}{2}x+C_2\sin\frac{\sqrt{3}}{2}x\right)$.
(4) $y=C_1e^{kx}+C_2e^{-kx}$.

問 3.2 1次独立である. $[W(f_1,f_2,f_3)(x)=\begin{vmatrix}1&x&x^2\\0&1&2x\\0&0&2\end{vmatrix}=2.]$

問 3.3 (1) $y=C_1\cos x+C_2\sin x+C_3e^{-2x}$. $[(\lambda+2)(\lambda^2+1)=0.]$
(2) $y=(C_1x+C_2)e^{-x}+C_3$. $[\lambda(\lambda+1)^2=0.]$
(3) $y=(C_1x^2+C_2x+C_3)e^x$. $[(\lambda-1)^3=0.]$
(4) $y=C_1e^{-x}+e^{\frac{1}{2}x}\left(C_2\cos\frac{\sqrt{3}}{2}x+C_3\sin\frac{\sqrt{3}}{2}x\right)$. $[(\lambda+1)(\lambda^2-\lambda+1)=0.]$
(5) $y=(C_1x+C_2)e^{-x}+(C_3x+C_4)e^{-2x}$. $[(\lambda+1)^2(\lambda+2)^2=0.]$
(6) $y=(C_1x+C_2)\cos x+(D_1x+D_2)\sin x$. $[(\lambda^2+1)^2=0.]$

問 3.4 (1) $y=(C_1x+C_2)e^{-x}+x-2$. $[\lambda^2+2\lambda+1=(\lambda+1)^2=0.$ 特殊解を $\eta(x)=K_1x+K_0$ とおく.]
(2) $y=C_1e^x+e^{-x}(C_2\cos x+C_3\sin x)+\frac{1}{10}e^{2x}$. $[\lambda^3+\lambda^2-2=(\lambda-1)(\lambda^2+2\lambda+2)=0.$ 特殊解を $\eta(x)=Ke^{2x}$ とおく.]
(3) $y=(C_1x^2+C_2x+C_3)e^{-x}-\frac{\cos x+\sin x}{4}$. $[\lambda^3+3\lambda^2+3\lambda+1=(\lambda+1)^3=0.$ 特殊解を $\eta(x)=K_1\cos x+K_2\sin x$ とおく.]
(4) $y=C_1\cos x+C_2\sin x-\frac{1}{3}\cos 2x+1$. $[\lambda^2+1=0$ より, $\lambda=\pm i$. 特殊解は, $2\cos^2 x=1+\cos 2x$ に注意して $\eta(x)=K_1\cos 2x+K_2\sin 2x+K_0$ とおける.]

問 3.5 $y=C_1\cos x+C_2\sin x-\frac{1}{2}x\cos x$. [特殊解 $\eta(x)=px\cos x+qx\sin x$ は, $\eta''+\eta=2q\cos x-2p\sin x=\sin x$ を満たす. これらを解いて, $p=-\frac{1}{2},q=0$.]
問 3.6 (1) $y=C_1e^{-x}$. (2) $y=C_1e^{-2x}+C_2e^{-5x}$. (3) $y=(C_1x+C_2)e^{-2x}$.
(4) $y=e^{-3x}(C_1\cos x+C_2\sin x)$. (5) $y=C_1e^{-x}+C_2e^{-2x}+C_3e^{-3x}$.
(6) $y=(C_1x+C_2)e^x+(C_3x+C_4)e^{-x}$. $[(D^2-1)^2=(D-1)^2(D+1)^2=0.]$

問 3.7 (1) $\eta(x) = \frac{1}{3}e^x$. (2) $\eta(x) = \frac{1}{2}x^2e^x$. [$\eta(x) = \frac{1}{D-1}xe^x = e^x\frac{1}{D}x = \frac{1}{2}x^2e^x$.]

(3) $\eta(x) = -\frac{1}{3}\cos 2x$. (4) $\eta(x) = x+1$.

問 3.8 (1) $y(x) = (C_1 + C_2 x)e^x + \frac{1}{2}x^2e^x$.

(2) $y(x) = C_1\cos x + C_2\sin x - \frac{1}{2}x\cos x$. [問 3.5 と同一問題. 特殊解は,

$\eta(x) = \frac{1}{D^2+1}e^{ix} = e^{ix}\frac{1}{(D+i)^2+1}1 = \frac{e^{ix}}{2i}\left(\frac{1}{D} - \frac{1}{D+2i}\right)1 = \frac{e^{ix}}{2i}\left\{x - \frac{1}{2i}\left(1 - \frac{D}{2i} + \cdots\right)1\right\}$

$= -\frac{i}{2}x(\cos x + i\sin x) + \frac{\cos x + i\sin x}{4}$. このとき, 虚数部分かつ基本解 $f_1(x) = \sin x$ は除外するので,

$\eta(x) = -\frac{1}{2}x\cos x$.]

(3) $y(x) = (C_1 + C_2 x + C_3 x^2)e^{-x} + \frac{1}{6}x^3e^{-x}$. [$\eta(x) = \frac{1}{(D+1)^3}e^{-x} = e^{-x}\frac{1}{D^3}1 = \frac{1}{6}x^3e^{-x}$.]

(4) $y(x) = e^{-x}(C_1\cos x + C_2\sin x) + e^{-x}\cdot\frac{1}{2}x\cos x$. [$\eta(x) = \frac{1}{D^2+2D+2}e^{(-1+i)x} = e^{(-1+i)x}\frac{1}{D(D+2i)}1$

$= \frac{e^{(-1+i)x}}{2i}\left(\frac{1}{D} - \frac{1}{D+2i}\right)1 = -\frac{i}{2}xe^{-x}(\cos x + i\sin x) + \frac{e^{-x}(\cos x + i\sin x)}{4}$. このとき, 虚数部分か

つ基本解 $f_1(x) = e^{-x}\cos x$, $f_2(x) = e^{-x}\sin x$ は除外するので, $\eta(x) = -\frac{1}{2}xe^{-x}\cos x$. 一般に,

$\frac{1}{D-a}1 = -\frac{1}{a}\left(1 + \frac{D}{a} + \cdots\right)1 = -\frac{1}{a}$ が成り立つ.]

問 3.9 $y(x) = C_1e^x + C_2e^{-x} - \frac{1}{2}xe^{-x}$. [$D^2 - 1 = 0$ なので, $D = \pm 1$. 基本解は $f_1(x) = e^x$, $f_2(x)$

$= e^{-x}$ である. 次に, 定数変化法によって特殊解を求める. 特殊解を $\eta(x) = C_1(x)e^{-x} + C_2(x)e^x$

とおく. $C_1'(x)e^{-x} + C_2'(x)e^x = 0$, $-C_1'(x)e^{-x} + C_2'(x)e^x = e^{-x}$, $C_1'(x) = -\frac{1}{2}$, $C_2'(x) = \frac{1}{2}e^{-2x}$. した

がって, $C_1(x) = -\frac{1}{2}x$, $C_2(x) = -\frac{1}{4}e^{-2x}$ より, $\eta(x) = C_1(x)e^{-x} + C_2(x)e^x = -\frac{1}{2}xe^{-x} - \frac{1}{4}e^{-x}$.

別解として, $\eta(x) = e^{-x}\frac{1}{(D-1)^2-1}1 = e^{-x}\frac{1}{D(D-2)}1 = \frac{1}{2}e^{-x}\left(\frac{1}{D-2} - \frac{1}{D}\right)1 = -\frac{1}{4}e^{-x} - \frac{1}{2}xe^{-x}$.]

問 3.10 $y = x + C_1(\log x)^2 + C_2\log x + C_3$. [変数変換 $x = e^t$ を行い $\frac{d^3y}{dt^3} = e^t$.]

問 3.11 (1) $y = C_1 x + \frac{C_2}{x^2} + \frac{1}{2x}$. [$y = x^r$ であるとき, $r = 1, -2$. また, 特殊解は, $\eta(x) = \frac{K}{x}$ と仮定

し代入すれば $K = \frac{1}{2}$.]

(2) $y = C_1 x + \frac{C_2}{\sqrt{x}} + x^2$. [$y = x^r$ であるとき, $r = 1, -\frac{1}{2}$. また, 特殊解は, $\eta(x) = Kx^2$ と仮定し代入

すれば $K = 1$.]

演 習 問 題

3.1 (1) $y = C_1e^{-2x} + C_2e^{-3x}$. (2) $y = (C_1 x + C_2)e^{-\frac{1}{2}x}$. (3) $y = e^{-\frac{1}{2}x}\left(C_1\cos\frac{\sqrt{7}}{2}x + C_2\sin\frac{\sqrt{7}}{2}x\right)$.

(4) $y = C_1 + C_2e^{-x}$.

3.2 1 次独立である. また, これらを基本解にもつ微分方程式は, $y^{(4)} + 5y'' + 4y = 0$. [ロンスキー

行列式を計算する.

$$W(f_1, f_2, f_3, f_4)(x) = \begin{vmatrix} f_1(x) & f_2(x) & f_3(x) & f_4(x) \\ f_1'(x) & f_2'(x) & f_3'(x) & f_4'(x) \\ f_1''(x) & f_2''(x) & f_3''(x) & f_4''(x) \\ f_1'''(x) & f_2'''(x) & f_3'''(x) & f_4'''(x) \end{vmatrix}$$

$$= \begin{vmatrix} \cos x & \sin x & \cos 2x & \sin 2x \\ -\sin x & \cos x & -2\sin 2x & 2\cos 2x \\ -\cos x & -\sin x & -4\cos 2x & -4\sin 2x \\ \sin x & -\cos x & 8\sin 2x & -8\cos 2x \end{vmatrix} = \begin{vmatrix} \cos x & \sin x & \cos 2x & \sin 2x \\ -\sin x & \cos x & -2\sin 2x & 2\cos 2x \\ 0 & 0 & -3\cos 2x & -3\sin 2x \\ 0 & 0 & 6\sin 2x & -6\cos 2x \end{vmatrix} = 18 \neq 0.$$

後半は, $\lambda = \pm i, \pm 2i$ より, $(\lambda^2 + 1)(\lambda^2 + 4) = \lambda^4 + 5\lambda^2 + 4 = 0$.]

3.3 (1) $y = C_1 e^x + e^{-x}(C_2 \cos\sqrt{2}x + C_3 \sin\sqrt{2}x)$. $[\lambda^3 + \lambda^2 + \lambda - 3 = (\lambda - 1)(\lambda^2 - 2\lambda + 3) = 0.]$

(2) $y = C_1 e^{-x} + C_2 \cos x + C_3 \sin x$. $[\lambda^3 + \lambda^2 + \lambda + 1 = (\lambda + 1)(\lambda^2 + 1) = 0.]$

(3) $y = C_1 e^x + C_2 e^{-x} + C_3 e^{-2x}$. $[\lambda^3 + 2\lambda^2 - \lambda - 2 = (\lambda - 1)(\lambda + 1)(\lambda + 2) = 0.]$

(4) $y = C_1 e^{-x} + e^{-\frac{1}{2}x}\left(C_2 \cos\frac{\sqrt{3}}{2}x + C_3 \sin\frac{\sqrt{3}}{2}x\right)$. $[\lambda^3 + 2\lambda^2 + 2\lambda + 1 = (\lambda + 1)(\lambda^2 + \lambda + 1) = 0.]$

(5) $y = C_1 e^{2x} + C_2 e^{-x} + C_3 e^{-2x} + C_4 e^{-3x}$. $[\lambda^4 + 4\lambda^3 - \lambda^2 - 16\lambda - 12 = (\lambda + 1)(\lambda - 2)(\lambda + 2)(\lambda + 3) = 0.]$

(6) $y = (C_1 x + C_2)e^x + e^{-x}(C_3 \cos\sqrt{2}x + C_4 \sin\sqrt{2}x)$. $[\lambda^4 - 4\lambda + 3 = (\lambda - 1)^2(\lambda^2 + 2\lambda + 3) = 0.]$

3.4 (1) $y = C_1 e^{-2x} + C_2 \cos\sqrt{2}x + C_3 \sin\sqrt{2}x + 2x^2 - 2x - 1$. $[\lambda^3 + 2\lambda^2 + 2\lambda + 4 = (\lambda + 2)(\lambda^2 + 2) = 0.$ 特殊解を $\eta(x) = K_2 x^2 + K_1 x + K_0$ とおく.]

(2) $y = C_1 e^{-x} + e^{-\frac{1}{2}x}\left(C_2 \cos\frac{\sqrt{7}}{2}x + C_3 \sin\frac{\sqrt{7}}{2}x\right) + \frac{1}{8}e^x$. $[\lambda^3 + 2\lambda^2 + 3\lambda + 2 = (\lambda + 1)(\lambda^2 + \lambda + 2) = 0.$ 特殊解を $\eta(x) = Ke^x$ とおく.]

(3) $y = C_1 \cos 2x + C_2 \sin 2x + C_3 e^{2x} + C_4 e^{-2x} - \frac{1}{15}\sin x$. $[\lambda^4 - 16 = (\lambda^2 + 4)(\lambda - 2)(\lambda + 2) = 0.$ 特殊解を $\eta(x) = K_1 \cos x + K_2 \sin x$ とおく.]

(4) $y = C_1 e^{-x} + C_2 e^{-3x} - \frac{1}{5}e^{-x}\cos x + \frac{2}{5}e^{-x}\sin x$. $[(\lambda + 1)(\lambda + 3) = 0.$ 特殊解を $\eta(x) = e^{-x}(K_1 \cos x + K_2 \sin x)$ とおく.]

(5) $y = (C_1 x + C_2)e^{-x} + \frac{x-1}{4}e^x$. $[(\lambda + 1)^2 = 0.$ 特殊解を $\eta(x) = e^x(K_1 x + K_0)$ とおく.]

(6) $y = e^{-x}(C_1 \cos x + C_2 \sin x) + \frac{1}{5}x\cos x + \frac{2}{5}x\sin x - \frac{2}{25}\cos x - \frac{14}{25}\sin x$. $[\lambda = -1 \pm i.$ 特殊解を $\eta(x) = x(K_1 \cos x + K_2 \sin x) + K_3 \cos x + K_4 \sin x$ とおく.]

3.5 $y(x) = e^x(C_1 \cos x + C_2 \sin x) + \frac{1}{2}e^x x\sin x$. $[D^2 - 2D + 2 = 0$ なので, $D = 1 \pm i.$ 基本解は $f_1(x) = e^x \cos x, f_2(x) = e^x \sin x.]$

3.6 (1) $y = (C_1 x + C_2)e^{-x}$.

(2) $y = C_1 e^x + C_2 e^{-x} + C_3 \cos x + C_4 \sin x$. $[D^4 - 1 = (D^2 + 1)(D - 1)(D + 1).]$

(3) $y = e^{\frac{1}{2}x}\left(C_1 \cos\frac{\sqrt{3}}{2}x + C_2 \sin\frac{\sqrt{3}}{2}x\right) + e^{-\frac{1}{2}x}\left(C_3 \cos\frac{\sqrt{3}}{2}x + C_4 \sin\frac{\sqrt{3}}{2}x\right)$.
$[D^4 + D^2 + 1 = D^4 + 2D^2 + 1 - D^2 = (D^2 + 1)^2 - D^2 = (D^2 - D + 1)(D^2 + D + 1).]$

(4) $y = C_1 e^{-x} + e^{-x}(C_2 \cos x + C_3 \sin x) + xe^{-x}(C_4 \cos x + C_5 \sin x)$.

(5) $y = (C_1 x + C_2)e^{-x} + e^x(C_3 \cos x + C_4 \sin x)$.

(6) $y = (C_1 x^3 + C_2 x^2 + C_3 x + C_4)e^{-x}$.

3.7 (1) $y = C_1 e^x + C_2 e^{-x} + \frac{1}{3}e^{2x}$.

(2) $y = C_1 e^x + e^{-\frac{1}{2}x}\left(C_2 \cos\frac{\sqrt{7}}{2}x + C_3 \sin\frac{\sqrt{7}}{2}x\right) - \frac{1}{4}e^{-x}$.

(3) $y = e^{\frac{1}{\sqrt{2}}x}\left(C_1 \cos\frac{1}{\sqrt{2}}x + C_2 \sin\frac{1}{\sqrt{2}}x\right) + e^{-\frac{1}{\sqrt{2}}x}\left(C_3 \cos\frac{1}{\sqrt{2}}x + C_4 \sin\frac{1}{\sqrt{2}}x\right) + \frac{1}{17}\cos 2x$.
[同次方程式 $(D^4 + 1)y = 0$ の部分については, 例題 3.16 を参照せよ.]

(4) $y = (C_1 x + C_2)\cos 2x + (C_3 x + C_4)\sin 2x + \frac{1}{9}\sin x$.

(5) $y = C_1 e^x + C_2 e^{-x} + C_3 e^{4x} + \frac{1}{4}x^2 + \frac{1}{8}x + \frac{25}{32}$.

(6) $y = C_1 \cos 2x + C_2 \sin 2x + C_3 e^x - 2x^3 - 6x^2 - 9x - 9$.

3.8 (1) $y = C_1 e^{-x} + e^{-\frac{1}{2}x}\left(C_2 \cos\frac{\sqrt{3}}{2}x + C_3 \sin\frac{\sqrt{3}}{2}x\right) + xe^{-x}$.

(2) $y = C_1 e^{-x} + e^{3x}(C_2 \cos 2x + C_3 \sin 2x) - \frac{1}{40}e^{3x}x\sin 2x - \frac{1}{20}e^{3x}x\cos 2x$.

(3) $y = (C_1 x^3 + C_2 x^2 + C_3 x + C_4)e^{-x} + \frac{1}{120}x^5 e^{-x}$.

(4) $y = (C_1 x + C_2)\cos x + (C_3 x + C_4)\sin x - \frac{1}{24} x^3 \sin x - \frac{1}{8} x^2 \cos x$.

3.9 $y(x) = e^x (C_1 \cos x + C_2 \sin x) + x e^x (C_3 \cos x + C_4 \sin x) + \frac{1}{25} e^{-x}$.

[$f(D) = D^4 - 4D^3 + 8D^2 - 8D + 4 = (D^2 - 2D + 2)^2$.]

3.10 $y = (C_1 x^2 + C_2 x + C_3) e^{-x} + \frac{1}{60} x^5 e^{-x}$. [特殊解は $(D+1)^3 y = x^2 e^{-x}$ なので, $\eta(x) = \frac{1}{(D+1)^3} x^2 e^{-x}$

$= e^{-x} \frac{1}{D^3} x^2 = \frac{1}{60} x^5 e^{-x}$.]

3.11 $y = (C_1 + C_2 x)\cos 2x + (C_3 + C_4 x)\sin 2x + \frac{1}{9}\sin x$.

[$f(D) = D^4 + 8D^2 + 16 = 0 = (D^2 + 4)^2 = (D - 2i)^2 (D + 2i)^2$.]

3.12 $y = C_1 e^x + (C_2 + C_3 x) e^{3x} + \frac{1}{2} x^2 e^{3x}$. [$D^3 - 7D^2 + 15D - 9 = (D-1)(D-3)^2 = 0$. したがって,

$\eta(x) = \frac{2}{(D-1)(D-3)^2} e^{3x} = 2e^{3x} \frac{1}{(D+2)D^2} 1 = e^{3x} \frac{1}{D^2\left(1 + \frac{D}{2}\right)} 1 = e^{3x} \frac{1}{D^2} \cdot \left(1 - \frac{D}{2} + \cdots\right) 1 \Longrightarrow \frac{1}{2} x^2 e^{3x}$.]

3.13 $y = C_1 e^x + C_2 e^{-x} + C_3 \cos x + C_4 \sin x + \frac{1}{4} x e^x - \frac{1}{5} e^x \cos x$. [$(D-1)(D+1)(D^2+1) y$

$= e^x + e^x \cos x$. したがって, $\eta_1(x) = \frac{1}{D^4 - 1} e^x = \frac{1}{(D-1)(D+1)(D^2+1)} e^x = \frac{1}{4} \cdot \frac{1}{D-1} e^x = \frac{1}{4} e^x \frac{1}{D} = \frac{1}{4} x e^x$,

$\eta_2(x) = \mathrm{Re}\left(\frac{1}{(1+i)^4 - 1} e^{(1+i)x}\right) = \mathrm{Re}\left(\frac{1}{-5} e^{(1+i)x}\right) = -\frac{1}{5} e^x \cos x$.]

3.14 $y = C_1 x + C_2 x e^x$. [$y = C_1 x = C_1(x)x$ として定数変化法を用いる. $y' = C_1' x + C_1$,

$y'' = C_1'' x + 2C_1'$ を代入し, $(C_1'' x + 2C_1')x^2 - x(x+2)(C_1' x + C_1) + (x+2)C_1 x = (C_1'' - C_1')x^3 = 0 \Longrightarrow$

$C_1 = C_1(x) = D + E e^x$.]

3.15 $y = C_1 x + C_2 \cos(\log x) + C_3 \sin(\log x) + x^2$. [$y = x^r$ のとき, $y' = r x^{r-1}$, $y'' = r(r-1)x^{r-2}$,

$y''' = r(r-1)(r-2)x^{r-3}$ なので, これらを微分方程式に代入すれば, $r(r-1)(r-2) + 2r(r-1) + r - 1$

$= r^3 - r^2 + r - 1 = (r-1)(r^2+1) = 0 \Longrightarrow r = 1, \pm i$. また特殊解は, $\eta(x) = K x^2$ と仮定し代入すれ

ば $K = 1$.]

3.16 $y = x\big(C_1 \cos(\log x) + C_2 \sin(\log x)\big) + C_3 + x$. [$x^r$ のとき, $r(r^2 - 2r + 2) = 0$. $\Longleftrightarrow r = 0, 1 \pm i$.

また特殊解は, $\eta(x) = Kx$ と仮定し代入すれば $K = 1$. ただし, $x^{1 \pm i} = x \exp\{\log(x^{\pm i})\}$

$= x \exp(\pm i \log x) = x(\cos(\log x) \pm i \sin(\log x))$.]

3.17 $x(t) = f(t) + \frac{V_m}{\sqrt{(1 - LC\omega^2)^2 + R^2 C^2 \omega^2}} \sin(\omega t + \phi)$. ただし, 特性方程式 $LC\lambda^2 + RC\lambda + 1 = 0$

の 2 つの解を $\lambda = \alpha, \lambda = \beta$ とするとき, $\alpha = \frac{-RC + \sqrt{R^2 C^2 - 4LC}}{2LC}$, $\beta = \frac{-RC - \sqrt{R^2 C^2 - 4LC}}{2LC}$ とおく.

このとき, (i) $D = R^2 C^2 - 4LC > 0$ のとき $f(t) = C_1 e^{\alpha t} + C_2 e^{\beta t}$. (ii) $D = R^2 C^2 - 4LC = 0$ のと

き, 重解 $\lambda = \alpha$ として $f(t) = (C_1 + C_2 t) e^{\alpha t}$. (iii) $D = R^2 C^2 - 4LC < 0$ のとき, 共役複素数解を

$\lambda = p \pm qi$ (ただし, $i = \sqrt{-1}$, $p, q (\neq 0)$ は実数) として $f(t) = e^{pt}(C_1 \cos qt + C_2 \sin qt)$. さらに,

$\phi = \tan^{-1} \frac{1 - LC\omega^2}{RC\omega}$. [$R^2 C \neq 4L$ かつ $R \gg C, R \gg L$ であることを考慮して, 非同次微分方程式の

特殊解を $\eta(t) = D_1 \cos\omega t + D_2 \sin\omega t$ と仮定する. 代入して係数比較を行い連立方程式を解けば,

$\begin{pmatrix} D_1 \\ D_2 \end{pmatrix} = \frac{V_m}{(1 - LC\omega^2)^2 + R^2 C^2 \omega^2} \begin{pmatrix} 1 - LC\omega^2 \\ RC\omega \end{pmatrix}$.]

第 4 章

問 4.1 $x(t) = C_1 e^t + C_2 e^{2t}$, $y(t) = -\dot{x}(t) - x(t) = -2C_1 e^t - 3C_2 e^{2t}$. [$(\lambda - 1)(\lambda - 2) = 0$.]

問 4.2 $x_1(t) = C_1 e^{-t} + C_2 \cos\sqrt{2}t + C_3 \sin\sqrt{2}t$, $x_2(t) = \dot{x}_1(t) = -C_1 e^{-t} - \sqrt{2} C_2 \sin\sqrt{2}t$

$+ \sqrt{2} C_3 \cos\sqrt{2}t$, $x_3(t) = \dot{x}_2(t) = C_1 e^{-t} - 2C_2 \cos\sqrt{2}t - 2C_3 \sin\sqrt{2}t$.

問 4.3 $\begin{pmatrix} x(t) \\ y(t) \end{pmatrix} = C_1 \begin{pmatrix} 1 \\ -1 \end{pmatrix} e^t + C_2 \begin{pmatrix} 1 \\ 3 \end{pmatrix} e^{5t}$. $[(\lambda-1)(\lambda-5)=0$. 固有値・固有ベクトルはそれぞれ $\lambda = 1$,

$\vec{v}_1 = \begin{pmatrix} 1 \\ -1 \end{pmatrix}$; $\lambda = 5$, $\vec{v}_2 = \begin{pmatrix} 1 \\ 3 \end{pmatrix}$.]

問 4.4 $e^{At} = \begin{pmatrix} 1 & 0 \\ -1+e^{-t} & e^{-t} \end{pmatrix}$. $\begin{pmatrix} x(t) \\ y(t) \end{pmatrix} = e^{At}\begin{pmatrix} x(0) \\ y(0) \end{pmatrix} = \begin{pmatrix} 1 \\ -1+e^{-t} \end{pmatrix}$. $[A^2+A=0$ であり，I_2 を 2 次

の単位行列として，$e^{At} = I_2 + (1-e^{-t})A$.]

演習問題

4.1 (1) 省略． (2) $x(t) = e^t(\cos t - \sin t)$, $y(t) = e^t(\cos t + \sin t)$. [特性方程式は $\lambda^2 - 2\lambda + 2 = 0$ で

ある．したがって，$x(t) = e^t(C_1\cos t + C_2\sin t)$. $y(t) = x(t) - \dot{x}(t)$.]

4.2 $x_1(t) = \left(\frac{1}{2}t^2 + 2t + 1\right)e^t$, $x_2(t) = (t+1)e^t$, $x_3(t) = e^t$. $[\dot{x}_2(t) = x_2(t) + e^t$

$\Longrightarrow x_2(t) = e^t\left(\int_0^t e^{-s} \times e^s ds + x_2(0)\right) = (t+1)e^t$. $\dot{x}_1(t) = x_1(t) + (t+2)e^t$

$\Longrightarrow x_1(t) = e^t\left(\int_0^t e^{-s} \times (s+2)e^s ds + x_3(0)\right) = \left(\frac{1}{2}t^2 + 2t + 1\right)e^t$.]

4.3 (1) $e^{At} = \begin{pmatrix} \cosh t & \sinh t \\ \sinh t & \cosh t \end{pmatrix}$. $[A^2 = I_2$. $e^{At} = I_2 + At + \frac{1}{2!}A^2t^2 + \frac{1}{3!}A^3t^3 + \frac{1}{4!}A^4t^4 + \frac{1}{5!}A^5t^5 + \cdots$

$= I_2 + At + \frac{1}{2!}t^2 I_2 + \frac{1}{3!}At^3 + \frac{1}{4!}t^4 I_2 + \frac{1}{5!}At^5 + \cdots = \left(1 + \frac{t^2}{2!} + \frac{t^4}{4!} + \cdots\right)I_2 + \left(t + \frac{t^3}{3!} + \frac{t^5}{5!} + \cdots\right)A$

$= (\cosh t)I_2 + (\sinh t)A$.]

(2) $x(t) = \frac{1}{2}(\sinh t - te^{-t})$, $y(t) = \frac{1}{2}(\sinh t + te^{-t})$.

$\left[\begin{pmatrix} x(t) \\ y(t) \end{pmatrix} = e^{At}\left(\int_0^t e^{-As}\begin{pmatrix} 0 \\ e^{-s} \end{pmatrix}ds + \begin{pmatrix} x(0) \\ y(0) \end{pmatrix}\right) = \frac{1}{2}\begin{pmatrix} \sinh t - te^{-t} \\ \sinh t + te^{-t} \end{pmatrix}\right.$.]

4.4 $x_1(t) = e^{-2t} + \cos t + \sin t$, $x_2(t) = -2e^{-2t} + 2\sin t$. [$x_1(t)$ についての微分方程式を考えれば，

$\dddot{x}_1 + 2\ddot{x}_1 + \dot{x}_1 + 2x_1 = 0$.]

4.5 $x(t) = e^{-\frac{1}{2}t}\left(C_1\cos\frac{t}{2} + C_2\sin\frac{t}{2}\right) + 2$, $y(t) = e^{-\frac{1}{2}t}\left(-C_1\sin\frac{t}{2} + C_2\cos\frac{t}{2}\right) + 1 - t$.

$[Dx(t) = \frac{1}{2}(-x(t) + y(t) + 1 + t)$, $Dy(t) = \frac{1}{2}(-x(t) - y(t) + 1 - t)$ として連立型微分方程式として

解く．]

第 5 章

問 5.1 $y = f(x) = a_0 + a_1 x + a_2 x^2 + \cdots + a_n x^n + \cdots$ とおく．

(1) $y = a_0 e^{-x}$. $[na_n = -a_{n-1} (n \geq 1)$, $a_n = \frac{(-1)^n a_0}{n!}$. $y = \sum\limits_{k=0}^{\infty} \frac{(-1)^k a_0}{k!}x^k$.]

(2) $y = 1 - a_1 e^{-x}$. $[a_0 = 1 - a_1$, $na_n = -a_{n-1} (n \geq 2)$, $a_n = \frac{(-1)^{n-1}}{n!}a_1$. $y = 1 - \sum\limits_{k=0}^{\infty} \frac{(-1)^k a_1}{k!}x^k$.]

(3) $y = a_0\cos x + a_1\sin x$. $[(n+2)(n+1)a_{n+2} = -a_n (n \geq 0)$, $a_{2n+1} = \frac{(-1)^n}{(2n+1)!}a_1$, $a_{2n} = \frac{(-1)^n}{(2n)!}a_0$

$(n \geq 0)$. $y = \sum\limits_{k=0}^{\infty} \frac{(-1)^k}{(2k)!}a_0 x^{2k} + \sum\limits_{k=0}^{\infty} \frac{(-1)^k}{(2k+1)!}a_1 x^{2k+1}$.]

(4) $y = a_0 e^{\frac{1}{2}x^2}$. $[a_1 = 0$, $na_n = a_{n-2} (n \geq 2)$ より，$a_1 = \cdots = a_{2n-1} = \cdots = 0$, $a_{2n} = \frac{1}{2^n n!}a_0$.

$y = \sum\limits_{k=0}^{\infty} \frac{a_0}{2^k k!}x^{2k} = \sum\limits_{k=0}^{\infty} \frac{a_0}{k!}\left(\frac{x^2}{2}\right)^k$.]

問 5.2　$y = 1 - 2x^2 + \frac{4}{3}x^4 - \frac{8}{15}x^6 + \frac{16}{105}x^8 - \cdots + \frac{(-1)^n n! \, 4^n}{(2n)!}x^{2n} + \cdots.$　$[y = f(x) = 1 + a_2 x^2 + \cdots +$ $a_n x^n + \cdots$ とおく．$a_{n+2} = \frac{-2}{n+1}a_n$ $(n \geq 2)$, $a_2 = -2$, $a_1 = a_3 = a_5 = \cdots = a_{2n-1} = 0$.]

問 5.3　$y(x) = C_1 e^x + x e^x.$　$[a_1 - a_0 = 1, \, na_n - a_{n-1} = \frac{1}{(n-1)!}$　$(n \geq 2) \Longrightarrow a_n = \frac{a_0}{n!} + \frac{1}{(n-1)!}$ である ので，$y(x) = a_0 + a_1 x + \sum\limits_{k=2}^{\infty}\left(\frac{a_0}{k!} + \frac{1}{(k-1)!}\right)x^k = a_0 \sum\limits_{k=0}^{\infty}\frac{1}{k!}x^k + x\sum\limits_{k=0}^{\infty}\frac{1}{k!}x^k.$]

問 5.4　$y = a_0 x \sum\limits_{k=0}^{\infty}\frac{1}{(2k)!}x^{2k} + a_1 x \sum\limits_{k=0}^{\infty}\frac{1}{(2k+1)!}x^{2k+1} = a_0 x \cosh x + a_1 x \sinh x.$

$[(\lambda-1)(\lambda-2)a_0 = 0, \, \lambda(\lambda-1)a_1 = 0$ が必要．これより，$\lambda = 1, \, a_{n+2} = \frac{1}{(n+1)(n+2)}a_n.$]

演習問題

5.1　(1) $y = C_1 x + C_2 x e^x.$　$[a_0 = 0, \, na_{n+1} = a_n \ (n \geq 2), \, a_n = \frac{a_2}{(n-1)!}.$ $f(x) = a_1 x + \sum\limits_{k=2}^{\infty}\frac{a_2}{(k-1)!}x^k$ $= a_1 x - a_2 x + a_2 x e^x.$ $C_1 = a_1 - a_2.$]

(2) $y = a_1 x + a_2 x e^x.$ [一つの解がべき級数解法によって $y = C_1 x$ と得られるので，あとは定数変化 法によって，$y = C(x)x$ として，$C(x) = C_1 + C_2 e^x$ を得る．]

5.2　(1) $y = a_0\left(1 + \sum\limits_{n=1}^{\infty}x^n\right).$ $[a_0 = a_1, \, (n+1)^2 a_{n+1} = (n+1)^2 a_n \ (n \geq 1).$]

(2) 略.　$[\gamma a_1 = \alpha\beta a_0, \, 2(1+\gamma)a_2 = (1+\alpha)(1+\beta)a_1, \ldots, (n+1)(n+\gamma)a_{n+1} = (n+\alpha)(n+\beta)a_n$ を 導く．]

5.3　(1) 略.　　(2) 略.　[(1) より，$\lambda = \pm\nu, \, a_1 = a_3 = \cdots = a_{2m+1} = \cdots = 0$ が得られる．特に $\lambda = \nu$ で あるとき，(1) より $a_{n+2} = -\frac{1}{(2\nu+n+2)(n+2)}a_n$ なので，$n = 2m$ であれば $a_{2m} = -\frac{1}{4(\nu+m)m}a_{2m-2}$ $= \cdots = \frac{(-1)^m}{4^m(\nu+m)(\nu+m-1)\cdots(\nu+1)\cdot m!}a_0$ となる．$\lambda = -\nu$ も同様に導け．]

第6章

問 6.1　(1) 安定であるが，漸近安定でない．$[x(t) = -\frac{1}{5}e^{-t} + \frac{1}{5}\cos 2t + \frac{2}{5}\sin t + 1.$]

(2) 漸近安定である．$[x(t) = (t+1)e^{-t} + \frac{1}{2}t^2 e^{-t}, \, y(t) = -\frac{1}{2}t^2 e^{-t}.$ ただし，ロピタルの定理より $\lim\limits_{t\to\infty}te^{-t} = \lim\limits_{t\to\infty}t^2 e^{-t} = 0.$]

問 6.2　(1) 指数漸近安定．$[x(t) = C_1 e^{-t} + C_2 e^{-5t}, |x(t)| \leq |C_1 + C_2|e^{-t}$ である．]

(2) 指数漸近安定．$[x(t) = e^{-3t}(C_1\cos t + C_2\sin t), |x(t)| \leq \sqrt{C_1^2 + C_2^2}\,e^{-3t}$ である．]

(3) 安定．$[x(t) = C_1\cos t + C_2\sin t, |x(t)| \leq \sqrt{C_1^2 + C_2^2}$ である．]

(4) 安定．$[x(t) = C_1 e^{-4t} + C_2\cos t + C_2\sin t, |x(t)| \leq |C_1| + \sqrt{C_2^2 + C_3^2}$ である．]

問 6.3　漸近安定．$[y = C_1 e^{-\frac{3+\sqrt{5}}{2}x} + C_2 e^{-\frac{3-\sqrt{5}}{2}x} + C_3 e^{-x} + C_4 x e^{-x} + \frac{1}{5}e^{-x}\cos x + \frac{2}{5}e^{-x}\sin x.$]

問 6.4　$0 < a < 2.$ $[D^3 + (a+1)D^2 + 2D + 2 - a = (D+1)(D^2 + aD + 2 - a) = 0$ である．ここで，定 理 6.1 より，$a > 0$ かつ $2 - a > 0$ が成り立つ．]

演習問題

6.1　漸近安定．$D^3 + 2D^2 + 2D + 1 = (D+1)(D^2 + D + 1) = 0$ なので，基本解は $f_1(x) = e^{-x}$, $f_2(x) = e^{-\frac{1}{2}x}\cos\frac{\sqrt{3}}{2}x, f_3(x) = e^{-\frac{1}{2}x}\sin\frac{\sqrt{3}}{2}x$ である．これらはすべて安定．正確には指数漸近安 定．次に，特殊解を $\eta(x) = e^{(-1+i)x}$ とおく．$\eta(x) = \frac{1}{(-1+i)^3 + 2(-1+i)^2 + 2(-1+i) + 1}\mathrm{Im}\left(e^{(-1+i)x}\right)$ $= \mathrm{Im}\left(e^{(-1+i)x}\right) = e^{-x}\sin x.$ この部分も安定．]

6.2 不安定. [$f(D) = D^4 + D^3 + 7D^2 + D - 1$ とおく. $f(0) < 0$, $\lim\limits_{D \to \infty} f(D) = +\infty$ より必ず正の実数解をもつ. したがって不安定.]

6.3 (1) 指数漸近安定. [固有方程式は $(\lambda + 1)(\lambda^2 + 2\lambda + 2) = 0$ である. これを解いて, $\lambda = -1, -1 \pm i$.]
(2) $x_1(t) = e^{-t}(-\cos t + \sin t + 1)$, $x_2(t) = e^{-t}(\cos t + \sin t)$, $x_3(t) = e^{-t}$.

6.4 (1) $\dot{v}(t) + \frac{\gamma}{m} v(t) = g$ が成り立つ. 一般性を失うことなく $v(0) = 0$ と仮定すれば, $v(t) = \frac{mg}{\gamma}\left(1 - e^{-\frac{\gamma}{m}t}\right)$. 最後に $\frac{\gamma}{m} > 0$ なので, $t \to \infty$ で $v(t) \to \frac{mg}{\gamma}$ (一定) となる.

(2) $-\dot{v}(t) = \frac{\varepsilon}{m}(v(t))^2 - g$ が成り立つ. ここで, $\frac{mg}{\varepsilon} > 0$ であり, $\alpha = \sqrt{\frac{mg}{\varepsilon}}, \beta = \frac{\varepsilon}{m} \cdot \alpha = \sqrt{\frac{\varepsilon g}{m}}$ とおけば, $v(0) = 0$ と仮定して $v(t) = \sqrt{\frac{mg}{\varepsilon}} \cdot \frac{1 - e^{-2\beta t}}{1 + e^{-2\beta t}}$ を得る. $\beta > 0$ なので, $t \to \infty$ で $v(t) \to \alpha = \sqrt{\frac{mg}{\varepsilon}}$ (一定) となる. なお, 終端速度だけであれば, 微分方程式において $\dot{v}(t) = 0$ とすることで求めることができる.

第7章

問7.1 解析解は $x(t) = e^{-t} + t$ である.

オイラー法による数値解および解析解は右図のとおりである. ただし, 軌道が重なって同じに見えることに注意されたい. また, ソースコードはソースコード 7.1 のうち 31〜37 行目を以下のように変更すればよい.

```
# 微分方程式の右辺
def f(t, x):
    return -x+t+1 # 例題：dx/dt = -x+t

# 解析解
def analytical_solution(t):
    return np.exp(-t)+t
```

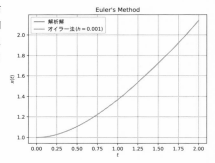

問7.2 解析解は $x(t) = e^{-t} + \sin t$ である.

ルンゲ・クッタ法による数値解および解析解は右図のとおりである. ただし, 軌道が重なって同じに見えることに注意されたい. また, ソースコードはソースコード 7.2 のうち 35〜44 行目を以下のように変更すればよい.

```
# 微分方程式の右辺
def f(t, x):
    return -x+np.sin(t)+np.cos(t)

# 解析解
def analytical_solution(t):
    return np.exp(-t)+np.sin(t)

# 初期値とパラメータ
x0 = 1 # 初期値
```

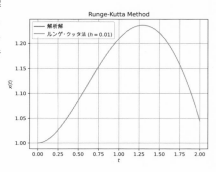

演習問題

7.1 (1) $x(t) = \tanh t$. (2) 略.

7.2 (1) テイラー展開を利用する．中点法のもとの式 $x(t+h) = x(t) + hf\left(x(t) + \frac{h}{2}f(x(t),t), t + \frac{h}{2}\right)$ $+ O(h^2)$ において，$f\left(x(t) + \frac{h}{2}f(x(t),t), t + \frac{h}{2}\right) = f(x,t) + f_x \times \left(\frac{h}{2}f\right) + f_t \times \left(\frac{h}{2}\right) + O(h^2) = f(x,t)$ $+ \frac{h}{2}f_x\dot{x} + \frac{h}{2}f_t + O(h^2)$ $(\dot{x} = f = f(x,t), x = x(t))$ が成り立つ．これを中点法の式に代入すると，$\dot{x}(t) = f(x,t)$ および関係式 (7.7) である $\ddot{x}(t) = f_t + f_x\dot{x}$ を利用して，$x(t+h) = x(t) + h\left\{f(x,t) + \frac{h}{2}f_x\dot{x} + \frac{h}{2}f_t + O(h^2)\right\} = x(t) + h\dot{x}(t) + \frac{h^2}{2}\ddot{x}(t) + O(h^3)$ が示される．

(2) $x(t) = t - 1$．数値解は略．

第 8 章

問 8.1 (1) $\mathscr{L}(6t^3) = \frac{36}{s^4}$． (2) $\mathscr{L}(e^{-2t}) = \frac{1}{s+2}$． (3) $\mathscr{L}(\sin 2t) = \frac{2}{s^2+4}$．

(4) $\mathscr{L}(e^{-t}\cos t) = \frac{s+1}{(s+1)^2+1}$． (5) $\mathscr{L}(t^2 e^{-t}) = \frac{2}{(s+1)^3}$． (6) $\mathscr{L}(t\sin t) = -\frac{d}{ds}\frac{1}{s^2+1} = \frac{2s}{(s^2+1)^2}$．

問 8.2 (1) $\mathscr{L}^{-1}\left(\frac{s-s^2}{s^4}\right) = \frac{1}{2}t^2 - t$． (2) $\mathscr{L}^{-1}\left(\frac{s}{s^2-1}\right) = \cosh t$． (3) $\mathscr{L}^{-1}\left(\frac{s-1}{s^2+4}\right) = \cos 2t - \frac{1}{2}\sin 2t$．

(4) $\mathscr{L}^{-1}\left(\frac{1}{s^2-2s+2}\right) = e^t\sin t$． (5) $\mathscr{L}^{-1}\left(\frac{s}{(s+1)^4}\right) = \left(\frac{1}{2}t^2 - \frac{1}{6}t^3\right)e^{-t}$．

(6) $\mathscr{L}^{-1}\left(\frac{2s}{(s^2+1)^2}\right) = t\sin t$．$\left[\mathscr{L}(t\sin t) = -\frac{d}{ds}\frac{1}{s^2+1} = \frac{2s}{(s^2+1)^2}\right.$．$\left.\right]$

問 8.3 $x(t) = e^{-t} - e^{-5t}$．$\left[X(s) = \frac{1}{s+1} - \frac{1}{s+5}\right.$．$\left.\right]$

問 8.4 $x(t) = x(0)\cosh t + \left(\dot{x}(0) - \frac{1}{2}\right)\sinh t + \frac{1}{2}te^{-t}$．

$\left[X(s) = \frac{s}{s^2-1}x(0) + \frac{1}{s^2-1}\dot{x}(0) - \frac{1}{4}\cdot\frac{1}{s-1} + \frac{1}{4}\cdot\frac{1}{s+1} + \frac{1}{2}\cdot\frac{1}{(s-1)^2}\right.$．$\left.\right]$

問 8.5 $f(t) = \frac{t^2}{2}$．$\left[F(s) = \frac{1}{s^3}\right.$．あるいは $f''(t) = 0$ であることを示す．$\left.\right]$

問 8.6 $e^{At} = \begin{pmatrix} 1 & 0 \\ -1 + e^{-t} & e^{-t} \end{pmatrix}$．$\left[\mathscr{L}(e^{At}) = \begin{pmatrix} \frac{1}{s} & 0 \\ -\frac{1}{s} + \frac{1}{s+1} & \frac{1}{s+1} \end{pmatrix}\right.$．$\left.\right]$

問 8.7 $\begin{pmatrix} x(t) \\ y(t) \end{pmatrix} = \begin{pmatrix} \frac{3}{2} - \frac{1}{6}e^{2t} - \frac{4}{3}e^{-t} \\ -\frac{1}{2} + \frac{1}{6}e^{2t} + \frac{1}{3}e^{-t} \end{pmatrix}$．$\left[\begin{pmatrix} X(s) \\ Y(s) \end{pmatrix} = \frac{1}{s(s-2)(s+1)}\begin{pmatrix} s-3 \\ 1 \end{pmatrix} = \begin{pmatrix} \frac{3}{2s} - \frac{1}{6(s-2)} - \frac{4}{3(s+1)} \\ -\frac{1}{2s} + \frac{1}{6(s-2)} + \frac{1}{3(s+1)} \end{pmatrix}\right.$．$\left.\right]$

演習問題

8.1 (1) $\mathscr{L}(te^t\cos t) = \frac{s^2-2s}{(s^2-2s+2)^2}$．$\left[\mathscr{L}(te^t\cos t) = -\frac{d}{ds}\frac{s-1}{s^2-2s+2} = \frac{s^2-2s}{(s^2-2s+2)^2}\right.$．$\left.\right]$

(2) $\mathscr{L}(\sqrt{t}) = \frac{\sqrt{\pi}}{2s\sqrt{s}}$．$\left[\mathscr{L}(\sqrt{t}) = \int_0^\infty \sqrt{t}e^{-st}dt = \frac{1}{s\sqrt{s}}\int_0^\infty x^{\frac{3}{2}-1}e^{-x}dx = \frac{\Gamma\left(\frac{1}{2}\right)}{2s\sqrt{s}}\right.$．ここでガンマ関数 $\Gamma(\alpha) = \int_0^\infty x^{\alpha-1}e^{-x}dx$ に対して，$\Gamma\left(\frac{1}{2}\right) = \sqrt{\pi}$．$\left.\right]$

(3) $\mathscr{L}\left(\int_0^t \sin(t-x)\cos x\,dx\right) = \frac{s}{(s^2+1)^2}$．$\left[\mathscr{L}\left(\int_0^t f(t-x)g(x)dx\right) = \mathscr{L}\left(\int_0^t f(x)g(t-x)dx\right)\right.$

$= F(s)G(s)$ を利用する．あるいは，$\int_0^t \sin(t-x)\cos x\,dx = \frac{1}{2}t\sin t$，$\mathscr{L}(-tf(t)) = \frac{d}{ds}F(s)$ によっても計算できる．$\left.\right]$

(4) $\mathscr{L}(|\sin t|) = \frac{1+e^{-s\pi}}{(s^2+1)(1-e^{-s\pi})}$．[定義によって計算する．$\mathscr{L}(|\sin t|) = \int_0^\infty e^{-st}|\sin t|\,dt$ である．ここで，$a_n = \int_{(n-1)\pi}^{n\pi} e^{-st}|\sin t|\,dt$ とおけば，$a_1 = \frac{1+e^{-s\pi}}{s^2+1}$，$a_{n+1} = e^{-s\pi}a_n$ を満たす．したがって，$\mathscr{L}(|\sin t|) = a_1 + a_2 + a_3 + \cdots$ である無限等比級数として計算する．]

(5) $\mathscr{L}\left(\frac{\sinh t}{t}\right) = \frac{1}{2}\log\frac{s+1}{s-1}$．$\left[\mathscr{L}\left(\frac{\sinh t}{t}\right) = \int_s^\infty \frac{d\alpha}{\alpha^2-1} = \frac{1}{2}\left[\log\left|\frac{\alpha-1}{\alpha+1}\right|\right]_s^\infty = \frac{1}{2}\log\frac{s+1}{s-1}\right.$．$\left.\right]$

(6) $\mathscr{L}\left(\frac{\sin t}{t}\right) = \frac{\pi}{2} - \arctan s$．$\left[\mathscr{L}\left(\frac{\sin t}{t}\right) = \int_s^\infty \frac{d\alpha}{\alpha^2+1} = [\arctan \alpha]_s^\infty = \frac{\pi}{2} - \arctan s\right.$．$\left.\right]$

8.2 (1) $f(t) = t - t^2$. $[\mathscr{L}^{-1}\left(\frac{s-2}{s^3}\right) = \mathscr{L}^{-1}\left(\frac{1}{s^2}\right) - \mathscr{L}^{-1}\left(\frac{2}{s^3}\right).]$

(2) $f(t) = -1 + t + e^{-t}$. $[\mathscr{L}^{-1}\left(\frac{1}{s^2(s+1)}\right) = -\mathscr{L}^{-1}\left(\frac{1}{s}\right) + \mathscr{L}^{-1}\left(\frac{1}{s^2}\right) + \mathscr{L}^{-1}\left(\frac{1}{s+1}\right).]$

(3) $f(t) = e^{-t} - 2te^{-t}$. $[\mathscr{L}^{-1}\left(\frac{s-1}{s^2+2s+1}\right) = \mathscr{L}^{-1}\left(\frac{s+1-2}{(s+1)^2}\right) = \mathscr{L}^{-1}\left(\frac{1}{s+1}\right) - 2\mathscr{L}^{-1}\left(\frac{1}{(s+1)^2}\right).]$

(4) $f(t) = t\cos t$. $[\mathscr{L}\left(t\cos t\right) = -\frac{d}{ds}\left(\frac{s}{s^2+1}\right) = \frac{s^2-1}{(s^2+1)^2}.]$

(5) $f(t) = U(t-1)\cos(t-1)$. $[\mathscr{L}\left(U(t-\tau)f(t-\tau)\right) = e^{-\tau s}F(s)$ を利用する.]

(6) $f(t) = \delta(t) - 1$. $[\mathscr{L}\left(\delta(t)\right) = 1$ を利用する.]

8.3 (1) $x(t) = C_1 e^{-2t} + e^t\left(C_2\cos\sqrt{3}t + C_3\sin\sqrt{3}t\right) + te^{-2t}$. $\quad x(t) = e^{-2t} + te^{-2t}$.

$[(s^3+8)X(s) = s^2 - s + \frac{12}{s+2} \Longrightarrow X(s) = \frac{s^2-s}{s^3+8} + \frac{12}{(s+2)(s^3+8)} = \frac{s^3+s^2-2s+12}{(s+2)(s^3+8)} = \frac{s^3+8}{(s+2)(s^3+8)} + \frac{s^2-2s+4}{(s+2)(s^3+8)}$

$= \frac{1}{s+2} + \frac{1}{(s+2)^2}.]$

(2) $x(t) = C_1 e^t + (C_2 t + C_3)e^{3t} + \frac{1}{2}t^2 e^{3t}$. $\quad x(t) = e^t + te^{3t} + \frac{1}{2}t^2 e^{3t}$. $[(s-1)(s-3)^2 X(s)$

$= s^2 - 5s + 9 + \frac{2}{s-3} \Longrightarrow X(s) = \frac{s^2-5s+9}{(s-1)(s-3)^2} + \frac{2}{(s-1)(s-3)^3} = \frac{1}{s-1} + \frac{1}{(s-3)^2} + \frac{1}{(s-3)^3}.]$

(3) $x(t) = C_1 e^{-t} + e^t(C_2\cos t + C_3\sin t) - te^t\cos t$. $\quad x(t) = e^t\cos t - te^t\cos t$.

$[(s+1)(s^2-2s+2)X(s) = s^2 - s - 2 + \frac{2(s-1)}{s^2-2s+2} + \frac{4}{s^2-2s+2} \Longrightarrow X(s) = \frac{(s-1)(s-2)}{(s+1)(s^2-2s+2)} + \frac{2(s+1)}{(s+1)(s^2-2s+2)^2}$

$= \frac{s-2}{s^2-2s+2} + \frac{2}{(s^2-2s+2)^2} = \frac{s-1}{(s-1)^2+1} - \frac{s^2-2s}{(s^2-2s+2)^2}$. ここで, 問 8.1 (1) より $\mathscr{L}\left(te^t\cos t\right) = \frac{s^2-2s}{(s^2-2s+2)^2}$

を利用する.]

(4) $x(t) = (C_1 t + C_2)\cos 2t + (C_3 t + C_4)\sin 2t + \sin t$. $\quad x(t) = t\cos 2t + t\sin 2t + \sin t$.

$[(s^2+4)^2 X(s) = 2s^2 + 4s + 3 + \frac{9}{s^2+1} \Longrightarrow X(s) = \frac{2s^2+4s+3}{(s^2+4)^2} + \frac{9}{(s^2+1)(s^2+4)^2} = \frac{2s^4+4s^3+5s^2+4s+12}{(s^2+1)(s^2+4)^2}$

$= \frac{s^2-4}{(s^2+4)^2} + \frac{4s}{(s^2+4)^2} + \frac{1}{s^2+1}$. ここで, $\mathscr{L}\left(t\cos 2t\right) = -\frac{d}{ds}\frac{s}{s^2+4} = \frac{s^2-4}{(s^2+4)^2}$, $\mathscr{L}\left(t\sin 2t\right) = -\frac{d}{ds}\frac{2}{s^2+4}$

$= \frac{4s}{(s^2+4)^2}$ を利用する.]

(5) $x(t) = (C_1 t + C_2)e^t\cos t + (C_3 t + C_4)e^t\sin t + e^{-t}$. $\quad x(t) = e^t\cos t + e^t\sin t + e^{-t}$.

$[(s^2-2s+2)^2 X(s) = 2s^3 - 7s^2 + 15s - 21 + \frac{25}{s+1} \Longrightarrow X(s) = \frac{2s^3-7s^2+15s-21}{(s^2-2s+2)^2} + \frac{25}{(s+1)(s^2-2s+2)^2}$

$= \frac{2s^4-5s^3+8s^2-6s+4}{(s+1)(s^2-2s+2)^2} = \frac{s-1}{s^2-2s+2} + \frac{1}{s^2-2s+2} + \frac{1}{s+1}.]$

8.4 $\eta(x) = \frac{1}{60}t^5 e^{-t}$. [特殊解を求めるため, $\ddot{x}(0) = \dot{x}(0) = x(0) = 0$ とする. このとき, $(s+1)^3 F(s)$

$= \frac{2}{(s+1)^3} \Longrightarrow F(s) = \frac{2}{(s+1)^6}$ なので, 逆ラプラス変換により, $\mathscr{L}^{-1}\left(\frac{2}{(s+1)^6}\right) = \mathscr{L}^{-1}\left(\frac{2\cdot 5!}{5!(s+1)^6}\right)$

$= \frac{1}{60}t^5 e^{-t}$. ちなみに $\eta(t) = e^{-t}\frac{1}{D^3}t^2 = \frac{1}{60}t^5 e^{-t}$ である.]

8.5 (1) $f(t) = \cos t$. $[F(s) = \frac{1}{s} - \frac{1}{s^2}F(s) \Longrightarrow F(s) = \frac{s}{s^2+1}$ なので, 逆ラプラス変換を利用する.]

(2) $x(t) = 2e^{-t} + t - 1$. $[X(s) = \frac{1}{s+1} + \frac{1}{s^2+1}X(s) \Longrightarrow X(s) = \frac{s^2+1}{s^2(s+1)} = \frac{2}{s+1} + \frac{1}{s^2} - \frac{1}{s}$ なので, 逆ラプ

ラス変換を利用する.]

8.6 $\lim_{x\to\infty}f_n(x) = (n+1)!$. $[F_n(s) = \mathscr{L}\left(f_n(x)\right)$ とする. $F_n(s) = \frac{(n+1)!}{(s+1)^{n+2}} + \frac{1}{s+1}F_n(s) \Longrightarrow$

$sF_n(s) = \frac{(n+1)!}{(s+1)^{n+1}}$, $\lim_{x\to\infty}f_n(x) = f_n(\infty) = \lim_{s\to+0}sF_n(s) = \lim_{s\to+0}\frac{(n+1)!}{(s+1)^{n+1}} = (n+1)!$. ちなみに,

$f_n(x) = (n+1)! - (n+1)\left\{x^n + nx^{n-1} + n(n-1)x^{n-2} + \cdots + n!\right\}e^{-x}$ である.]

8.7 $\begin{pmatrix} x(t) \\ y(t) \end{pmatrix} = \begin{pmatrix} \frac{1}{3}e^{-t} - \frac{1}{2}e^{-2t} + \frac{1}{6}e^{-4t} \\ \frac{2}{3}e^{-t} - \frac{1}{2}e^{-2t} - \frac{1}{6}e^{-4t} \end{pmatrix}$. $[X(s) = \mathscr{L}\left(x(t)\right)$, $Y(s) = \mathscr{L}\left(y(t)\right)$ とする.

$$\begin{pmatrix} X(s) \\ Y(s) \end{pmatrix} = \begin{pmatrix} s+3 & -1 \\ -1 & s+3 \end{pmatrix}^{-1} \begin{pmatrix} 0 \\ \frac{1}{s+1} \end{pmatrix} = \frac{1}{(s+2)(s+4)(s+1)} \begin{pmatrix} 1 \\ s+3 \end{pmatrix} = \begin{pmatrix} \frac{1}{3} \cdot \frac{1}{s+1} - \frac{1}{2} \frac{1}{s+2} + \frac{1}{6} \cdot \frac{1}{s+4} \\ \frac{2}{3} \cdot \frac{1}{s+1} - \frac{1}{2} \frac{1}{s+2} - \frac{1}{6} \cdot \frac{1}{s+4} \end{pmatrix}.$$

ちなみに，$y(t)$ を消去すれば $(D+2)(D+4)x = e^{-t}$ である.]

第9章

問 9.1 (1) $p = \pi$. (2) $p = \frac{2\pi}{n}$. (3) $p = 6\pi$. (4) $p = 2\pi$. [$\sin(\sin(x+2\pi)) = \sin(\sin x)$.]

問 9.2 $a_0 = \frac{1}{2\pi}\left[\int_{-\pi}^0 0\,dx + \int_0^\pi k\,dx\right] = \frac{k}{2}$, $a_n = \frac{1}{\pi}\left[\int_{-\pi}^0 0 \cdot \cos nx\,dx + \int_0^\pi k\cos nx\,dx\right] = 0$,

$b_n = \frac{1}{\pi}\left[\int_{-\pi}^0 0 \cdot \sin nx\,dx + \int_0^\pi k\sin nx\,dx\right] = \frac{1}{\pi}\left[-k\frac{\cos nx}{n}\right]_0^\pi = \frac{k}{\pi} \cdot \frac{1-(-1)^n}{n}$. 以上より，

$f(x) = \frac{k}{2} + \frac{2k}{\pi}\left(\sin x + \frac{1}{3}\sin 3x + \frac{1}{5}\sin 5x + \cdots\right) = \frac{k}{2} + \frac{2k}{\pi}\sum_{m=1}^\infty \frac{1}{2m-1}\sin(2m-1)x$.

問 9.3 $f(x)$ は奇関数である. したがって $a_n = 0$ $(n = 0,1,2,\ldots)$. 一方,

$b_n = \frac{2}{\pi}\left(\int_0^{\frac{\pi}{2}} \frac{2k}{\pi}x \cdot \sin nx\,dx + \int_{\frac{\pi}{2}}^\pi \left(-\frac{2k}{\pi}x + 2k\right)\sin nx\,dx\right)$

$= \frac{2}{\pi}\left(\frac{2k}{\pi}\left[-x \cdot \frac{\cos nx}{n} + \frac{\sin nx}{n^2}\right]_0^{\frac{\pi}{2}} + \left[\left(\frac{2k}{\pi}x - 2k\right)\frac{\cos nx}{n} - \frac{2k\sin nx}{\pi n^2}\right]_{\frac{\pi}{2}}^\pi\right) = \frac{8k}{\pi^2 n^2}\sin\frac{\pi}{2}n$. 以上より,

$f(x) = \frac{8k}{\pi^2}\left(\sin x - \frac{1}{3^2}\sin 3x + \frac{1}{5^2}\sin 5x + \cdots\right) = \frac{8k}{\pi^2}\sum_{m=1}^\infty \frac{(-1)^{m-1}}{(2m-1)^2}\sin(2m-1)x$.

問 9.4 $f(x)$ は偶関数である. したがって, $b_n = 0$ $(n = 1,2,\ldots)$. 一方, a_n $(n = 0,1,2,\ldots)$ は, $a_0 =$

$\frac{1}{2\pi}\int_{-\pi}^\pi f(x)dx = \frac{1}{\pi}\int_0^\pi \left(-x + \frac{\pi}{2}\right)dx = 0$, $a_n = \frac{1}{\pi}\int_{-\pi}^\pi f(x)\cos nx\,dx = \frac{2}{\pi}\int_0^\pi \left(-x + \frac{\pi}{2}\right)\cos nx\,dx$

$= -\frac{2}{\pi}\int_0^\pi x\cos nx\,dx = -\frac{2}{\pi}\left[x\frac{\sin nx}{n} + \frac{\cos nx}{n^2}\right]_0^\pi = \frac{2\{1-(-1)^n\}}{\pi n^2}$. 以上より,

$f(x) = \frac{4}{\pi}\left(\cos x + \frac{\cos 3x}{3^2} + \frac{\cos 5x}{5^2} + \cdots\right) = \frac{4}{\pi}\sum_{m=1}^\infty \frac{\cos(2m-1)x}{(2m-1)^2}$.

問 9.5 $f(x) = |x| = \frac{\pi}{2} - \frac{4}{\pi}\sum_{m=1}^\infty \frac{\cos(2m-1)x}{(2m-1)^2}$. 後半は, $x = 0, \pm\pi$ を除外して $f'(x) = \frac{4}{\pi}\sum_{m=1}^\infty \frac{\sin(2m-1)x}{2m-1}$.

問 9.6 $f(x)$ は偶関数である. したがって, $b_n = 0$ $(n = 1,2,\ldots)$. 一方, a_n $(n = 0,1,2,\ldots)$

は, $a_0 = \frac{1}{2}\int_{-1}^1 f(x)dx = \int_0^1 e^{-x}dx = 1 - e^{-1}$, $a_n = \int_{-1}^1 f(x)\cos n\pi x\,dx = 2\int_0^1 e^{-x}\cos n\pi x\,dx = $

$2\left[\frac{e^{-x}}{n^2\pi^2+1}(n\pi\sin n\pi x - \cos n\pi x)\right]_0^1 = \frac{2\{1-(-1)^n e^{-1}\}}{n^2\pi^2+1}$. 以上より,

$f(x) = 1 - e^{-1} + \sum_{n=1}^\infty \frac{2\{1-(-1)^n e^{-1}\}}{n^2\pi^2+1}\cos n\pi x$.

問 9.7 $f_1(x) = \frac{4}{\pi}\sum_{m=1}^\infty \frac{1}{2m-1}\sin(2m-1)x$, $f_2(x) = \frac{2k}{\pi}\sum_{n=1}^\infty \frac{(-1)^{n+1}}{n}\sin nx$ とすれば,

$f(x) = f_1(x) + \frac{\pi}{k}f_2(x) = \frac{4}{\pi}\sum_{m=1}^\infty \frac{1}{2m-1}\sin(2m-1)x + 2\sum_{n=1}^\infty \frac{(-1)^{n+1}}{n}\sin nx$.

問 9.8 偶周期的展開 $f(x) = \frac{3}{4} + \sum_{n=1}^\infty \frac{4}{n^2\pi^2}\left(\cos\frac{n\pi}{2} - 1\right)\cos\frac{n\pi}{2}x$.

　　　　奇周期的展開 $f(x) = \sum_{n=1}^\infty \left(\frac{4}{n^2\pi^2}\sin\frac{n\pi}{2} + \frac{2(-1)^{n+1}}{n\pi}\right)\sin\frac{n\pi}{2}x$.

問 9.9 $c_0 = \frac{1}{2\pi}\int_{-\pi}^\pi x\,dx = 0$, $c_n = \frac{1}{2\pi}\int_{-\pi}^\pi xe^{-inx}dx = \frac{1}{2\pi}\left[-\frac{1}{in}xe^{-inx} + \frac{1}{n^2}e^{-inx}\right]_{-\pi}^\pi = \frac{(-1)^n}{n}i$.

以上より, $f(x) = \sum_{n=-\infty(n\neq 0)}^\infty i\frac{(-1)^n}{n}e^{inx}$.

問 9.10 $c_0 = \frac{1}{2}\int_{-1}^1 x^3\,dx = 0$, $c_n = \frac{1}{2}\int_{-1}^1 x^3 e^{-in\pi x}dx$

$$= \frac{1}{2}\left[\left(\frac{i}{n\pi}x^3 + \frac{3}{n^2\pi^2}x^2 - \frac{6i}{n^3\pi^3}x - \frac{6}{n^4\pi^4}\right)e^{-in\pi x}\right]_{-1}^{1} = i(-1)^n\left(\frac{1}{n\pi} - \frac{6}{n^3\pi^3}\right).$$

以上より, $f(x) = \sum_{n=-\infty(n\neq 0)}^{\infty} i(-1)^n\left(\frac{1}{n\pi} - \frac{6}{n^3\pi^3}\right)e^{inx}.$

問 9.11 $L > 0, R > 0$ より漸近安定であるので定常解は特殊解に近づく. 次に, 問 9.2 で $k = 1$ として, 外部入力は $F(t) = \frac{1}{2} + \frac{2}{\pi}\left(\sin t + \frac{1}{3}\sin 3t + \frac{1}{5}\sin 5t + \cdots\right) = \frac{1}{2} + \frac{2}{\pi}\sum_{m=1}^{\infty}\frac{1}{2m-1}\sin(2m-1)t$ である. 特殊解を $\eta(x) = K + \sum_{n=1}^{\infty}(a_n\cos nt + b_n\sin nt)$ と仮定して, $x(t) = \eta(t)$ を微分法方程式に代入し係数比較を行う. 十分時間が経過した場合, 特殊解のみ残る. すなわち, $x(t) \to \eta(t)\ (t \to \infty)$ なので, $\eta(t) = \frac{1}{2} + \sum_{n=1}^{\infty}\frac{2}{\pi n}\cdot\frac{1}{(1-LCn^2)^2 + R^2C^2n^2}\left\{-RCn\cos nt + (1-LCn^2)\sin nt\right\}$

$$= \frac{1}{2} + \frac{2}{\pi}\sum_{n=1}^{\infty}\frac{\sqrt{(1-LCn^2)^2 + R^2C^2n^2}}{n}\sin(nt + \phi(n)). \text{ ただし, } \phi(n) = \arctan\frac{-RCn}{1-LCn^2}.$$

問 9.12 $u(x,t) = \sum_{n=1}^{\infty} C_n\sin\left(\frac{n\pi}{\ell}x\right)\sinh\left(\frac{n\pi}{\ell}t\right), C_n = \frac{2}{\ell\sinh\frac{n\pi}{\ell}t_f}\int_0^{\ell}\phi(\xi)\sin\frac{n\pi\xi}{\ell}d\xi.$

[$u(x,t) = X(x)T(t)$ とおいて変数分離法を用いる. $X''(x) + \lambda X(x) = 0\ (X(0) = X(\ell) = 0)$.
$T''(t) - \lambda_n T(t) = 0\ (T(0) = 0), \lambda_n = \left(\frac{n\pi}{\ell}\right)^2.$]

問 9.13 $a_0 = \frac{\pi^2}{3}, a_n = \frac{4(-1)^n}{n^2}.$ [$I = 2\pi\left(a_0 - \frac{\pi^2}{3}\right)^2 + \pi\sum_{k=1}^{n}\left(a_k - \frac{4(-1)^k}{k^2}\right)^2 - 16\pi\left(\sum_{k=1}^{n}\frac{1}{k^4} - \frac{\pi^4}{90}\right).$

ただし, $\int_0^{\pi}x^2\cos ix\,dx = \left[\frac{1}{i}x^2\sin ix + \frac{2}{i^2}x\cos ix - \frac{2}{i^3}\sin ix\right]_0^{\pi} = \frac{2(-1)^i}{i^2}\pi, \int_0^{\pi}\cos^2 ix\,dx = \frac{\pi}{2},$
$\int_0^{\pi}\cos ix\cos jx\,dx = 0\ (i \neq j).$ 例題 9.2 を参照せよ.]

問 9.14 $f(x) = \frac{1}{\pi}\int_0^{\infty}\left(\frac{\sin\frac{\omega}{2}}{\frac{\omega}{2}}\right)^2\cos\omega x\,d\omega = \frac{2}{\pi}\int_0^{\infty}\left(\frac{\sin t}{t}\right)^2\cos 2xt\,dt.$ また,

$f(0) = 1 = \frac{2}{\pi}\int_0^{\infty}\left(\frac{\sin t}{t}\right)^2 dt$ である. [$A(\omega) = \frac{1}{\pi}\int_{-\infty}^{\infty}(1-|u|)\cos\omega u\,du = \frac{2}{\pi}\left[\frac{1-u}{\omega}\sin\omega u - \frac{\cos\omega u}{\omega^2}\right]_0^1$

$$= \frac{1}{\pi}\left(\frac{\sin\frac{\omega}{2}}{\frac{\omega}{2}}\right)^2, B(\omega) = 0.]$$

問 9.15 $\mathscr{F}_s^{-1}\left(\frac{\omega}{\omega^2+1}\right) = \sqrt{\frac{\pi}{2}}e^{-x}.$ [$\mathscr{F}_s^{-1}\left(\frac{\omega}{\omega^2+1}\right) = \sqrt{\frac{2}{\pi}}\int_0^{\infty}\frac{\omega}{\omega^2+1}\cdot\sin\omega x\,d\omega = \sqrt{\frac{\pi}{2}}e^{-x}.]$

問 9.16 $\mathscr{F}_s(e^{-ax}) = \sqrt{\frac{2}{\pi}}\cdot\frac{\omega}{\omega^2+a^2}.$ [$a^2\mathscr{F}_s(f(x)) = -\omega^2\mathscr{F}_s(f(x)) + \omega\sqrt{\frac{2}{\pi}}.]$

問 9.17 (1) $\mathscr{F}(f(x)) = \sqrt{\frac{2}{\pi}}\frac{\sin\omega}{\omega}.$ [$\mathscr{F}(f(x)) = \frac{1}{\sqrt{2\pi}}\int_{-1}^{1}e^{-i\omega x}dx = \sqrt{\frac{2}{\pi}}\int_0^1\cos\omega x\,dx = \sqrt{\frac{2}{\pi}}\frac{\sin\omega}{\omega}.]$

(2) $\mathscr{F}(f(x)) = \frac{1}{\sqrt{2\pi}(1+i\omega)}.$ [$\mathscr{F}(f(x)) = \frac{1}{\sqrt{2\pi}}\int_0^{\infty}e^{-x}\cdot e^{-i\omega x}dx = \frac{1}{\sqrt{2\pi}(1+i\omega)}.]$

(3) $\mathscr{F}(f(x)) = \sqrt{\frac{2}{\pi}}\frac{1}{\omega^2+1}.$ [$\mathscr{F}(e^{-|x|}) = \frac{1}{\sqrt{2\pi}}\int_{-\infty}^{0}e^x\cdot e^{-i\omega x}dx + \frac{1}{\sqrt{2\pi}}\int_0^{\infty}e^{-x}\cdot e^{-i\omega x}dx$

$$= \frac{1}{\sqrt{2\pi}}\left(\frac{1}{1-i\omega} + \frac{1}{1+i\omega}\right).]$$

(4) $\mathscr{F}(f(x)) = \frac{1}{\sqrt{2\pi}\omega^2}((1+i\omega)e^{-i\omega} - 1).$ [$\mathscr{F}(f(x)) = \frac{1}{\sqrt{2\pi}}\int_0^1 x\cdot e^{-i\omega x}dx$

$$= \frac{1}{\sqrt{2\pi}}\left[\left(-\frac{1}{i\omega}x + \frac{1}{\omega^2}\right)e^{-i\omega x}\right]_0^1 = \frac{1}{\sqrt{2\pi}}\left[\left(-\frac{1}{i\omega} + \frac{1}{\omega^2}\right)e^{-i\omega} - \frac{1}{\omega^2}\right].]$$

演習問題

9.1 $f(x)$ は y 軸に関して対称であるので, 偶関数である. したがって, $b_n = 0\ (n = 1, 2, \ldots)$. 一方,
$a_0 = \frac{2}{\pi}\int_0^{\frac{\pi}{2}}x(\pi - x)dx = \frac{\pi^2}{6}, a_n = \frac{4}{\pi}\int_0^{\frac{\pi}{2}}x(\pi - x)\cos 2nx\,dx$

$$= \frac{2}{\pi}\left[\frac{x(\pi-x)\sin 2nx}{n} + \frac{(\pi-2x)\cos 2nx}{2n^2} + \frac{\sin 2nx}{2n^3}\right]_0^{\frac{\pi}{2}} = -\frac{1}{n^2}. \text{ 以上より,}$$

$$f(x) = \frac{\pi^2}{6} - \left(\frac{1}{1^2}\cos 2x + \frac{1}{2^2}\cos 4x + \frac{1}{3^2}\cos 6x + \cdots\right) = \frac{\pi^2}{6} - \sum_{m=1}^{\infty}\frac{\cos 2mx}{m^2}.$$ また，$x = 0$ として

$f(0) = 0$ なので $\sum_{n=1}^{\infty}\frac{1}{n^2} = \frac{\pi^2}{6}$ を得る.

9.2 (1) $f(x) = -2\sum_{n=1}^{\infty}\frac{\sin nx}{n}$. [$a_n = 0 \ (n = 0, 1, 2, \ldots)$,

$b_n = \frac{1}{\pi}\int_{-\pi}^{0}(x+\pi)\sin nx \, dx + \frac{1}{\pi}\int_{0}^{\pi}(x-\pi)\sin nx \, dx = -\frac{2}{n}$.]

(2) 項別積分を行う. [$\int_{0}^{x}f(t)dt = -2\int_{0}^{x}\sum_{n=1}^{\infty}\frac{\sin nt}{n}dt \iff \int_{0}^{x}(t-\pi)dt = \frac{1}{2}x^2 - \pi x$

$= -2\sum_{n=1}^{\infty}\frac{1-\cos nx}{n^2} = -2\sum_{n=1}^{\infty}\frac{1}{n^2} + 2\sum_{n=1}^{\infty}\frac{\cos nx}{n^2}$. ここで $\sum_{n=1}^{\infty}\frac{1}{n^2} = \frac{\pi^2}{6}$ を利用する.]

9.3 (1) $V(t) = E|\sin t| = \frac{2E}{\pi} - \frac{4E}{\pi}\left(\frac{\cos 2t}{1\cdot 3} + \frac{\cos 4t}{3\cdot 5} + \cdots + \frac{\cos 2nt}{(2n-1)(2n+1)} + \cdots\right)$

$= \frac{2E}{\pi} - \frac{4E}{\pi}\sum_{n=1}^{\infty}\frac{\cos 2nt}{(2n-1)(2n+1)}$. [$f(t)$ は偶関数である. $a_0 = \frac{E}{\pi}\int_{0}^{\pi}\sin t \, dt = \frac{2E}{\pi}$,

$a_1 = \frac{2E}{\pi}\int_{0}^{\pi}\sin t\cos t \, dt = 0$, $a_n = \frac{2E}{\pi}\int_{0}^{\pi}\sin t\cos nt \, dt = \frac{E}{\pi}\int_{0}^{\pi}[\sin(n+1)t - \sin(n-1)t]\,dt$

$= \frac{E}{\pi}\left[-\frac{\cos(n+1)t}{n+1} + \frac{\cos(n-1)t}{n-1}\right]_0^\pi = \frac{E}{\pi}\left(\frac{(-1)^n + 1}{n+1} - \frac{(-1)^n + 1}{n-1}\right) (n > 1).$]

(2) $V(t) = \frac{E}{2}(\sin t + |\sin t|) = \frac{E}{\pi} + \frac{E}{2}\sin t - \frac{2E}{\pi}\sum_{n=1}^{\infty}\frac{\cos 2nt}{(2n-1)(2n+1)}$. [詳細は例題 9.8 を参照せよ.]

(3) 定常状態では特殊解のみ残る. したがって，$i(t) = C\frac{d}{dt}v_C(t) = \frac{EC}{2}\cdot\frac{\cos t + RC\sin t}{1 + R^2C^2}$

$-\frac{4EC}{\pi}\sum_{n=1}^{\infty}\frac{n(2nRC\cos 2nt - \sin 2nt)}{(1 + 4n^2R^2C^2)(2n-1)(2n+1)}$.

[$x(t) = \frac{E}{\pi} + \frac{E}{2}\cdot\frac{-RC\cos t + \sin t}{1 + R^2C^2} - \frac{2E}{\pi}\sum_{n=1}^{\infty}\frac{\cos 2nt + 2nRC\sin 2nt}{(1 + 4n^2R^2C^2)(2n-1)(2n+1)}$.]

9.4 (1) $f(x) = \frac{\pi^2}{3} + 2\sum_{n=-\infty \, (n\neq 0)}^{\infty}\frac{(-1)^n}{n^2}e^{inx}$.

(2) $\int_{-\pi}^{\pi}|f(x)|^2 dx = \frac{2}{5}\pi^5$ かつ $\sum_{n=-\infty}^{\infty}|c_n|^2 = \left(\frac{\pi^2}{3}\right)^2 + \sum_{n=-\infty \, (n\neq 0)}^{\infty}\left|\frac{2(-1)^n}{n^2}\right|^2 = \frac{\pi^4}{9} + 8\sum_{n=1}^{\infty}\frac{1}{n^4}$,

パーセバルの等式 $\frac{1}{\pi}\int_{-\pi}^{\pi}\{f(x)\}^2 dx = 2\sum_{n=-\infty}^{\infty}|c_n|^2$ を用いる.

9.5 (1) $f(x) = a_0 + \sum_{n=1}^{\infty}a_n\cos nx = \frac{\pi}{2} + \sum_{n=1}^{\infty}\frac{2\{1 - (-1)^n\}}{\pi n^2}\cos nx$, $b_n = 0$.

(2) $\frac{\pi^2}{2} + \sum_{n=1}^{\infty}\frac{16}{\pi^2(2n-1)^4} = \frac{2}{\pi}\int_{0}^{\pi}(\pi - t)^2 dt = \frac{2\pi^2}{3} \iff \sum_{n=1}^{\infty}\frac{1}{(2n-1)^4} = \frac{\pi^4}{96}$.

[$2a_0^2 + \sum_{n=1}^{\infty}(a_n^2 + b_n^2) = \frac{1}{\pi}\int_{-\pi}^{\pi}\{f(t)\}^2 dt$ を利用する.]

9.6 $f(x) = \frac{2a}{\pi(x^2 + a^2)}$. [$f(x) = \frac{2}{\pi}\int_{0}^{\infty}e^{-a\omega}\cos\omega x \, d\omega = \frac{1}{\pi}\int_{0}^{\infty}\{e^{-(a-ix)\omega} + e^{-(a+ix)\omega}\}d\omega$.]

9.7 (1) $F(\omega) = \sqrt{\frac{8}{\pi}}\cdot\frac{\sin\omega - \omega\cos\omega}{\omega^3}$. [$\int_{-1}^{1}(1 - x^2)e^{-i\omega x}dx = \left[\left(\frac{x^2-1}{i\omega} - \frac{2x}{\omega^2} - \frac{2}{i\omega^3}\right)e^{-i\omega x}\right]_{-1}^{1}$

$= -\frac{4}{\omega^2}\cdot\frac{e^{i\omega} + e^{-i\omega}}{2} + \frac{4}{\omega^3}\cdot\frac{e^{i\omega} - e^{-i\omega}}{2i} = -\frac{4}{\omega^2}\cos\omega + \frac{4}{\omega^3}\sin\omega$.]

(2) パーセバルの等式より，$\int_{-\infty}^{\infty}|f(x)|^2 dx = \int_{-1}^{1}(1 - x^2)^2 dx = \int_{-\infty}^{\infty}\left(\sqrt{\frac{8}{\pi}}\cdot\frac{\sin\omega - \omega\cos\omega}{\omega^3}\right)^2 d\omega$

$\iff \frac{16}{15} = \frac{8}{\pi}\int_{-\infty}^{\infty}\frac{(\sin x - x\cos x)^2}{x^6}dx$ より示される.

関連図書

[1] 阿部 誠・岩本宙造・島 唯史・向谷博明, **専門基礎 微分積分学**, 培風館, 2017.

[2] 久保富士男 (監修) ／栗田多喜夫・飯間 信・河村尚明, **専門基礎 線形代数学**, 培風館, 2017.

[3] 石川恒男, **例題と演習で学ぶ微分方程式 (改訂版)**, 培風館, 2018.

[4] 桂田祐史, **微分方程式入門**,
http://nalab.mind.meiji.ac.jp/~mk/lecture/kiso4/kiso4ode.pdf,
(2022 年 4 月確認)

[5] 藤本淳夫, **応用微分方程式 (改訂版)**, 培風館, 1992.

[6] Erwin Kreyszig ／近藤次郎・堀 素夫 (監訳) ／阿部寛治 (訳), **フーリエ解析と偏微分方程式 (技術者のための高等数学 3)**, 培風館, 2003.

[7] 松下泰雄, **フーリエ解析＝基礎と応用**, 培風館, 2001.

[8] 佐藤恒雄, **初歩から学べる微分方程式**, 培風館, 2002.

[9] 絹川正吉, **例題演習数学講座 4 フーリエ解析例題演習**, 森北出版, 1976.

[10] 谷川明夫, **フーリエ解析入門 (第 2 版)**, 共立出版, 2019.

[11] 田代嘉宏, **ラプラス変換とフーリエ解析要論 (第 2 版)**, 森北出版, 2014.

索　引

207

著 者 略 歴

向 谷 博 明
むかい たに ひろ あき

1997 年　広島大学大学大学院工学研究科
　　　　博士課程後期修了
　　　　博士（工学）
現　在　広島大学大学院先進理工系科学
　　　　研究科教授
専　門　動的ゲーム及びその関連分野

下 村 哲
しも むら てつ

1996 年　広島大学大学院生物圏科学研究
　　　　科博士課程後期修了
　　　　博士（学術）
現　在　広島大学大学院人間社会科学研
　　　　究科教授
専　門　解析学（ポテンシャル論）

相 澤 宏 旭
あい ざわ ひろ あき

2021 年　岐阜大学大学院工学研究科博士
　　　　課程修了
　　　　博士（工学）
現　在　広島大学大学院先進理工系科学
　　　　研究科助教
専　門　パターン認識・機械学習

Ⓒ　向谷博明・下村 哲・相澤宏旭　2024

2024 年 4 月 12 日　初 版 発 行

基 礎 履 修 応 用 数 学

　　　　　　　向 谷 博 明
著　者　下 村　　哲
　　　　　　　相 澤 宏 旭
発行者　山 本　　格

発 行 所　株式
　　　　　会社　培 風 館
東京都千代田区九段南 4-3-12・郵便番号 102-8260
電 話 (03) 3262-5256（代表）・振 替 00140-7-44725

三美印刷・牧 製本

PRINTED IN JAPAN

ISBN 978-4-563-01172-7　C3041